普通高等教育新工科人才培养"十四五"规划教材

矿山压供排系统装备与原理

尹土兵　李启月　刘恺 ⊙ 编著

PRINCIPLES AND EQUIPMENTS OF
MINING COMPRESSED AIR, WATER SUPPLY
AND DRAINAGE SYSTEMS

中南大学出版社
www.csupress.com.cn
·长沙·

图书在版编目(CIP)数据

矿山压供排系统装备与原理／尹土兵，李启月，刘恺编著. —长沙：中南大学出版社，2023.11

ISBN 978-7-5487-5570-8

Ⅰ．①矿… Ⅱ．①尹… ②李… ③刘… Ⅲ．①矿山机械－辅助系统 Ⅳ．①TD4

中国国家版本馆 CIP 数据核字(2023)第 187373 号

矿山压供排系统装备与原理

KUANGSHAN YA GONG PAI XITONG ZHUANGBEI YU YUANLI

尹土兵 李启月 刘恺 编著

□责任编辑	伍华进	
□责任印制	李月腾	
□出版发行	中南大学出版社	
	社址：长沙市麓山南路	邮编：410083
	发行科电话：0731-88876770	传真：0731-88710482
□印　　装	湖南省汇昌印务有限公司	

□开　　本	787 mm×1092 mm 1/16	□印张 13	□字数 336 千字	
□版　　次	2023 年 11 月第 1 版	□印次 2023 年 11 月第 1 次印刷		
□书　　号	ISBN 978-7-5487-5570-8			
□定　　价	48.00 元			

图书出现印装问题，请与经销商调换

前　言

　　矿产资源是国民经济的基石和支柱。随着经济的发展和技术的进步，我国对矿产资源尤其是金属资源的需求持续保持高位。采矿行业作为金属矿产资源开发产业链（地质、采矿、选矿、冶炼、加工等）上游，直接决定矿产资源产出和效益，在今后更将焕发出新的活力。近年来，浅层矿产资源探明储量迅速下降，深部矿产资源开发成为国内外研究的一大热点，但随着开发进入地球深部，作业条件复杂和作业环境艰苦成为限制采矿行业向地球深部进军的一大难题。

　　矿山压供排系统的研究是以如何给井下作业人员提供安全可靠、舒适经济的工作环境为出发点进行的。压气系统保障了矿山凿岩破碎的动力来源，供排水系统保障了矿山水的循环，合理设计压气、供水、排水三大生产系统不仅能保障采矿作业安全高效地开展，更是实现绿色矿山、节能减排的一个重要途径。因此，本课程在采矿专业中占有重要地位，是培养采矿高级专业人才不可缺少的课程之一。

　　矿山压供排系统装备与原理是采矿专业的主要课程，它有助于学生理解矿山生产"八大系统"对于采矿作业的重大意义。它与采掘机械、金属矿床地下开采和凿岩爆破工程等专业课有着紧密的联系，必须重视其的有机协调与衔接。由于采矿专业涉及的知识范围较广，在学习本课程之前，应当具有流体力学、大学物理、采掘机械、工程制图和井巷工程的基本知识与基本技能。同时，还要注意与金属矿山地下开采、专业生产实习、毕业设计等课程和实践活动之间的联系。

　　本书分为上、下两篇。上篇主要概述了压气系统的组成、分类和原理，针对压气设备选型设计和压气管网的优化进行了介绍。下篇主要阐述了矿山供排水系统的组成，矿用水泵的分类、结构与运行以及矿山供排水系统的选型设计，同时展望了矿山供排水系统的应用与发展前景。

　　本书在编写过程中，参考了许多教材、专著、论文和研究报告，虽然部分资料在参考文献中已经列出，但仍可能有遗漏之处，在此谨向所参考教材、专著、论文和研究报告的作者表示衷心感谢。

　　由于编者水平所限，书中可能还存在不妥之处，敬请读者批评指正。

尹士兵

2023 年 1 月于中南大学

目　录

上篇　矿山压气系统

下篇　矿山供水、排水系统

矿山压气系统

第1章 矿山压气系统概述

1.1 矿山压气系统简介

1.1.1 矿山压气系统的概念

随着我国国民经济的快速发展，空气压缩设备在工业上的应用极为广泛。矿山压气系统是采矿工业的重要组成部分，作为风动设备的动力来源，是金属矿山和煤矿开采的主要原动力之一。矿山开采中广泛使用各种由压缩空气驱动的机械及工具，如采掘工作面的气动凿岩机、气动装岩机，凿井使用的气动抓岩机，地面使用的空气锤等。矿山压气系统是为这些气动机械提供压缩空气作用的整套设备。

1.1.2 矿山压气系统的作用

在矿山的开采工作中，矿山压气系统主要发挥以下作用：

(1)直接用来带动风动凿岩机、风动装岩机、风动装运机、风动锻钎机、风镐等设备和风动工具，如图1-1所示。

(2)作为压风自救系统，当煤矿瓦斯突出或突出前有预兆出现时，工作人员进入自救装置，打开压气阀避灾。该装置能输送新鲜空气，保证避灾人员正常呼吸。矿山避难硐室如图1-2所示。

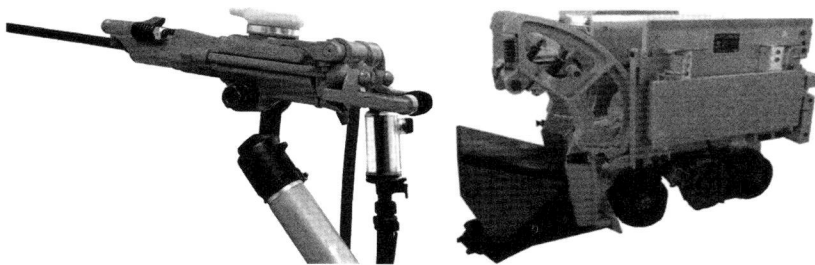

图1-1 矿山压气系统应用

图 1-2　矿山避难硐室

1.1.3　矿山压气系统的意义

矿山压气系统以空气为工作介质。空气作为一种适宜的介质，不仅无毒、无味，而且运输方便，且取之不尽用之不竭，为井下开采提供了源源不断的动力。而且空气作为动力相较于水力、电力、液压，有如下优点：

（1）气动装置结构简单、轻便、安装维护简单，压力等级低，使用安全。

（2）工作介质是取之不尽用之不竭的自由空气，排气处理简单，不会污染环境，成本低。

（3）输出力及工作速度的调节非常容易，使用可靠性高，气动元件使用寿命长。

（4）利用空气的可压缩性来储存能量，可实现灵活供气。

（5）全气动控制具有防火、防爆、耐潮的特点。与电力驱动相比，不会产生火花，不怕超负荷，无触电危险，在湿度大、温度高、灰尘多的环境中能很好地工作；与液压方式相比，在高温场合下能可靠地使用。

（6）空气流动的损失较小，可实现集中供应和远距离输送。此外，风动机械排出的空气在某种程度上有助于改善矿山井下的通风状况。

1.2　矿山压气系统的组成

矿山压气系统包括 3 大部分：空压机站及其设备、供气管网系统和用气系统。

空气通过空气过滤器将其中的尘埃和机械杂质清除，清洁的空气进入空压机进行压缩，压缩到一定空气压力后排入风包。风包是一个储气罐，它除了能储存压缩空气外，还能消除空压机排送出来的气体压力的波动，并将压缩空气中所含的油分和水分分离出来。从风包出来的压缩气体沿着管道送予井下风动工具使用或送到其他使用压缩气体的场所。

1.2.1　空压机站及其设备

图 1-3 为空压机站设在地表时的矿山压气系统示意图，空压机 1、电动机 2、空气过滤器 3 和储气罐 4 属于空压机站及其设备，供气管网 5 属于供气管网系统。典型的空压机站及其设备布置如图 1-4 所示，有排气脉动衰减器 1、空压机 2、后冷却器 3、储气罐 4、排水阀 5 和用气端切断阀 6 等。

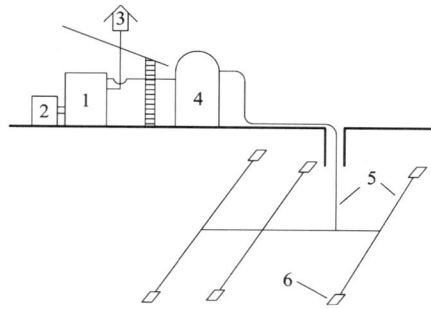

1—空压机；2—电动机；3—空气过滤器；4—储气罐；5—供气管网；6—风动机械。

图1-3　矿山压气系统示意图

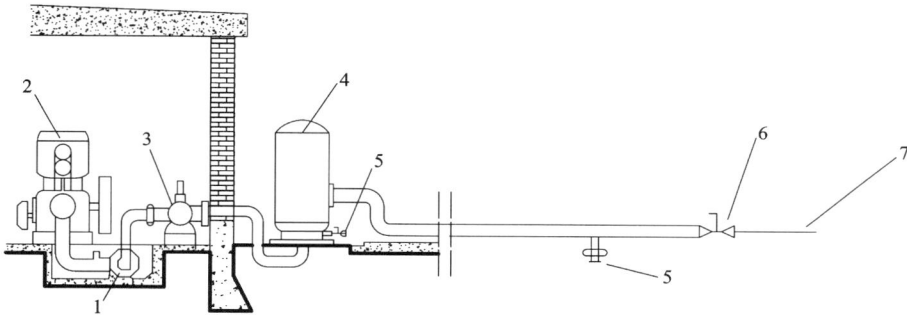

1—排气脉动衰减器；2—空压机；3—后冷却器；4—储气罐；5—排水阀；6—用气端切断阀；7—供气管网。

图1-4　典型的空压机站及其设备布置图

1.2.2　供气管网系统

供气管网呈树枝状，由长长的主干管道和密布如网的支路构成。供气管网系统包括供气管道及其附件，如阀、接头、油水分离器、连接套筒、弯曲伸缩管等。规格不同的供气管道上装有数个阀门、弯头、三通、变径接头和急转弯管等。

1.2.3　用气系统

用气系统不仅包括各类型的凿岩机等风动机械，还包括装岩机、装运机、气动绞车、启动闸门、锈钎机等，图1-5为矿用气动装岩机实物图。

图1-5　矿用气动装岩机实物图

1.3　矿山压气系统的分类

根据空压机站服务范围,矿山压气系统分集中供气和分区供气2种类型。

1.集中供气

集中供气是指全矿只建一个空压机站,所产压气供全矿各生产工作点使用。

集中供气适用于矿体和工作点集中的矿山,但对于海拔较高、矿体规模较大、矿点分散的矿山则采用分区供气更为合适,因为此时集中供气会带来许多问题,如压力损失大、管理困难、压气效率得不到改善等。

2.分区供气

分区供气是指按矿体或作业点的分布特点,将全矿划分为若干个用气区域,按用气区域设立空压机站,供给各区域用气。

分区供气适用于高山地区且矿体规模较大、矿点分散的矿山。

思考题与习题

1.矿山压气系统的作用是什么?

2.为什么采用压气作为动力介质?

3.空压机站布置在地表的优点有哪些?

4.矿山压气系统一般由哪些部分组成?画出示意图。

5.矿山压气系统有几种类型?每种类型有什么特点?各种类型适用怎样的条件?

第 2 章　矿山压气系统原理

2.1　空压机的发展历程

我国矿山已经于 20 世纪 50 年代开始使用空压机。20 世纪 60 年代，我国自行设计制造了不同规格和用途的活塞式空压机。一般矿山常用的空压机以活塞式为主，其次为螺杆式和滑片式。活塞式空压机由于其比功率最小，当排气压力为 $0.7\sim0.8$ MPa 时，其比功率一般为 $4.74\sim6.1$ kW·min/m^3，耗电量少，易于调节供气量。在我国，活塞式空压机的产量约占当时总台数的 90%。但由于该类机组的质量大、外形尺寸大、易损件多、维修工作量大，近年来其发展速度落后于螺杆式和离心式空压机。

20 世纪 70 年代以后，生产技术迅速发展，所用气动设备和工具越来越多，在冶金、煤炭、石油、化学等矿山开采和物料输送过程中需用大量压缩空气。大容量的离心式空压机得到了广泛的使用。与活塞式空压机相比，离心式空压机具有气体不受润滑油污染、能长期连续运转、设备紧凑、占地面积小、质量轻、运转平稳、安全可靠、初期投资少等优点。因此在大型空压机中，离心式空压机已占绝对优势。国外自 20 世纪 30 年代开始研制离心式空压机，发展速度很快。在世界各主要工业国家中，离心式空压机的产量比例逐年增加。近年来，在改进离心式空压机的结构、降低比功率和减少噪声等方面的研究也取得了显著成效，多数空压机比功率在最高效率时为 5.25 kW·min/m^3，因此，离心式空压机有向中小容量发展的趋势。

螺杆式空压机的工业生产始于 1980 年，在动力用空压机领域内，其发展速度已超过了历史悠久的活塞式空压机。螺杆式空压机与活塞式空压机相比，具有结构简单、零件少、外形紧凑、质量轻等优点，因而在移动式空压机中更显示其优越性。在我国，螺杆式空压机已与牙轮钻机、潜孔钻机配套应用在露天矿山开采中。

在美国、日本和西欧，移动式空压机中也以螺杆式和滑片式为主。近年来，螺杆式空压机的排气量范围不断向大的和小的方向发展，其排气量范围为 $0.74\sim800$ m^3/min，排气压力为 $0.2\sim4$ MPa，因此，其使用范围也在不断扩大。但螺杆式空压机的效率低，当排气压力为 $0.7\sim0.8$ MPa 时，比功率为 $5.35\sim7.1$ kW·min/m^3，故耗电量大；且在运转时噪声大，并随排气量的增加而增大，且属中高频声级，对人体的危害性较大，必须采用隔声罩、消声器等装置。此外，螺杆式空压机的转子对材质要求较高，加工难度大，因此，在今后相当长的时期内，小容量的空压机发展将以螺杆式为主，而大中容量的空压机则主要发展活塞式和离心式两种类型。

2.2 空压机的分类及其特点

根据空压机构造和空气被压缩的工作原理，空压机可分为容积式和速度式两大类，这两类空压机的排气压力-排气量特性是大不相同的。容积式空压机是通过减小空气的体积，增加单位体积内气体的质量来升高气体压力，在恒速运转情况下，其排气量几乎不变，而排气压力则取决于系统的负载情况；速度式空压机是通过加快空气质点的速度来升高气体的压力，在恒速运转情况下，其排气量随着排气压力的升高而减少。容积式空压机可以分为往复式和回转式；速度式可以分为轴流式、离心式和混流式，如图2-1所示。

2.2.1 往复式空压机的特点及分类

往复式空压机的工作原理是通过气缸2、吸气阀8、排气阀1和在气缸中做往复运动的活塞3所构成的工作容积不断变化来完成，如图2-2所示。如果不考虑空压机实际工作中的容积损失和能量损失，活塞3向右移动时，气缸2左腔压力低于大气压 P_a，吸气阀8开启，外界空气被吸入缸内，这个过程称为吸气过程；活塞3向左移动时，吸气阀8和排气阀1关闭，气缸2左腔压力升高，这个过程称为压缩过程；当气缸2左腔压力高于输出空气管道内压力 P 后，排气阀1打开，压缩

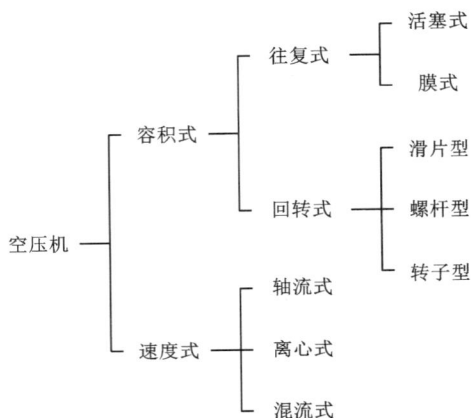

图 2-1 矿山空压机的分类

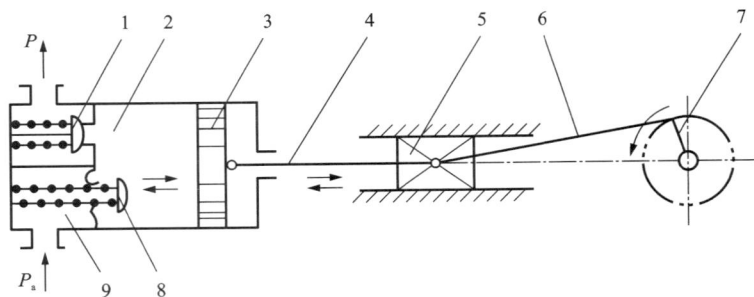

空气送至输气管内，这个过程称为排气过程。曲轴7每旋转一周所完成的工作包括吸气、压缩和排气过程。

1—排气阀；2—气缸；3—活塞；4—活塞杆；5—滑块；6—连杆；7—曲轴；8—吸气阀；9—阀门弹簧。

图 2-2 往复式空压机的工作原理

（1）往复式空压机根据结构特点可以分为：

①单作用式空压机，其气体仅在活塞一侧被压缩，其结构如图2-3所示。

②双作用式空压机，其气体在活塞两侧被压缩，其结构如图2-4所示。

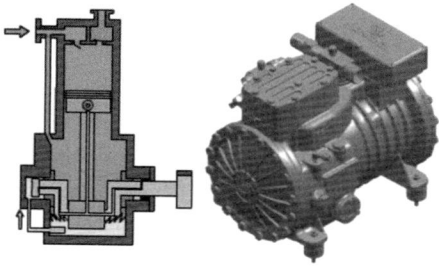

图 2-3　单作用式空压机

图 2-4　双作用式空压机

（2）往复式空压机根据空气被压缩次数可以分为：

①单级：气体在气缸中只压缩一次就达到所需要的压力并排出，其原理示意图如图 2-5 所示。

②两级：气体在低压缸内压缩到适当压力后，经过中间冷却器冷却，再进入高压缸进行第二次压缩，当达到所要求的压力后排出，其原理示意图如图 2-6 所示。

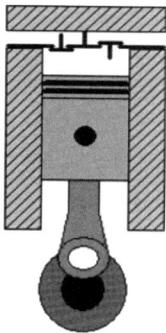

图 2-5　单级往复式空压机

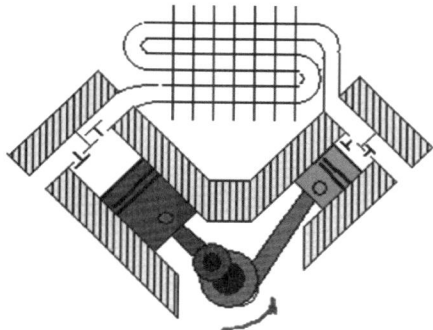

图 2-6　两级往复式空压机

③多级：压缩的次数在两次以上，其原理示意图如图 2-7 所示。

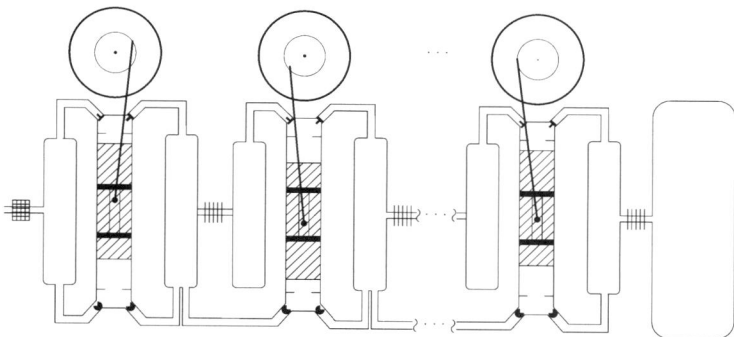

图 2-7　多级往复式空压机

（3）往复式空压机根据气缸与地面的布置形式可以分为：

①立式：其气缸中心线与地面垂直布置［图 2-8（a）］。

②卧式：其气缸中心线与地面平行，气缸布置在曲轴一侧［图 2-8（b）］。

③角度式：各气缸中心线彼此呈一定的角度，又分为 L 型［图 2-8（c）］、V 型［图 2-8（d）］、W 型［图 2-8（e）］、多角度型［图 2-8（f）］等。

④对称平衡式：气缸中心线与地面平行，气缸对称布置在曲轴两侧［图 2-8（g）、图 2-8（h）］。

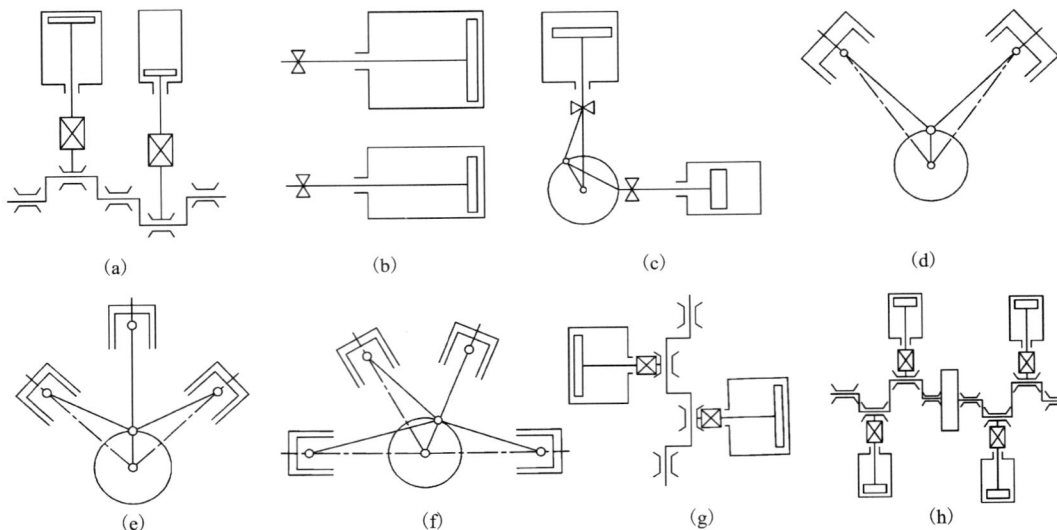

（a）　　　　　　　（b）　　　　　　　（c）　　　　　　　（d）

（e）　　　　　　　（f）　　　　　　　（g）　　　　　　　（h）

图 2-8　活塞式空压机气缸排列方式图

（4）往复式空压机根据排气量大小可以分为：

①排气量小于 10 m³/min 的空压机为小型空压机。

②排气量为 10~100 m³/min 的空压机为中型空压机。

③排气量大于 100 m³/min 的空压机为大型空压机。

（5）往复式空压机根据排气压力高低可以分为：

①排气压力小于 1.0 MPa 的空压机为低压空压机。

②排气压力为 1.0~10.0 MPa 的空压机为中压空压机。

③排气压力大于 10.0 MPa 的空压机为高压空压机。

2.2.2　回转式空压机的特点及分类

活塞在气缸中做回转运动，称为回转式空压机，矿山生产使用的回转式空压机主要有滑片型、螺杆型。

滑片型空压机（如图 2-9 所示）的电机直接连接到主机内偏心安装的转子轴上，转子上开有径向滑槽，转动时滑片沿径向滑动，与定子形成密封腔。随着转子转动，滑片与定子间的密封腔容积变化，将油气混合物吸入和压缩，经过油气分离器后产生压缩空气。

　　滑片型空压机零部件少，没有易损件，维修量小，运转可靠，寿命长，没有往复运动零部件，不存在不平衡惯性力，可与原动机直联，能高速平稳工作，实现无基础运转，体积小、质量轻、占地面积少，特别适合作为移动式空压机；但转子、气缸加工精度高，造价高，油路复杂，不能用于高压场合且噪声大。

图 2-9　滑片型空压机

　　螺杆型空压机(如图 2-10、图 2-11 所示)是由旋转的相互啮合的螺杆，将油和空气从进气端一起吸入，随着螺杆的旋转和输送，啮合容积逐渐减小，在螺杆的另一端压缩出油气混合物。油气混合物经过油气分离后，排出可用的压缩空气。空压机壳体两端分别开设一定形状和大小的吸气孔和排气孔口。阳、阴转子和机体之间所形成的呈"V"字形的一对齿间容积，其大小随着转子的回转而变化，其位置也在空间不断移动。

　　螺杆型空压机具有结构简单、零部件少、加工装配容易、运转平稳、噪声低、振动小、启动冲击小、输气量大、流量均匀、脉动小等特点，但能量损失大、效率较低、使用寿命较短。

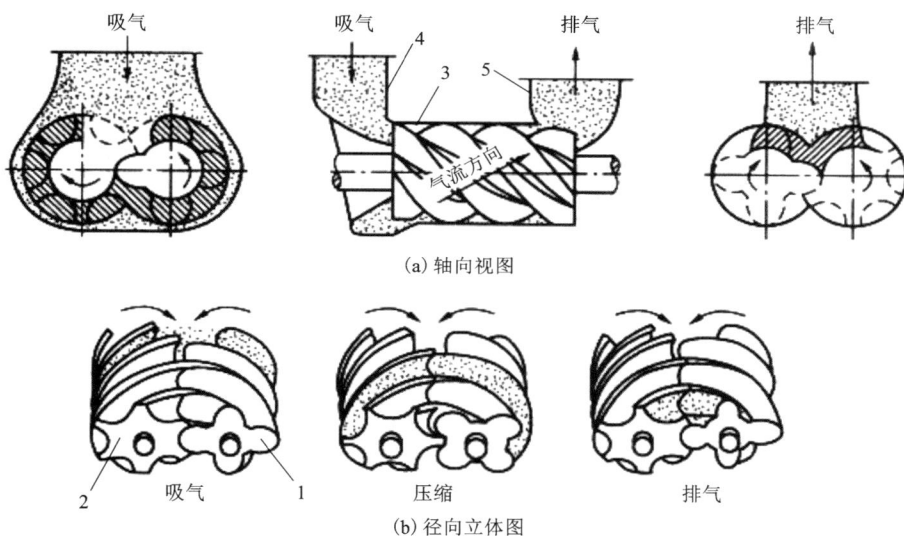

(a) 轴向视图

(b) 径向立体图

1—阳转子；2—阴转子；3—气缸；4—吸气管；5—排气管。

图 2-10　螺杆型空压机工作原理图

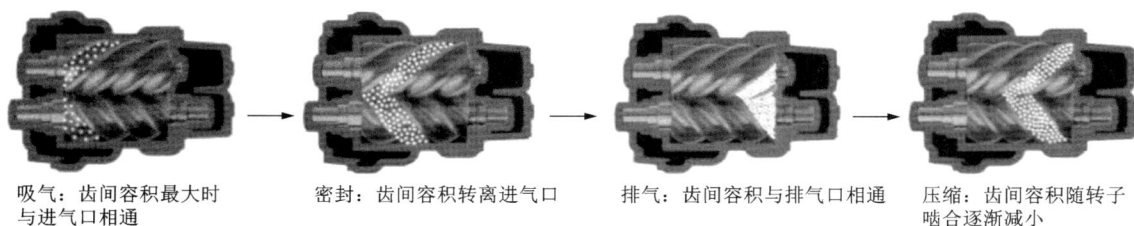

吸气：齿间容积最大时与进气口相通　　密封：齿间容积转离进气口　　排气：齿间容积与排气口相通　　压缩：齿间容积随转子啮合逐渐减小

图 2-11　螺杆型空压机

2.2.3 速度式空压机的特点及分类

速度式空压机(如图 2-12 所示)借助高速旋转叶轮的作用，使气体得到很高的速度，然后在扩压器中急剧降速，使气体的动能变为压力能。速度式空压机按气体流动方向的不同又可分为离心式和轴流式两种类型。离心式空压机是由叶轮带动气体做高速旋转，使气体产生离心力，气体在叶轮中的扩压流动使气体通过叶轮后的流速和压力得到提高，连续产出压缩空气。轴流式空压机通过旋转的叶轮将气体加速并压缩，从而提高气体的压力和温度。但目前这两类空压机在我国矿山开采中很少使用。

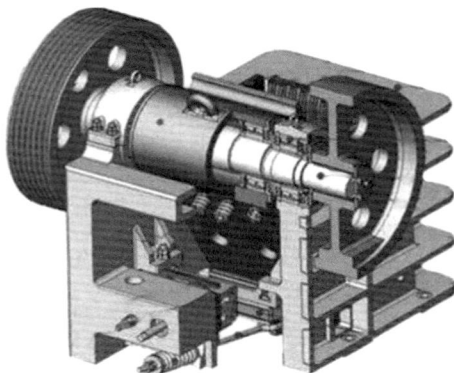

图 2-12　速度式空压机

2.3　空压机的结构组成

矿用活塞式空压机的结构型式多用 L 型和对称平衡型。L 型结构紧凑，动力平衡性能较好，管道布置方便。当排气量在 100 m³/min 以上时，宜选用对称平衡式空压机，对称平衡式空压机便于维修、惯性力接近平衡，可以减小设备基础尺寸，提高转速，减轻零部件质量。

4L-20/8 和 5L-40/8 两种规格的空压机在我国矿山开采中使用最为广泛，如图 2-13 所示为 4L-20/8 型空压机的结构图，现以 4L-20/8 为例加以介绍。

其中：

4—表示 L 系列第四种产品；

L—表示两气缸的布置成直角；

20—表示额定排气量为 20 m³/min；

8—表示额定排气压力为 8 kgf/cm²。

活塞往复式空压机主要由六部分组成，也叫空压机六大工作系统，各系统间相互配合完成工作。活塞往复式空压机主要部件分述如下。

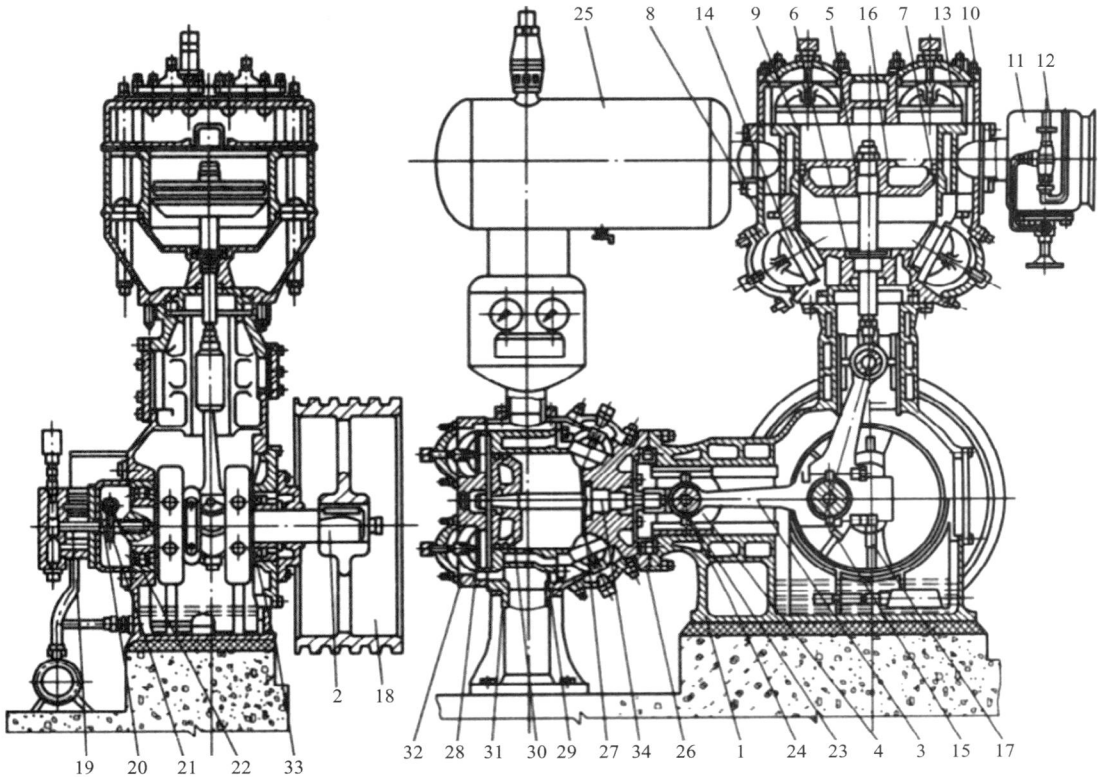

1—机身；2—曲轴；3—连杆；4—十字头；5—活塞杆；6—一级填料函；7—一级活塞环；8—一级气缸座；9—一级气缸；
10—一级气缸盖；11—减荷阀组件；12—负荷调节器；13—一级吸气阀；14—一级排气阀；15—连杆轴瓦；
16—一级活塞；17—连杆螺栓；18—三角皮带轮；19—齿轮泵组件；20—注轴器；21、22—涡轮及蜗杆；
23—十字头销铜套；24—十字头销；25—中间冷却器；26—二级气缸座；27—二级吸气阀组；28—二级排气阀组；
29—二级气缸；30—二级活塞；31—二级活塞环；32—二级气缸盖；33—滚动轴承组；34—二级填料函。

图 2-13　4L-20/8 型空压机结构图

2.3.1　传动系统

传动系统主要由三角皮带轮、曲轴、连杆、十字头和轴承等部件组成，其作用是传递动力，把电动机的旋转运动转变为活塞的往复运动。

1. 机身

机身的结构如图 2-14 所示，它是 L 型空压机的主要部件，起连接、支承、导向等作用，也是定位的基准件。机身与曲轴箱用灰铸铁铸成整体，外形为正置的直角 "L" 形，并与连杆、十字头相连接；外部承接气缸、电动机等附属装置，同时又承受活塞传递的气体作用力和运动部件的惯性力。下部作为放置润滑油的油箱，底部通过地脚螺钉与地基相连。

为了观察和控制油池的油面，在机身侧壁上装有安放测油尺的短管。为了便于拆装连杆和十字头等部件，在机身后和十字头滑道旁，分别开有方形窗口和圆形孔，均用有机玻璃盖密封。

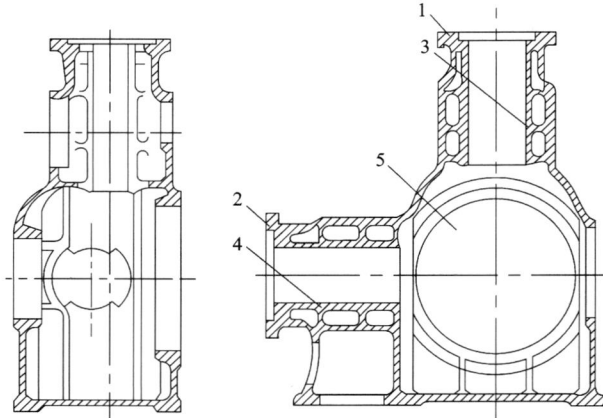

1、2—端面；3、4—颈部；5—圆孔。

图 2-14 L 型空压机机身

2. 曲轴

曲轴一般为球墨铸铁，它能将电动机输入的转矩，通过十字头、连杆等转变为往复作用力而压缩气体做功，起到传递扭转力矩的作用，同时还承受活塞、连杆方面传来的气体压力和惯性力。

曲轴常用的结构形式为曲拐轴，采用球墨铸铁铸造或锻造的方法制造，主要由主轴颈、曲臂、曲轴销和平衡铁组成，平衡铁用螺钉固定，以平衡运动时质量不均匀产生的惯性力和往复运动所产生的惯性力。

曲轴中心有油孔，可使齿轮油泵排出的润滑油流到曲轴及连杆之间的相对运动部分。曲轴两端主轴颈上各装有双列向心球面滚子轴承，轴的外伸端装有皮带轮，另一端装有带传动齿轮油泵的小轴，并经涡轮蜗杆机构带动注油器。

L 型空压机曲轴结构如图 2-15 所示。

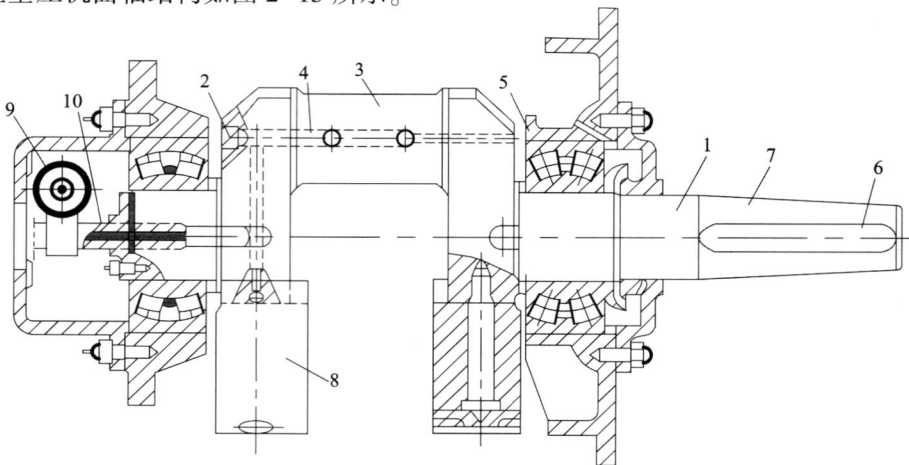

1—主轴颈；2—曲臂；3—曲拐；4—曲轴中心油孔；5—双列向心球面滚子轴承；
6—键槽；7—曲轴外伸端；8—平衡铁；9—涡轮；10—传动小轴。

图 2-15 L 型空压机曲轴

3. 连杆

L 型空压机连杆的结构如图 2-16 所示,它连接曲轴和十字头,使曲轴的旋转运动变为十字头的往复运动,并将动力传递给活塞。连杆包括大头、小头、杆体三部分。杆体截面有圆形、环形、矩形等,中心有贯穿大、小头的油孔,把润滑油由曲轴输送到十字头,使曲轴销和连杆、连杆和十字头销之间的相对运动部分得到润滑;大头为剖分式,内装轴瓦(大头瓦)大头盖,与连杆体用连杆螺栓连接;小头与十字头销相连,并且内衬一铜套,以减少摩擦,磨损后可以更换,可从机身侧面的圆形窗口拆卸。

连杆的大头和曲轴一起转动,其小头和十字头一起做往复运动,连杆本身做平面摆动,变旋转运动为直线往复运动。

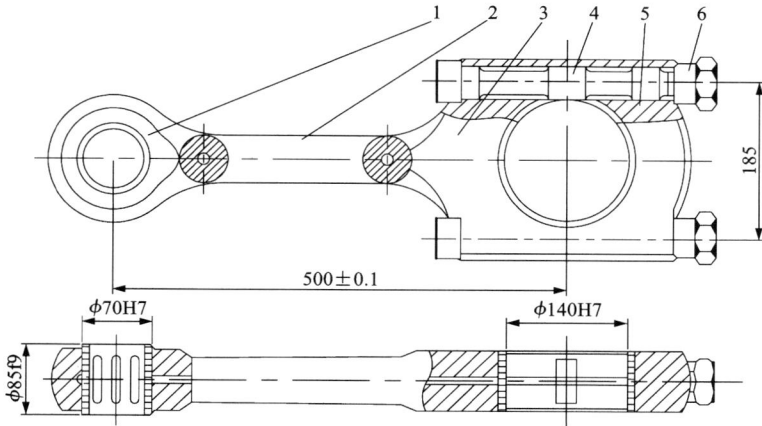

1—小头;2—杆体;3—大头;4—连杆螺栓;5—大头盖;6—连杆螺母。

图 2-16　L 型空压机连杆(单位:mm)

4. 十字头

L 型空压机十字头的结构如图 2-17 所示,在双动式压气机中需要采用十字头来连接连杆与活塞杆并承受侧向力,在十字头的两端装有两块可以更换的滑块,具有导向作用和保证活塞杆做直线运动的作用。按连杆与十字头体的连接方式,十字头可分为开式与闭式两种。

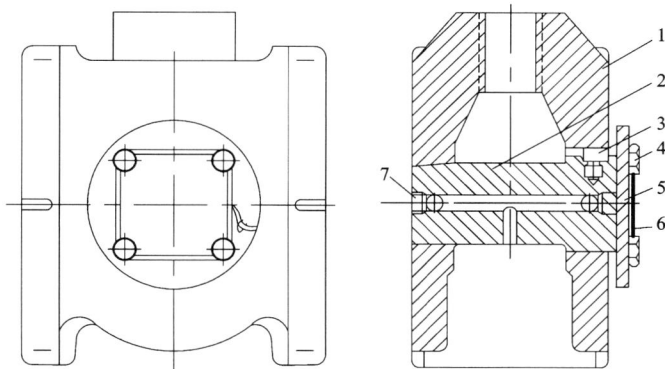

1—十字头体;2—十字头销;3—螺钉键;4—螺钉;5—盖;6—止动垫片;7—螺塞。

图 2-17　L 型空压机十字头

十字头体的一端有内螺纹孔，可与活塞杆连接。两侧为装有十字头销的锥形孔，十字头销用键固定在十字头体上，并与连杆小头配合。十字头销与十字头体的摩擦面上分别有油孔与油槽，由连杆流来的润滑油经油孔和油槽，润滑连杆小头瓦与十字头的摩擦面。由于其承受反复载荷，所以通常用高级铸铁或铸钢制成。

2.3.2　压缩系统

压缩系统主要由空气过滤器、吸气阀、排气阀、气缸、活塞组件、密封装置和风包等部件组成。

1. 活塞组件

活塞组件如图 2-18 所示，包括活塞、活塞环和活塞杆等。

1）活塞

活塞是活塞式空压机中压缩系统的主要部件，它在气缸中做往复运动起压缩气体的作用。对活塞的要求有：保证与气缸内壁有良好的密封性；有足够的刚度、强度和耐磨性；质量轻，加工性好。

活塞为灰铸铁材料，常见的形状为圆盘形和筒形两种，有十字头的空压机均采用圆盘形活塞。为了减小质量，活塞往往铸成空心，两端面用加强筋连接，以增加刚度。

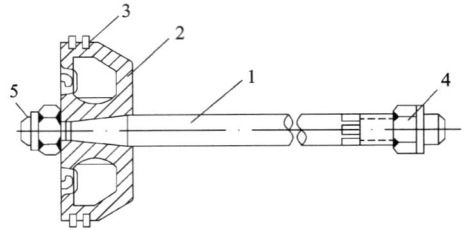

1—活塞杆；2—活塞；3—活塞环；
4—螺母；5—冠形螺母。

图 2-18　活塞组件图

2）活塞环

活塞环又称为涨圈，是空压机最容易损坏的零件之一。在活塞的外圈上沿径向安装有活塞环槽，在其中嵌入活塞环，一般为灰铸铁制成的方形断面的开口圆环，具有一定的弹力。在自由状态时，其外径大于气缸内径，用以密封气缸镜面与活塞之间的缝隙。活塞环的开口形式有直切口、斜切口和搭切口三种，如图 2-19 所示。

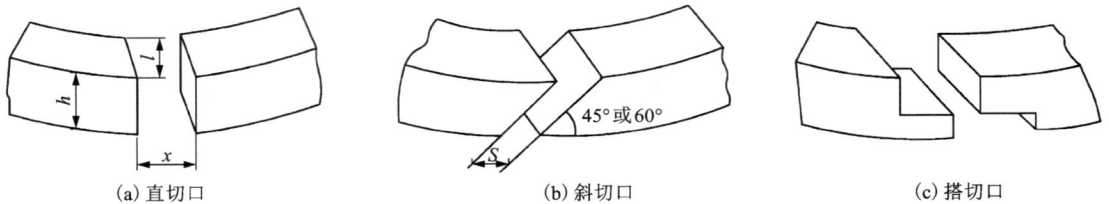

(a) 直切口　　　　　　　(b) 斜切口　　　　　　　(c) 搭切口

图 2-19　活塞环切口形式

3）活塞杆

活塞杆将活塞与十字头连接起来，传递作用在十字头上的力，带动活塞运动，承受拉、压交变载荷。一般采用 45 号钢锻造而成，杆身摩擦部分经表面硬化处理，具有良好的耐磨性。活塞杆一端制成锥形体，插入活塞的锥形孔内，用冠形螺母紧固，并插有开口销以防松动。活塞杆的另一端与十字头用螺纹连接，调节好余隙容积后，用螺母锁紧。

2. 气缸

气缸的结构如图 2-20 所示，它的作用是构成缸体的工作容积。气缸由缸体、缸盖、缸座用螺栓连接而成，整个气缸组件连接在机身上。

低压和中压气缸采用高级铸铁制作而成，高压气缸则采用铸钢制作而成。缸盖和缸座上共有四个阀室，分别安装两个吸气阀和两个排气阀。

气缸一般按冷却方式可以分为水冷式和风冷式两种。矿山大多数空压机采用水冷式，其气缸为双层壁结构，两层之间的空间称为冷却水套，冷却水不断从其中流过；风冷式一般用于移动式小型空压机，其气缸用向外伸出的散热片代替水套。散热片与气缸铸成一个整体，外界空气与散热片接触，产生自然对流，使气缸得到冷却。

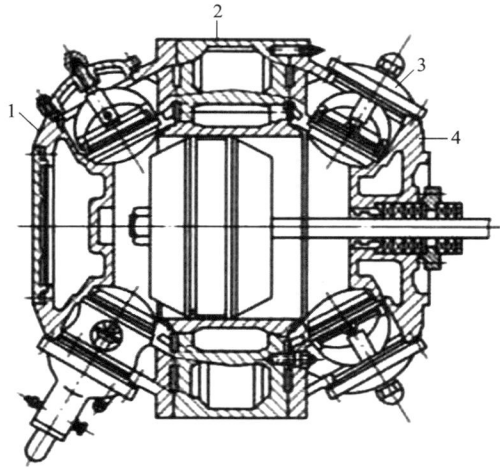

1—缸盖；2—缸体；3—阀室；4—缸座。

图 2-20　双层壁气缸

3. 气阀

为了周期性地使空压机气缸的工作容积与吸气管和排气管相通，即为了实现吸气过程与排气过程，必须采用气阀。气阀结构如图 2-21 所示。

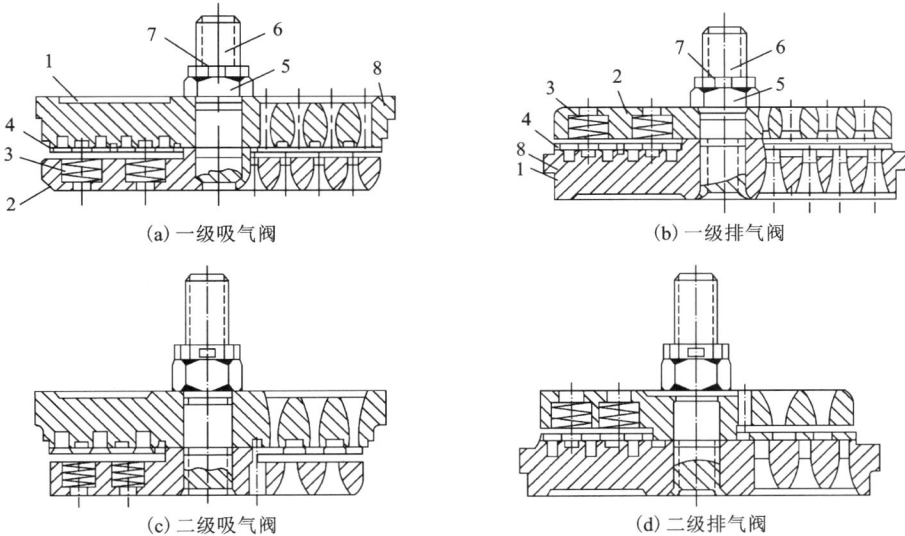

（a）一级吸气阀

（b）一级排气阀

（c）二级吸气阀

（d）二级排气阀

1—阀座；2—阀盖；3—弹簧；4—阀片；5—螺帽；6—螺栓；7—开口销；8—石棉垫。

图 2-21　气阀图

气阀的作用是控制气缸的吸、排气。目前空压机都是用自动启闭的自动阀，其工作原理是依靠阀片两边的压力差来开启，在弹簧的作用力下迅速关闭。气阀由阀座、阀片、弹簧、升程限制器、垫和螺栓组成。按照阀片结构可以将气阀分为环形阀、槽形阀和杯形阀，目前应用最为广泛的是环形阀。

阀片是气阀完成开、闭运动的主要零件，也是空压机中最容易损坏的零件。它的开闭是由阀片两侧的压差和弹簧力等因素确定的，其开启高度由升程限制器上的凸台控制。当阀内气压低于阀外气压，压差超过吸气阀的弹簧压力时，空气即进入气缸；当气阀内、外的气压差低于弹簧压力时，阀片即被弹簧压回阀座，停止吸气。排气阀动作与上述相似，当气缸内气压超过排气阀外的气压和弹簧压力之和时，排气阀打开，开始排气；排气结束后，阀片亦被压回阀座。吸气阀与排气阀虽承担的任务不同，但其构造原理完全相同。只要将排气阀的螺钉和螺帽装在相反的方向，排气阀即可成为吸气阀。

气阀是空压机内最关键、最容易发生故障的部件。其工作条件具有如下特点：

①动作频繁。活塞每往复一次，阀片启、闭一次，即每分钟启闭数百上千次，受到很大冲击；并且为了减小其惯性和冲击力，要求阀片轻而薄，只有1~2 mm厚，强度不是很高。

②温度高。阀片是常温制造、研磨的，在高温下极易发生内应力重新分布而翘曲，造成漏气。

③阀片靠弹簧力加速闭合，而几条弹簧的作用力很难均匀（高温下更是如此），使阀片关闭不平稳，极易发生阀片跳动，加重冲击和漏气。

④气缸内润滑油受热分解而产生炭粒，它与进气中的灰尘和润滑油混合成油垢结在阀片上，使阀片关闭不严密而产生漏气。

进气阀漏气会降低效率，排气阀漏气不仅会降低效率，而且由于高温压气漏回气缸，提高了气缸进气的温度，使压气温度相应提高，会进一步恶化阀片的工作条件，造成恶性循环。为了使空压机正常工作，应对气阀有以下基本要求：

①阀片与阀座接触面应极平滑，闭合时严密不漏气。

②阀片闭合应轻巧迅速，应减轻阀片重力，并选用合适弹力的弹簧。因为弹力过大使开启阻力大，效率下降；过小又不能及时闭合，发生漏气，影响效率。

③气阀工作时应平静无声，阀片升程为2~4 mm，过高时冲击力大，过低时送气面积小，阻力大。

④保证气阀有足够的气流通道面积。

⑤进、排气阀分开，使发热影响小。

⑥结构应便于更换、拆卸及修理。

2.3.3 冷却系统

冷却系统的主要作用是降低压气的温度，节省功率消耗，提高空压机工作的经济性和安全性。冷却系统主要由中间冷却器、气缸水套、冷却水管、后冷却器和润滑冷却器等部件组成。空压机起冷却作用的主要部位是气缸水套和中间冷却器两大部分。

1. 气缸水套

气缸水套的作用是吸出压缩过程中气缸放出的热量，降低气缸温度，使气缸内的润滑油维持一定的黏度，保证气缸、活塞的正常润滑，防止活塞环烧伤；减少压气预热，增加排气能力等。

2. 中间冷却器

中间冷却器的作用是降低进入二级气缸的压气温度，以节省功耗，并分离出压气中的油和水。它主要由外壳和一束水管组成，冷却水在管内流动，压气在管外流动，压气的热量通过管壁传递给冷却水。由于接触面积大，散热较快，冷却效果较好。

此外，有的空压机还在排气管和风包之间安装后冷却器，以冷却从空压机排出的高温气体，使其中的油和水分离出来，防止输气管道冬季冻结。但由于后冷却器本身有阻力，安装后会导致压力损失增加，同时后冷却器的冷却水也会消耗能量，所以，空压机是否安装后冷却器，要根据具体情况来判断。

为了节约用水，大型空压机站都采用循环水冷却系统，如图2-22所示。图中实线表示冷水流动路线，虚线表示热水流动路线。空压机的冷却流程为：冷水池9→冷水泵No3→总进水管1→中间冷却器2→同时进入一、二级气缸的冷却水套→漏斗5→回水管6→热水池10→热水泵No1→冷却塔7→水沟8→冷水池9。若热水泵No1或冷水泵No3发生故障，备用水泵No2即投入运行。

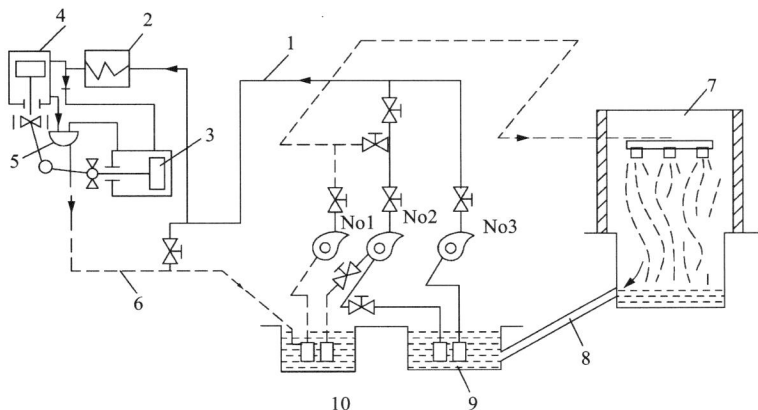

1—总进水管；2—中间冷却器；3—二级气缸；4——级气缸；5—漏斗；6—回水管；
7—冷却塔；8—水沟；9—冷水池；10—热水池。

图2-22　循环水冷却系统图

2.3.4　润滑系统

润滑系统主要由齿轮油泵、注油器和滤油器等部件组成。

在空压机中，零件相互滑动的部位都要注入润滑油进行润滑，以达到降低功耗、减少磨损、延长零件使用寿命及降低摩擦表面温度的目的。

空压机的润滑系统分为传动机构的润滑和气缸的润滑两个独立的系统。两个润滑系统的润滑油是不同的。其中，传动机构的润滑油一般采用30号、40号、50号机油；而用于气缸的润滑油应在高温下具有足够的黏度和稳定性，一般采用 13 号和 19 号压缩机油。

1. 传动机构的润滑系统

如图 2-23 所示为 4L-20/8 型空压机的传动机构润滑系统。润滑油从机身油池经过滤油盒、油冷却器后被吸入齿轮油泵，在油泵中加压后，经滤油器、曲轴油孔流到曲拐与连杆大头瓦的配合面进行润滑，其中一部分油再经过连杆油孔流到连杆小头瓦，最后经十字头油孔润滑十字头导轨。

如图 2-24 所示为齿轮油泵的结构示意图，它由一对齿轮和泵体组成。两个齿轮中，一个是主动轮，另一个是从动轮。其工作原理是：当一对互相啮合的齿轮在吸油腔脱开时，由于容积的扩大，形成低压吸油。充满于齿槽中的油，沿泵壁运动至排油腔。一对齿轮啮合时，由于容积的缩小而产生压油作用，加压后的油便经排油口排出到各运动机构润滑点。

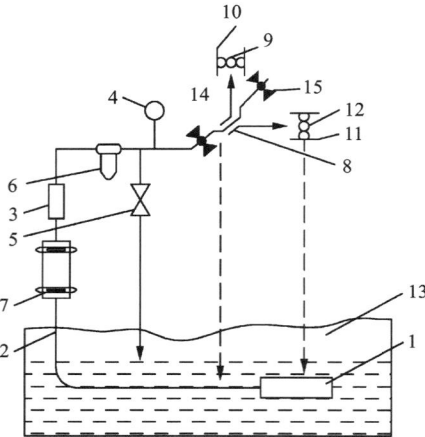

1—滤油盒；2—油管；3—齿轮油泵；4—压力表；5—油压调节阀；
6—滤油器；7—油冷却器；8—连杆大头瓦；9—立缸十字头；
10—立缸十字头滑道；11—卧缸十字头滑道；12—卧缸十字头；
13—油池；14—曲轴；15—曲轴主轴承。

图 2-23　传动机构的润滑系统

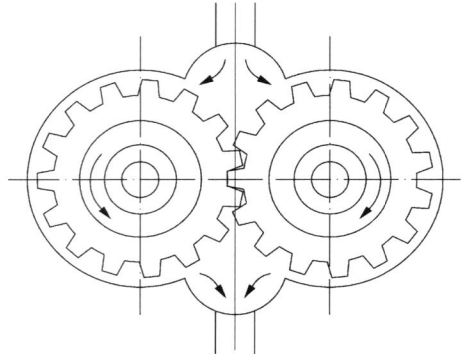

图 2-24　齿轮油泵

2. 气缸的润滑系统

气缸的润滑系统采用单独的真空滴油式注油器向气缸内压油润滑。注油器的外形如图 2-25 所示。

注油器的每个玻璃罩内都有一根玻璃管，并对应一台注油泵，如图 2-26 所示，其工作原理为：偏心轮由曲轴带动旋转，经摆杆 11 使柱塞 2 上下运动。当柱塞 2 下行时，柱塞套 3 内形成真空，润滑油即通过油管 1 和 A—A 截面的通道，由玻璃示滴器 9 中的喷油管 8 滴出，再经 B—B 截面所示的通道，通过进油球阀 4 进入柱塞

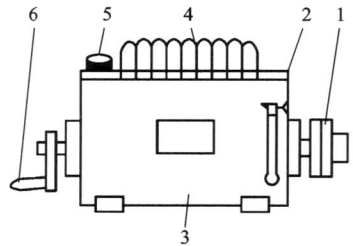

1—联轴器；2—油位表；3—放油孔；
4—玻璃罩；5—注油孔；6—手柄。

图 2-25　注油器外形

套 3。当柱塞 2 上行时,润滑油通过出油球阀 5 和接管 7 流至空压机各润滑点。

旋转压杆 10 的外套,可以调节摆杆 11 的极限位置,改变柱塞 2 的行程,从而调节给油量。在注油处装有逆止阀,以防油管破裂时发生气体逸出事故,并方便空压机在不停机时更换注油泵。

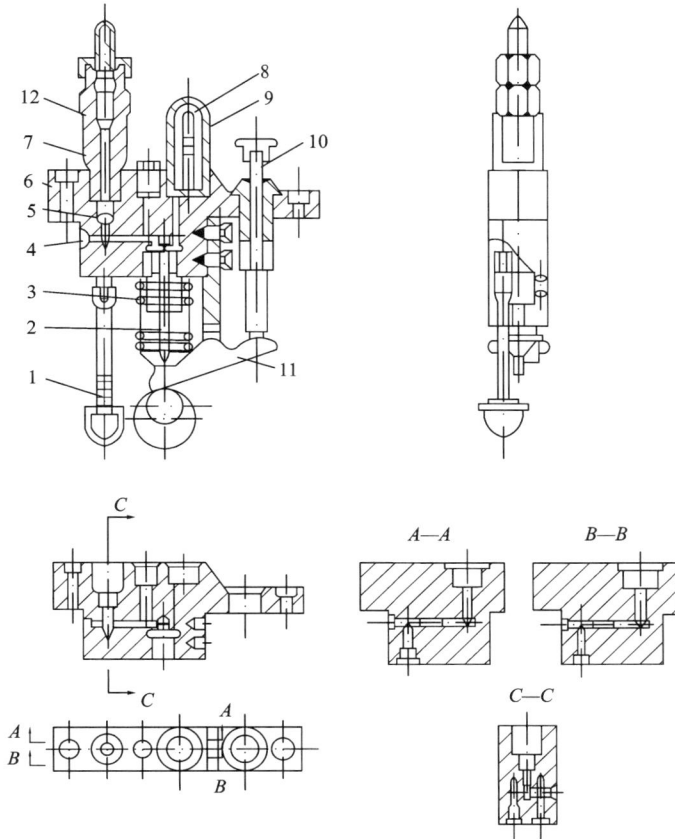

1—油管;2—柱塞;3—柱塞套;4—进油球阀;5—出油球阀;6—泵体;7—接管;
8—喷油管;9—示滴器;10—压杆;11—摆杆;12—逆止阀。

图 2-26 注油泵

2.3.5 调节系统

调节系统主要由减荷阀和压力调节器等部件组成。

活塞式空压机在转速不变的情况下,其排气量是一定的,但压气的消耗则随同时使用的风动工具台数变化。当耗气量大于供气量时,压气管路中的压力就会降低,反之压力就会升高。为了保证空压机的供气量与风动工具的耗气量相适应,必须对空压机的排气量进行调节。

常用的空压机排气量调节方法有关闭吸气管法、压开吸气阀法和改变余隙容积法三种。

1. 关闭吸气管法

关闭吸气管法的调节原理是切断进气，使空压机的排气量为零。其调节机构主要由安装在空压机吸气管上的减荷阀(如图 2-27 所示)和装在减荷阀侧壁上的压力调节器(如图 2-28 所示)组成。减荷阀内装有蝶形阀，阀的一端为活塞，装在活塞缸中。压力调节器的一个接口与风包相接，另一个接口与减荷阀相接。正常工作时，压力调节器的弹簧通过拉杆将阀密闭在阀座上。

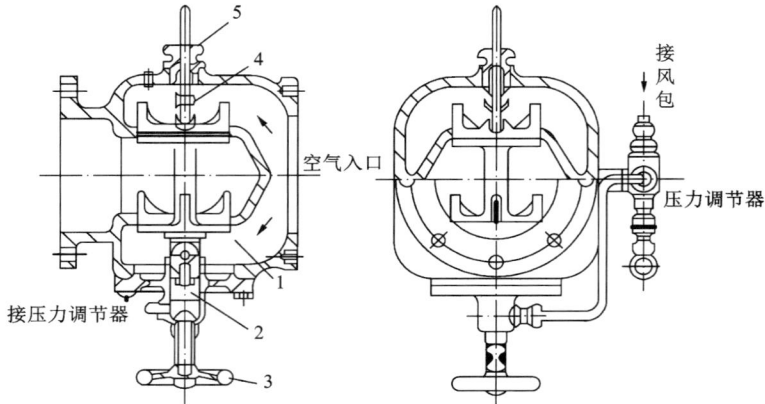

1—蝶形阀；2—活塞缸；3—手轮；4—弹簧；5—调节螺母。

图 2-27 减荷阀

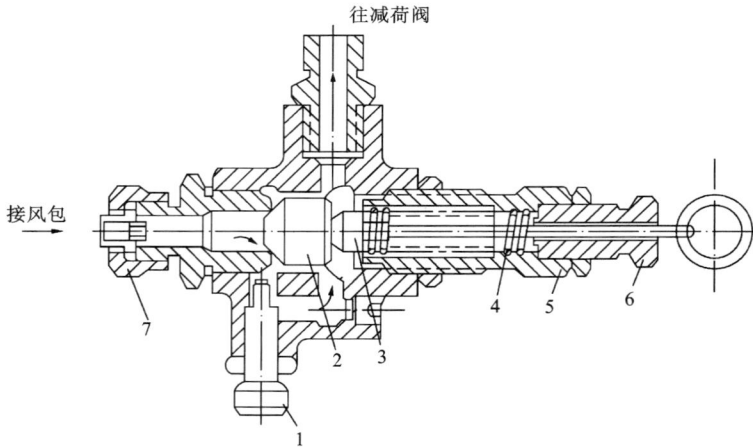

1—调节螺钉；2—阀；3—拉杆；4—弹簧；5、6—大小调节螺管；7—阀座。

图 2-28 压力调节器

当风包内的压力超过规定值时，压力就会推开压力调节器的阀，从而进入减荷阀的活塞缸中，推动小活塞使蝶形阀上移关闭减荷阀，从而使空压机停止吸气，进入空转状态。当风包内的压力降到低于规定值时，在弹簧的作用下，通过拉杆使压力调节器中的阀关闭，切断压气通往减荷阀的通路，使减荷阀活塞缸中的压力下降，蝶形阀在弹簧的作用下重新下移，空压机恢复吸气，正常运转。

压力调节器的动作压力可通过转动大、小调节螺管改变弹簧的压紧程度来调节。

为使空压机不带负荷启动，启动前，应转动减荷阀上的手轮，顶起活塞上移，使蝶形阀关闭，空压机空载启动。启动完毕，再退回手轮，打开蝶形阀，进入正常运转。

这种调节方法简单，经济性好，调节级数少，广泛应用于中、小型空压机中。

2. 压开吸气阀法

压开吸气阀法的调节原理是强制性压开吸气阀，使空气通过吸气阀自由地进入和排出气缸。其调节机构由压力调节器(如图 2-28 所示)和压开吸气阀装置(如图 2-29 所示)组成。压力调节器的一个接口与风包相接，另一个接口与压开吸气阀装置相接。

当风包内的压力超过规定值时，压气就会通过压力调节器压开压盖 5，推动小活塞 4，将压叉 2 压下，顶开吸气阀阀片，使空压机空转。当风包内的压力降到低于规定值时，压力调节器关闭压气通往压开吸气阀装置的通路，小活塞 4 上部的压气通过压力调节器与大气相通，压叉 2 借助弹簧 3 的力升起，阀片恢复到关闭位置，空压机正常运转。

这种调节方法经济性好，但阀片因承受额外负荷，容易变形而导致寿命变短，密封性较差，主要用在大、中型空压机中。

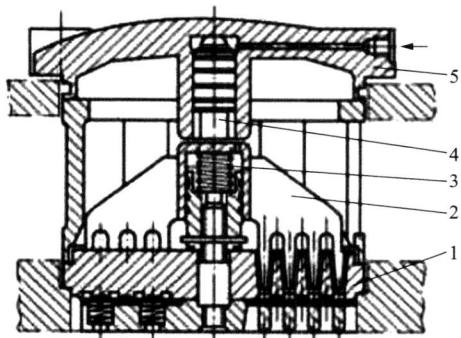

1—阀座；2—压叉；3—弹簧；4—小活塞；5—压盖。

图 2-29　压开吸气阀装置

3. 改变余隙容积法

改变余隙容积法的调节原理是加大余隙容积，降低气缸容积系数，使气缸的吸入量减少，从而达到调节排气量的目的，如图 2-30 所示。

在空压机上安装几个余隙缸，其缸内部分为附加的余隙容积。正常运转时，附加余隙容积由阀 2 与气缸隔开。活塞腔经压力调节器与风包相通。当风包内的压力超过规定值时，压气经进气管 3 进入小气缸 4，使活塞 5 上移，打开阀 2，余隙缸与气缸相通。这样，排气时，就会有一部分压气进入余隙缸中；吸气时，这部分压气膨胀，占据了气缸的一部分容积，使吸气量减少，最终导致排气量减少。

使用改变余隙容积法时，一般在气缸中设置 4 个余隙缸，其中任何一个与气缸相通时，空压机的排气量就减少 25%。因此，此方法可进行五级调节，即 100%、75%、50%、25%、0%。

1—余隙缸；2—阀；3—进气管；
4—小气缸；5—活塞；6—弹簧。

图 2-30　改变余隙容积法原理图

这种调节方法既完善又经济，但调节机构复杂，制造难度大，多用在大型空压机中。

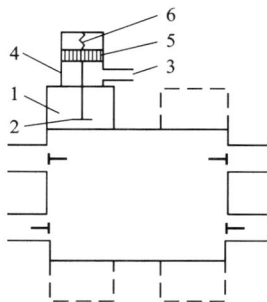

2.3.6 安全保护系统

安全保护系统主要由安全阀、油压继电器、断水开关和释压阀等部件组成。

1. 安全阀

安全阀分一级安全阀和二级安全阀。一级安全阀安装在中间冷却器上，二级安全阀安装在风包上。其作用是当压力调节器失灵，空气压力得不到及时调整，而使各级压力超过规定值时，安全阀就自动开启，把一部分压气排入大气，使各级压力恢复到正常工作压力。

安全阀的种类很多，如图 2-31 所示为常用的弹簧式安全阀。反冲盘 4 受弹簧 3 的压力压紧在阀座 6 上，使压气与大气隔离。当压气压力超过规定值时，弹簧 3 便被压缩，反冲盘 4 上升，压气经排气孔 11 排入大气。当压气压力降到低于规定值时，弹簧 3 恢复原状，反冲盘 4 下降，压紧阀座 6，空压机恢复正常工作。安全阀的动作压力值可用调节螺钉 7 来调节。

2. 油压继电器

油压继电器的作用是保证空压机有充足的润滑油，当润滑油油压不足时，继电器工作，断开控制线路接点，使空压机自动停机。

如图 2-32 所示，油压继电器由底座 2 和继电器 4 组成，油管接头 8 接到润滑油循环系统的油管上。当油泵压出的润滑油有一定的压力时，推动耐油薄膜 3 向上，膜片变形并压缩弹簧 5 把推杆 6 向上推动，使微动开关 7 接通电气接点。当油压低到一定压力时，接点断开，空压机的主电动机自动停机。微动开关 7 常常与电气控制回路中的时间继电器、信号装置连锁接点配合使用。

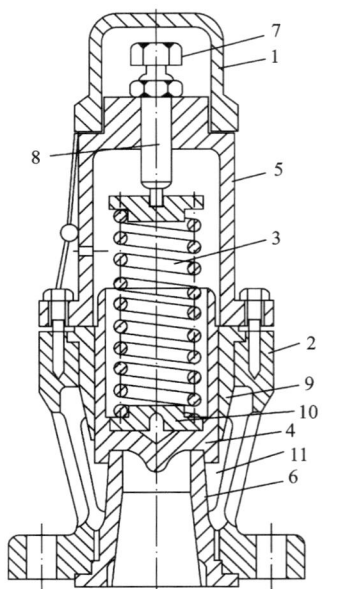

1—阀帽；2—阀体；3—弹簧；4—反冲盘；
5—阀盖；6—阀座；7—调节螺钉；8—阀杆；
9—导向套；10—阀瓣；11—排气孔。

图 2-31 弹簧式安全阀结构

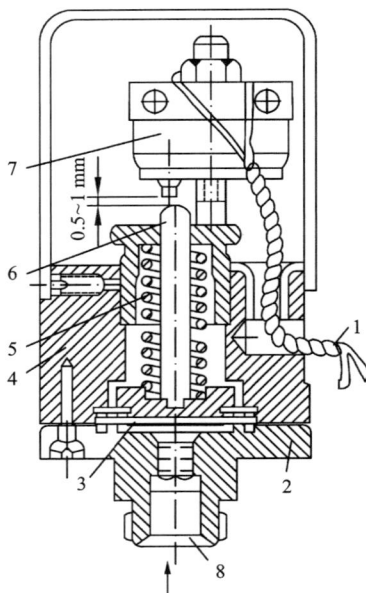

1—导线；2—底座；3—耐油薄膜；4—继电器；
5—弹簧；6—推杆；7—微动开关；8—油管接头。

图 2-32 油压继电器结构

3. 断水开关

断水开关是装于冷却水回水漏斗处，用于监视冷却水中断的一种自动停机装置。

如图 2-33 所示为断水开关结构图。当空压机冷却系统开启后，各级气缸水套、中间冷却器及后冷却器的回水管有水流过。流水经过回水漏斗时，漏斗的重力加大，接通触点 2，线圈通电将衔铁吸下，便可启动电动机。一旦冷却水中断，漏斗中无水流过，重力减小，开关在弹簧作用下向上运动，触点 2 断开，线圈断电，电动机停机。

4. 释压阀

释压阀的作用是防止安全阀因故失效，风包内气压急速上升而发生爆炸。常见的释压阀有杠杆式、膜板式和活塞式三种。如图 2-34 所示为杠杆式释压阀结构。其工作原理是：当风包内的气压超过空压机额定工作压力的 1.2 倍时，阀体 1 内的阀 9 在压气的作用下向上运动，并使杠杆 5 顺时针向上转动，此时，风包与大气相通，多余压气排入大气。与此同时，滑轮 6 沿杠杆 5 滚向阀体侧。当风包压力降低后，由于重锤 7 的作用，阀 9 下降，关闭风包与大气的通路。为保证释压阀可靠、迅速地释压，其口径不得小于出风管直径。

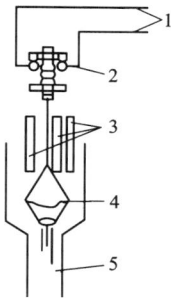

1—电源线；2—触点；3—分回水管；
4—回水漏斗；5—总回水管。

图 2-33　断水开关结构图

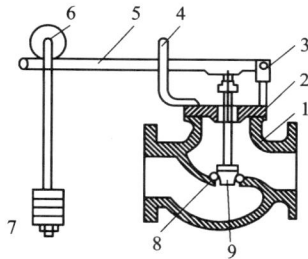

1—阀体；2—阀盖；3—支架；4—支板；5—杠杆；
6—滑轮；7—重锤；8—阀口；9—阀。

图 2-34　杠杆式释压阀结构

2.3.7　其他附属装置

1. 填料装置

空压机工作时，活塞杆与气缸间要产生相对运动，必然留有一定的间隙。为了防止压缩空气从此间隙外泄，就应该设置填料装置予以密封。对填料的基本要求是：密封性能好并且耐用。

L 型空压机采用金属填料密封，其结构如图 2-35 所示，主要由密封圈 4（靠近气缸侧）、挡油圈 6（靠近机身侧）和隔环 2、垫圈 1 等组成，密封圈用灰口铸铁制成，用三个带斜口的瓣组成整圈，如图 2-36（a）所示，在它的外圆沟槽内放有拉力弹簧，将其紧箍在活塞杆上起密封作用。当内圈磨损后，借助弹簧的力量，能自动向内箍紧，保证密封。由垫圈 1 和隔环 2

组成的小室 3 内，放置了两个切口相互错开的密封圈。两级压缩的高压缸有两个小室，低压缸只有一个小室。挡油圈的结构形式和密封圈相似，如图 2-36(b) 所示，只是内圈处开有斜槽，它可以把黏附在活塞杆上的机油刮下来，以免其进入缸内。由于这种填料是自紧式的，因此允许活塞杆产生一定的挠度，而不致影响密封性能。

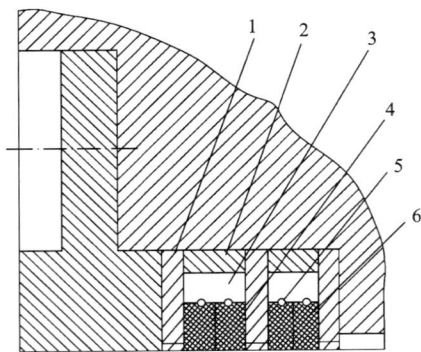

1—垫圈；2—隔环；3—小室；4—密封圈；5—弹簧；6—挡油圈。

图 2-35　高压缸的金属密封结构图

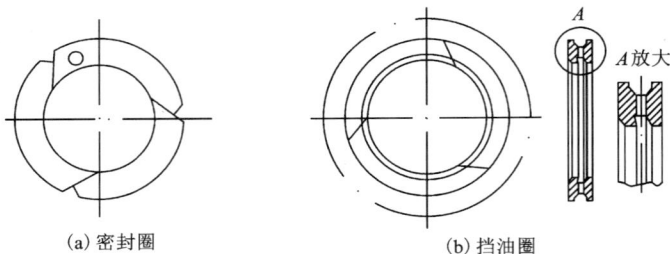

(a) 密封圈　　　　　　　　　(b) 挡油圈

图 2-36　密封圈和挡油圈

2. 滤风器

滤风器的作用是过滤空气，防止空气中的灰尘和杂质进入气缸。如不设滤风器，空气中的灰尘和杂质进入气缸后，将与高温气体和润滑油混合而黏附在气阀、气缸壁和活塞环等处，使气阀不严密，加快气缸镜面和活塞组件的磨损，增大吸、排气阻力和排气温度，增加功耗，降低效率。

滤风器的结构主要由外壳和滤芯组成。如图 2-37 所示为 4L-20/8 型空压机使用的金属网滤风器，其外壳由筒体 1 和封头 2、5 组成。滤芯由多层波纹状金属网 3 组成，其上涂有黏性油（一般用 60% 的气缸油和 40% 的柴油混合而成）。当污浊空气通过时，灰尘与杂质便黏附在金属网上，使空气得以过滤。

为了减小吸风管道中的阻力，滤风器应具有足够的面积，而且要定期清洗。滤风器应安装在室外进风管道上，它与空压机的距离不宜超过 10 m，并应处于清洁、干燥、通风良好的阴凉处。滤风器的吸气口向下布置，以免掉进杂物，并设防雨设施。

3.风包

风包又称为储气罐，其作用是缓和由空压机排气不均匀和不连续而引起的压力波动，储备一定数量的压缩空气，以维持供需之间的平衡，分离出压气中的油和水。

如图 2-38 所示为 L 型空压机的风包结构示意图。此风包为立式焊接结构，其高度一般为直径的 2~3 倍。进气管在下，排气管在上。进气管在罐内一段呈弧形，其出气口向下倾斜并弯向罐内壁，使气体进入罐内旋转，以利于分离出压气中的油和水。风包上还装有安全阀、检查孔、压力表、放油和水的连接管等。

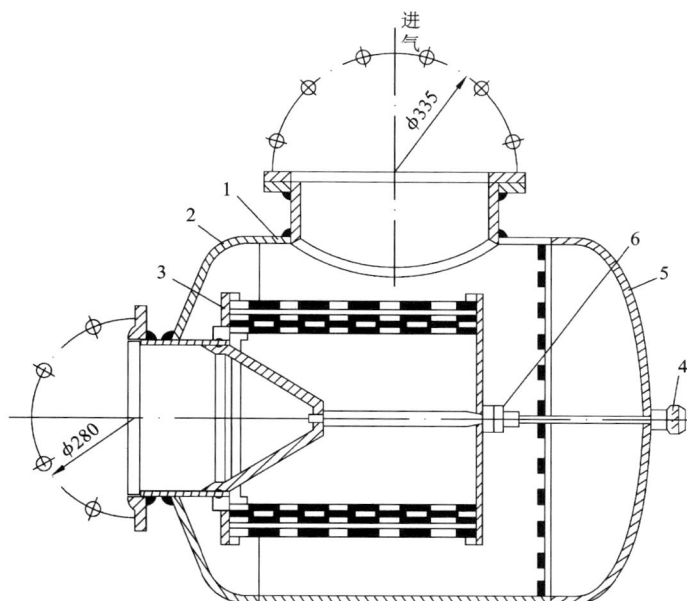

1—筒体；2、5—封头；3—金属网；4、6—螺母。

图 2-37 金属网滤风器(单位：mm)

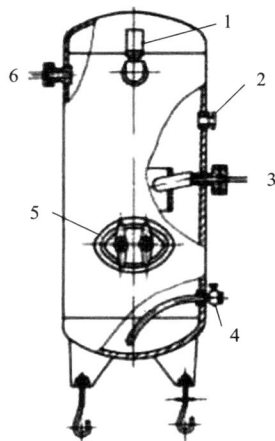

1—安全阀；2—预压力表及负荷调节器；
3—进气口；4—放油水阀门；
5—入孔；6—排气口。

图 2-38 风包图

风包在地面上时，应设在室外阴凉处，单独使用一个基础，与空压机的距离不应大于 12~15 m。空压机设于井下时，风包应设在通风良好的地方，且不能与空压机置于同一硐室中。

2.4 活塞式空压机工作原理

空压机实质是一种通过消耗机械功来产生高压气体的能量转换装置。空气在空压机中被压缩或膨胀时，其状态参数发生变化而产生复杂的热力过程。这个热力过程对空压机的工作状态影响很大。因此，可运用热力学知识分析和研究这个热力现象，尽可能使空压机处于良好的工作状态。

从热力学观点看,尽管活塞式空压机和叶轮式空压机的结构和工作原理都不同,但压缩过程中气体的状态变化本质上是一致的。

接下来以活塞式空压机为例分析压缩气体产生过程的热力学特性。

2.4.1 热力学基础

1. 气体的状态参数

在热力学中,用压力、比容和温度来描述气体所处的状态,它们称为气体的状态参数。又因为这三个量可以直接或间接测量出来,所以称为基本状态参数。

1)压力 P

容器内气体分子对容器壁单位面积上的垂直作用力,称为压强,本书称为压力,也就是气体的绝对压力。用压力表测得的压力是相对压力,而在理论计算时,往往用绝对压力,压力的单位为 Pa。

2)比容 v

单位质量的气体所占有的体积,称为比容。它的单位为 m^3/kg。

$$v = \frac{1}{\rho} \tag{2-1}$$

3)温度 T

温度是标志物体冷热程度的参数。温度的高低反映了气体内部大量分子热运动的强弱程度。在热力学计算中,采用热力学温度 T(又称绝对温度),其单位为 K。它与摄氏温度 t 之间的关系如下:

$$T = t + 273 \tag{2-2}$$

2. 理想气体状态方程

理想气体是一种假想的,分子本身没有体积,分子间没有作用力,分子为完全弹性体的气体。事实上,没有任何一种气体完全符合这个条件。但在工程上,当气体分子的体积相对于比容很小,分子间相互作用力相对于气体压力也很小时,便可将这种气体视为理想气体。

反映 P、v、T 之间关系的方程式称为气体的状态方程式。

1)波义耳-马略特定律

一定量的气体,当温度保持不变时,体积和压力成反比,即

$$\frac{V_1}{V_2} = \frac{P_2}{P_1} \tag{2-3}$$

对 1 kg 气体而言:

$$\frac{v_1}{v_2} = \frac{P_2}{P_1} \quad 或 \quad Pv = 常数 \tag{2-4}$$

2)盖-吕萨克定律

一定量的气体,当压力保持不变时,体积与绝对温度成正比,即

$$\frac{V_1}{V_2} = \frac{T_1}{T_2} \tag{2-5}$$

对 1 kg 气体而言：

$$\frac{v_1}{v_2} = \frac{T_1}{T_2} \tag{2-6}$$

3）理想气体状态方程

设有质量为 1 kg 的气体，密闭于带有活塞的容器内，活塞可沿器壁移动，如图 2-39 所示。气体由初始状态［见图 2-39(a)］，经过一个等温膨胀过程［见图 2-39(a)→(b)］，再经过一个等压膨胀过程［见图 2-39(b)→(c)］，达到终了状态［见图 2-39(c)］。

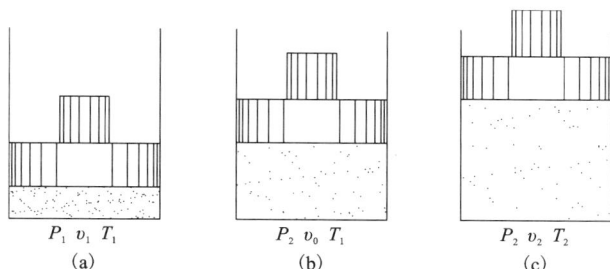

图 2-39　气体状态变化图

因图 2-39(a)→(b)为等温过程，故

$$P_1 v_1 = P_2 v_0 \tag{2-7}$$

$$v_0 = \frac{P_1 v_1}{P_2} \tag{2-8}$$

因图 2-39(b)→(c)为等压过程，故

$$\frac{v_0}{v_2} = \frac{T_1}{T_2} \tag{2-9}$$

$$v_0 = \frac{T_1}{T_2} v_2 \tag{2-10}$$

则有

$$\frac{P_1 v_1}{T_1} = \frac{P_2 v_2}{T_2} \quad 或 \quad \frac{Pv}{T} = 常数 \tag{2-11}$$

对 1 kg 气体进行研究时，常数用 R 表示，所以理想气体状态方程如下：

$$Pv = RT \tag{2-12}$$

式中：R 为气体常数，它表示在一定压力下，1 kg 气体被加热后，温度升高 1 K 时所做的膨胀功，其单位为 J/(kg·K)。

对于不同的气体，R 有不同的数值，但对于同一种气体，不论压力、温度、比容如何变化，其值都是相同的。空气的气体常数为 287 J/(kg·K)。

对 m kg 气体而言，其理想气体状态方程如下：

$$Pvm = mRT \quad 或 \quad PV = mRT \tag{2-13}$$

3. 内能

气体内部气体分子所具有的各种能量的总和，称为气体的内能。单位为 J。

理想气体不计气体的势能，理想气体的内能 U 只与温度 T 有关。

气体的内能=气体的动能+气体的势能。

$$U = f(T) \qquad (2\text{-}14)$$

4. 气体的比热容

在热工计算中，常用比热容来计算气体在某一过程中吸收或放出的热量。比热容（比热）是指单位质量的气体，温度变化 1 K 时，吸收或放出的热量。

气体比热容的大小与气体和外界进行热交换时的条件有关，即与热力过程有关。可分为定容比热容（C_V）和定压比热容（C_P）。气体的比热容一般随温度的升高而增加。

在工程应用中，为了保证计算的简单方便，常使用平均比热容。

气体绝热指数：

$$k = \frac{C_P}{C_V} \qquad (2\text{-}15)$$

对于空气，绝热指数 $k = 1.4$。

5. 热力学第一定律

热力学第一定律是能量守恒与转换定律在热力工程中的具体应用，即热能与机械能可以相互转换，且转换前后的总能量保持不变。

在热力学中，系统发生变化时，设与环境之间交换的热为 Q，与环境交换的功为 W，可得内能的变换为：

$$\Delta U = Q + W \qquad (2\text{-}16)$$

6. 气体状态的变化过程

气体状态连续变化的过程，称为气体状态的变化过程。

当气体状态经过一系列变化后，又回到初始状态的变化过程，称为循环过程，简称循环。气体的状态及其状态的变化过程，可以在 $P\text{-}V$ 图上表示出来。在图上用点表示气体的状态，用线表示变化过程。

1）定容过程（如图 2-40 所示）

$$\frac{P_1}{P_2} = \frac{T_1}{T_2} \quad 或 \quad \upsilon = 常数 \qquad (2\text{-}17)$$

在定容过程中，气体对外所做膨胀功为零，气体吸收（或放出）的热量全部用来增加（或减少）气体的内能。

$$q_V = c_V(T_2 - T_1) \qquad (2\text{-}18)$$

2）定压过程（如图 2-41 所示）

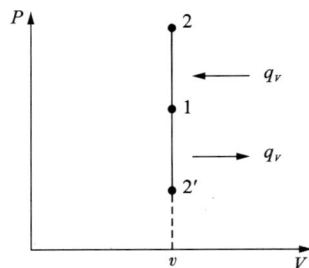

图 2-40　定容过程 $P\text{-}V$ 图

$$\frac{v_1}{v_2} = \frac{T_1}{T_2} \quad 或 \quad P = 常数 \quad (2-19)$$

单位质量的气体在定压过程中，温度升高 1 K 时所需的热量比定容过程多，所多的值等于气体常数 R。

$$q_P = (c_V + R)(T_2 - T_1) = c_P(T_2 - T_1) \quad (2-20)$$

3）等温过程（如图 2-42 所示）

$$\frac{v_1}{v_2} = \frac{P_2}{P_1} \quad 或 \quad T = 常数 \quad (2-21)$$

理想气体在等温过程中，因温度不变，内能也不变，

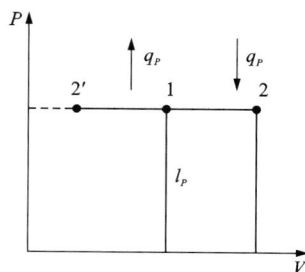

图 2-41　定压过程 P-V 图

气体从外界获得的热量全部用于对外膨胀做功，外界压缩气体时，所做的压缩功全部变为热量向外放出。

$$q_t = P_1 v_1 \ln \frac{v_2}{v_1} = P_2 v_2 \ln \frac{P_1}{P_2} \quad (2-22)$$

4）绝热过程（如图 2-43 所示）

$$P v^k = 常数 \quad 或 \quad \frac{P_1}{P_2} = \left(\frac{V_2}{V_1}\right)^k \quad 或 \quad \frac{T_1}{T_2} = \left(\frac{P_1}{P_2}\right)^{\frac{k-1}{k}} \quad 或 \quad \frac{T_1}{T_2} = \left(\frac{v_2}{v_1}\right)^{k-1} \quad (2-23)$$

当气体绝热膨胀时，将消耗本身所具有的内能来对外做功；反之，当外界绝热压缩气体时，其压缩功将全部用于增加气体的内能，在整个过程中，气体与外界无热交换。

对外做功：

$$W = \frac{1}{k-1}(P_1 v_1 - P_2 v_2) \quad (2-24)$$

5）多变过程（如图 2-44 所示）

气体状态的实际变化过程中，气体的所有状态参数都在变化，这种气体状态参数同时发生变化的过程，叫多变过程。

$$P v^n = 常数 \quad (2-25)$$

前述的定容、定压、等温、绝热四个过程都是多变过程的特殊形式，其中 n 分别取如下值：n 趋近 ∞，$n=0$，$n=1$，$n=k$。当 n 在 $1 \sim k$ 范围内变化时，多变过程曲线与其他四种基本过程曲线的相关位置如图 2-44 所示。

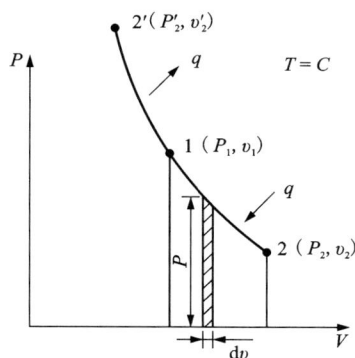

图 2-42　等温过程 P-V 图

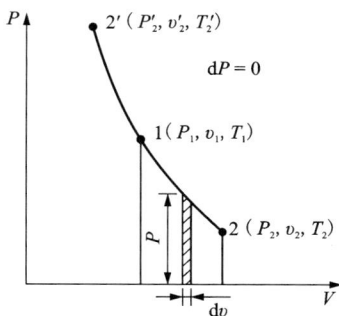

图 2-43　绝热过程 P-V 图

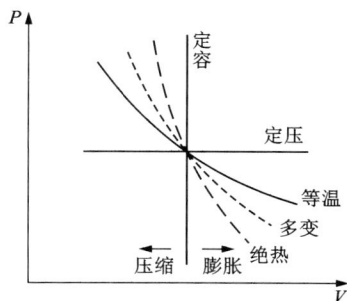

图 2-44　多变过程 P-V 图

在热力机械中，常见的热力过程的多变指数 n 一般均在 $1 \sim k$ 范围内变化。如在空压机中，空气被压缩时产生的热量，一部分被冷却水带走，或通过外壳传给外界；另一部分则提高空气的温度。因此这一压缩过程是一个介于绝热和等温之间的多变过程，故有 $1<n<k$。n 一般在 $1.25 \sim 1.35$ 间变化。

由于多变过程方程式和绝热过程方程式的形式相同，因此绝热过程中计算功的各种形式的公式和各状态参数间的关系式，都可以应用到多变过程上，只需将 k 换成 n 即可。

$$W = \frac{1}{n-1}(P_1 v_1 - P_2 v_2) \tag{2-26}$$

$$q = c_V(T_2 - T_1) + \frac{1}{n-1}(P_1 v_1 - P_2 v_2) \tag{2-27}$$

$$c_V \frac{n-k}{n-1}(T_2 - T_1) = c_n(T_2 - T_1) \tag{2-28}$$

2.4.2　一级活塞式空压机理论工作循环

活塞在气缸中往复运动一次，气缸对空气即完成一个工作循环。所谓理论工作循环是指：

①气缸没有余隙容积，因此在排气过程终了时，气缸内没有残留的压气。

②进、排气通道及气阀没有阻力，因此在吸、排气过程中没有压力损失。

③气体与各壁面之间不存在温差，因此进入气缸的空气与各壁面间没有热交换，压缩过程中的压缩指数不变。

④气缸压缩容积绝对保密，没有气体泄漏。

这样，往复式空压机工作时，其理论工作循环即在上述理想条件下气缸中空气压力随活塞位置变化而变化的曲线图，如图 2-45 所示。

理论工作循环由吸气、压缩和排气三个基本过程组成。当活塞自左向右移动时，气体以压力 P_1 进入气缸，$0 \sim 1$ 为吸气过程；当活塞自右向左移动时，气体被压缩，$1 \sim 2$ 为压缩过程；当气体压力达到排气压力 P_2 后，气体被活塞推出气缸，$2 \sim 3$ 为排气过程。

图 2-45　一级空压机理论工作循环示功图

理论工作循环示功图横坐标是气缸容积 V，而不能用比容 v。因为在吸、排气过程中，气体的容积是变化的，但压力、温度不变，所以比容并不变化；并且在理论工作循环的三个过程中，只有压缩过程才是真正的热力过程。

空压机把空气从低压压缩至高压，需要消耗能量。空压机完成一个理论工作循环所消耗的功 W 等于吸气功 W_x、压缩功 W_y 和排气功 W_p 的总和。

通常规定：活塞对空气做功为正值；空气对活塞做功为负值。按此，压缩过程和排气过程的功为正，吸气过程的功为负。各功之值分别为：

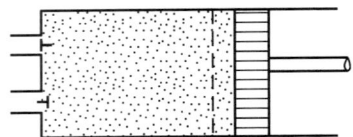

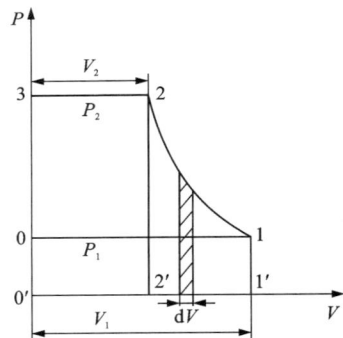

①吸气功 $W_x = -P_1 V_2$，相当于图 2-45 中吸气线下的面积 011'0'；

②压缩功 $W_y = -\int_{V_1}^{V_2} P\mathrm{d}V = \int_{V_2}^{V_1} P\mathrm{d}V$（因 $\mathrm{d}V$ 在压缩功时为负增量，为使 W_y 为正，故在积分号前加一负号），相当于图 2-45 中压缩线下的面积 122'1'；

③排气功 $W_p = P_2 V_2$，相当于图 2-45 中排气线下的面积 230'2'；

④循环总功的计算公式如下：

$$W = W_x + W_y + W_p = -P_1 V_1 + \int_{V_2}^{V_1} P\mathrm{d}V + P_2 V_2 \tag{2-29}$$

式中：W 为循环总功，J；P_1、P_2 分别为压缩开始和终止时，空气的绝对压力，N/m^2；V_1、V_2 分别为压缩开始和终止时，空气的容积，m^3。

理论循环总功相当于吸气、压缩、排气三个过程线所包围的面积 0123。

空压机工作循环中的压缩过程，可按等温、绝热或多变过程进行。按不同的压缩过程压缩时，其循环总功、空气被压缩时放出的热量以及压缩终了时空气的温度也不相同。现分别予以计算。

1. 等温压缩时的理论工作循环

在等温压缩过程中，因 T = 常数，所以 $P_1 V_1 = P_2 V_2$，故循环总功为：

$$W = -P_1 V_1 + \int_{V_2}^{V_1} P\mathrm{d}V + P_2 V_2 = \int_{V_2}^{V_1} P\mathrm{d}V = P_1 V_1 \int_{V_2}^{V_1} \frac{\mathrm{d}V}{V} = P_1 V_1 \ln \frac{V_1}{V_2} = P_1 V_1 \ln \frac{P_2}{P_1} = 2.303 P_1 V_1 \lg \frac{P_2}{P_1} \tag{2-30}$$

可见，等温压缩时的循环总功等于压缩过程功。

压缩终了时空气的温度为：$T_2 = T_1$。

空气被压缩时放出的热量为：$Q = W$。

2. 绝热压缩时的理论工作循环

循环总功为：

$$W = -P_1 V_1 + \int_{V_2}^{V_1} P\mathrm{d}V + P_2 V_2 = -P_1 V_1 + \frac{1}{k-1}(P_2 V_2 - P_1 V_1) + P_2 V_2$$

$$= \frac{k}{k-1}(P_2 V_2 - P_1 V_1) = \frac{k}{k-1} P_1 V_1 \left[\left(\frac{P_2}{P_1} \right)^{\frac{k-1}{k}} - 1 \right] \tag{2-31}$$

由上式可知，绝热压缩时空压机的循环总功等于绝热压缩过程功的 k 倍。

压缩终了时空气的温度为：$T_2 = T_1 \left(\frac{P_2}{P_1} \right)^{\frac{k-1}{k}} = T_1 \varepsilon^{\frac{k-1}{k}}$。

空气被压缩时放出的热量为：$Q = 0$。

3. 多变压缩时的理论工作循环

用多变指数 n 代替绝热压缩过程公式中的 k，即得多变压缩时的循环总功，即

$$W = \frac{n}{n-1} P_1 V_1 \left[\left(\frac{P_2}{P_1} \right)^{\frac{n-1}{n}} - 1 \right] \tag{2-32}$$

压缩终了时空气的温度为：$T_2 = T_1 \left(\dfrac{P_2}{P_1} \right)^{\frac{n-1}{n}} = T_1 \varepsilon^{\frac{n-1}{n}}$。

在多变压缩过程中放出的热量为：$Q = mc_n(T_2 - T_1) = mc_V \dfrac{k-n}{n-1}(T_2 - T_1)$（式中 m 为压缩气体质量）。

4. 三种压缩过程的理论工作循环比较

1）循环总功的比较

把相同进气温度和进气压力下的 V_1（m³）空气，按不同的压缩过程压缩到相同终了压力 P_2 时的理论工作循环示功图画在一起，如图 2-46 所示。2~3′是等温压缩线，2~3 是多变压缩线，2~3″是绝热压缩线。由图 2-46 可知，等温压缩时所消耗的循环总功最小（面积 123′4），绝热压缩时所消耗的循环总功最大（面积 123″4），多变压缩介于两者之间（面积 1234）。因此，等温压缩的循环总功最小。

2）压缩终了温度的比较

在空压机循环中，压缩过程所消耗的外功全部变成热量。如采用等温压缩，这些热量全部传给外界，空气的内能和温度没有改变；如为绝热压缩，这些热量全部转化为空气的内能，使空气温度升高；在多变压缩过程中，这些热量的一部分传给了外界，另一部分变成了空气的内能，所以多变压缩终了温度低于绝热压缩终了温度，但高于等温压缩终了温度。因此，等温压缩终了温度最低，其安全性最高。

从以上比较可知等温压缩是最有利的压缩过程。所以，在空压机的工作中，应努力提高冷却效果，使实际压缩过程尽量接近等温压缩，即尽量使多变压缩指数 n 偏离 k 而接近 1。

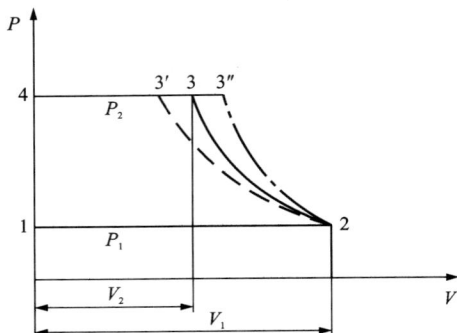

图 2-46　三种循环过程的理论工作循环

例题 2.1　已知空压机的进气绝对压力 $P_1 = 1 \times 10^5$ N/m²，温度 $t_1 = 27$ ℃，压缩终了时空气的绝对压力 $P_2 = 8 \times 10^5$ N/m²。试求把 20 m³ 的空气按等温、绝热及 $n = 1.3$ 的多变过程压缩时，空压机所消耗的总功、压缩终了时的温度、体积和放出的热量。

解：

①按等温压缩过程时：

$$W = 2.303 P_1 V_1 \lg \frac{P_2}{P_1} = 2.303 \times 1 \times 10^5 \times 20 \times \lg \frac{8 \times 10^5}{1 \times 10^5} = 4160 \times 10^3 \text{ J}$$

$$T_2 = T_1 = 273 + t_1 = 273 + 27 = 300 \text{ K}$$

$$V_2 = V_1 \frac{P_1}{P_2} = 20 \times \frac{1 \times 10^5}{8 \times 10^5} = 2.5 \text{ m}^3$$

$$Q = L = 4160 \times 10^3 \text{ J}$$

②按绝热压缩过程时：

$$W = \frac{k}{k-1} P_2 V_1 \left[\left(\frac{P_2}{P_1} \right)^{\frac{k-1}{k}} - 1 \right] = \frac{1.4}{1.4-1} \times 10^5 \times 20 \times \left[\left(\frac{8 \times 10^5}{1 \times 10^5} \right)^{\frac{1.4-1}{1.4}} - 1 \right] = 5680 \times 10^3 \text{ J}$$

$$T_2 = T_1 \left(\frac{P_2}{P_1} \right)^{\frac{k-1}{k}} = (273 + 27) \times \left(\frac{8 \times 10^5}{1 \times 10^5} \right)^{\frac{1.4-1}{1.4}} = 543.4 \text{ K}$$

$$V_2 = V_1 \left(\frac{P_1}{P_2} \right)^{\frac{1}{k}} = 20 \left(\frac{1 \times 10^5}{8 \times 10^5} \right)^{\frac{1}{1.4}} = 4.53 \text{ m}^3$$

$$Q = 0 \text{ J}$$

③ 按多变过程压缩时：

$$W = \frac{n}{n-1} P_2 V_1 \left[\left(\frac{P_2}{P_1} \right)^{\frac{n-1}{n}} - 1 \right] = \frac{1.3}{1.3-1} \times 10^5 \times 20 \times \left[\left(\frac{8 \times 10^5}{1 \times 10^5} \right)^{\frac{1.3-1}{1.3}} - 1 \right] = 5337.5 \times 10^3 \text{ J}$$

$$T_2 = T_1 \left(\frac{P_2}{P_1} \right)^{\frac{n-1}{n}} = (273 + 27) \times \left(\frac{8 \times 10^5}{1 \times 10^5} \right)^{\frac{1.3-1}{1.3}} = 484.8 \text{ K}$$

$$V_2 = V_1 \left(\frac{P_1}{P_2} \right)^{\frac{1}{n}} = 20 \left(\frac{1 \times 10^5}{8 \times 10^5} \right)^{\frac{1}{1.3}} = 4.04 \text{ m}^3$$

$$Q = mc_V \frac{k-n}{n-1} (T_2 - T_1) = \frac{P_1 V_1}{RT_1} c_V \frac{k-n}{n-1} (T_2 - T_1) = 1027.4 \times 10^3 \text{ J}$$

2.4.3 一级活塞式空压机实际工作循环

1. 实际工作循环图

空压机运转中的示功图（即 $P-V$ 图）是用专门的示功器（有机械式和压电式两种）测绘出来的。图 2-47 就是空压机的实际工作循环图，它反映了在空压机的实际工作循环中，空气压力、容积的变化情况。

对照图 2-45 和图 2-47 不难看出，实际工作循环和理论工作循环存在着如下区别：

①实际工作循环是由膨胀、吸气、压缩和排气四个过程所构成的，它比理论工作循环多一个膨胀过程。

②实际吸气线低于理论吸气线，实际排气线高于理论排气线，且实际的吸、排气线呈波浪状，在吸、排气的起始处有凸出点。

③实际压缩过程线 1～2 与绝热压缩线 1′～2′相交于 k 点，且线段 1～k 比 1′～2′陡，而线段 k～2 比 1′～2′平缓。可见，实际的压缩指数 n 在整个压缩过程中并非常数。

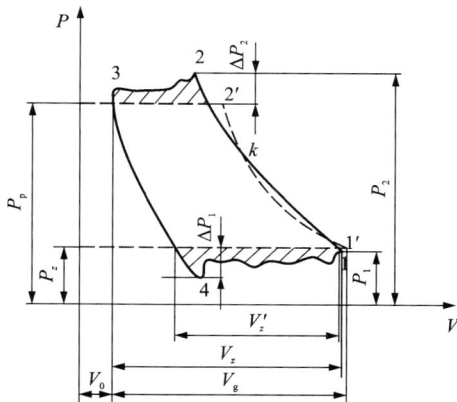

图 2-47 一级空压机实际工作循环示功图

2. 影响空压机实际工作循环的因素分析

1）余隙容积的影响

余隙容积是排气终了时，未排尽的剩余压气所占的容积。它由活塞处于外止点时，活塞外端面与气缸盖之间的容积和气缸与气阀连接通道的容积所组成。

讨论余隙容积对空压机实际工作循环的影响时，可暂不考虑其他因素的影响，并假定吸气压力 P_1 等于理论吸气压力 P_z（即吸气管外大气压），排气压力 P_2 等于理论排气压力 P_P（即风包压力），如图 2-48 所示。

由于余隙容积的存在，排气终止于点 4 时，仍有体积等于余隙容积 V_0 的压气存于缸中。当活塞由外止点向内止点移动时，因缸内余气的压力大于吸气管中空气的压力，所以吸气过程不是从活塞行程的起点 4 开始，而要待到气缸内的压力降为 P_1 时，即活塞行至点 1 时才开始吸气。这样，在活塞由点 4 行至点 1 期间，就出现了余隙容积 V_0 的膨胀过程。正因如此，吸入气缸的空气体积不是 V_g 而是 V_z。显然，余隙容积的存在，减少了空压机的排气量。

余隙容积对空压机排气量的影响，常用气缸的容积系数 λ_v 表示。它等于气缸的吸气容积 V_z 与工作容积 V_g 之比，即 $\lambda_v = V_z/V_g$。一般二级空压机的 $\lambda_v = 0.82 \sim 0.92$。

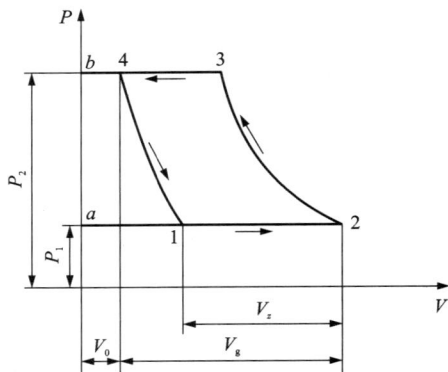

图 2-48　余隙容积的影响

可以证明，余隙容积的存在对压缩 1 m³ 空气的循环功没有影响。因为余隙容积内的压气在膨胀时是对活塞做功，而这部分余气被压缩时是活塞对它做功。当其压缩和膨胀的多变指数 n 和 m 差不多时，这两个功的大小几乎相等。即对活塞来讲，并不因余隙容积的存在而使压缩 1 m³ 空气的功耗增加。那么为什么在图 2-48 中，有余隙容积时的循环功，较之没有余隙容积时要少面积为 $a14b$ 的功呢？其原因是余隙容积的存在减少了空压机每一循环的排气量，因而循环功必然减少。

尽管余隙容积的存在会使空压机的排气量减少，但它的存在能够避免曲柄连杆机构受热膨胀时，活塞直接撞击气缸盖而引起事故。

2）吸、排气阻力的影响

在吸气过程中，外界大气需要克服滤风器、进气管道和吸气阀通道内的阻力后才能进入气缸内，所以实际吸气压力低于理论吸气压力；而在排气过程中，压气需克服排气阀通道、排气管道和排气管道上阀门等处的阻力后方才向风包排气，所以实际排气压力高于理论排气压力。

由于气阀阀片和弹簧的惯性作用，使得实际吸、排气线的起点出现尖峰；又由于吸、排气的周期性，气体流经吸、排气阀及通道时，所受阻力为脉动变化，因而实际吸、排气线呈波浪状。

如前所述，吸气终了压力 P_1 低于理论吸气压力 P_z（如图 2-47 中的点 1），所以欲使缸内压力由 P_1 上升到 P_z 必须经过一段使吸气容积 V_z 缩小为 V_z' 的预压缩，因而使实际的吸气能力和排气能力下降。一般用压力系数 λ_P 来考虑吸气阻力对排气能力的影响。$\lambda_P = P_1 / P_z$，其值为 $\lambda_P = 0.95 \sim 0.98$。

吸气压力的降低和排气压力的升高，使压缩相同质量空气的循环功增加，其增加部分等于图 2-47 中的阴影面积。

3）吸气温度的影响

在吸气过程中，由于吸入气缸的空气与缸内残留压气相混合，高温的缸壁和活塞对空气加热，以及克服流动阻力而损失的能量转化为热能等原因，使得吸气终了的空气温度 T_1 高于理论吸气温度 T_x（相当于吸气管外的空气温度），从而降低吸入空气的密度，减少了空压机以质量计算的排气量。吸气温度对排气量的影响，常以温度系数 λ_t 来考虑，$\lambda_t = T_x / T_1$，一般 $\lambda_t = 0.92 \sim 0.98$。

吸气温度的升高，对压缩质量为 1 kg 的空气所需的循环功也有影响。现将 $P_1 v_1 = RT_1$ 代入公式（2-32），则有

$$W = \frac{n}{n-1} RT_1 \left[\left(\frac{P_2}{P_1} \right)^{\frac{n-1}{n}} - 1 \right] \tag{2-33}$$

显然，W 将随 T_1 的增大而增大。通常温度升高 3 ℃，功耗约增加 1%。

4）漏气的影响

空压机的漏气主要发生在吸、排气阀，填料箱及气缸与活塞之间。气阀的漏气主要是由阀片关闭不严和不及时而引起的，其余地方的漏气，则大部分是由机械磨损所致。

漏气使空压机无用功耗增加，也使实际排气量减少。考虑漏气使排气量减少的系数叫作漏气系数，以 λ_1 表示。一般取 $\lambda_1 = 0.90 \sim 0.98$。

5）空气湿度的影响

含有水蒸气的空气称为湿空气。自然界中的空气实质上都是湿空气，只是湿度大小不同而已，由湿空气性质可知，在同温同压下，湿空气的密度小于干空气，且湿度越大，密度越小。这样，和吸入干空气相比，空压机吸入空气的湿度越大，以质量计的排气量就越小。而且吸入空气中所含的水蒸气，有一部分在冷却器、风包和管道中被冷却成凝结水而析出，这既减少了空压机的实际排气量，又浪费了功耗。考虑空气湿度使空压机排气量减少的系数，叫作湿度系数，以 λ_φ 表示。一般 $\lambda_\varphi \approx 0.98$。

综上所述，空压机实际工作循环主要受余隙容积，吸、排气阻力，吸气温度，漏气和空气湿度等因素的影响。除余隙容积外，其余因素都将使空压机的循环功增加，且所有因素都使排气量减少。它们对排气量的影响可用排气系数 λ 表示。显然 $\lambda = \lambda_v \lambda_P \lambda_t \lambda_1 \lambda_\varphi$。

另外，在空压机工作过程中，因气体与气缸壁面间始终存在着温差，因此在压缩初期，气体从高温缸壁获得热量，成为吸热压缩；待空气被压缩到一定程度后又向缸壁放热，成为放热压缩。故在压缩过程中，多变指数 n 为一变数。这就是实际压缩线 $1 \sim 2$ 与绝热线 $1' \sim 2'$ 相交于 k 点的原因。

2.4.4　多级活塞式空压机

1.采用多级压缩的原因

矿用空压机的相对排气压力一般为$(6.87\sim$
$7.85)\times10^5\ N/m^2$，通常采用两级压缩。其原因有
以下两点。

1)压缩比受余隙容积的限制

如图 2-49 所示，由于余隙容积的存在，随着
非气压力的提高，吸气量将不断减少。当排气压
力增大到某一值时，吸气过程就完全被残留在余
隙容积中的压气膨胀过程所代替，使吸气量为零。
因此，为保证有一定的排气量，压缩比不能过大，
即终压力不宜过高。否则，空压机的工作效率就会过低。

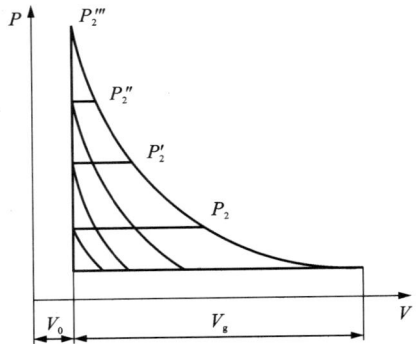

图 2-49　压缩比对气缸工作容积的影响

2)压缩比受气缸润滑油温的限制

为保证活塞在气缸内的快速往复运动和减少机械摩擦损失，就必须向缸内注油。但随着
压缩比的增加，压缩终了时的空气温度也将增加。当增高到润滑油闪点温度（一般为 215~
240 ℃）时，便有发生爆炸的危险。为了避免这类事故发生，《煤矿安全规程》第 404 条规定：
单缸空气压缩机的排气温度不得超过 190 ℃，双缸不得超过 160 ℃。以此为条件，可求得在
最不利条件下（按绝热压缩），单级压缩的极限压缩比。

根据公式(2-23)，压缩终了时空气温度为：

$$T_2 = T_1 \varepsilon^{\frac{k-1}{k}} \tag{2-34}$$

于是

$$\varepsilon = \left(\frac{T_2}{T_1}\right)^{\frac{k}{k-1}} \tag{2-35}$$

取 $T_1 = 20+273 = 293$ K，$T_2 = 190+273 = 463$ K 并代入上式，即得受油温限制的极限压缩比为
$\varepsilon = \left(\dfrac{463}{293}\right)^{\frac{1.4}{1.4-1}} = 4.96$。

由此可见，欲得到较高的终压力 P_2，并具有较高的排气量和较低的排气温度，只能采用
两级或多级压缩。矿用空压机多为两级压缩。

2.多级活塞式空压机的工作循环

这里以两级活塞式空压机的工作循环为例，两级压缩一般是在两个气缸中完成的。

两级压缩的工作原理与单级压缩的工作原理相同，只是在高低压气缸之间加一个中间冷
却器，如图 2-50 所示。空气经低压吸气阀 2 进入低压气缸 3 内，被压缩至中间压力 P_z，再经
低压排气阀 4 进入中间冷却器 5 进行冷却，同时分离出油和水。在中间冷却器内冷却后的压
气，经高压吸气阀 6 进入高压气缸 7 内继续压缩至额定排气压力后，经高压排气阀 9 排出。

两级空压机的理论工作循环除遵循单级压缩时的假定条件外，还假定：

①各级压缩过程相同，即压缩指数 n 相等；

②在中间冷却器内把空气冷却至低压气缸的吸气温度，即 $T_1 = T_2$；

③压气在中间冷却器内按定压条件进行冷却。

图 2-51 为在上述假定条件下得出的理论工作循环图，图 2-52 为考虑各种因素后的实际工作循环图。

具有中间冷却器的两级压缩与在同样条件下获得终压力的单级压缩相比有如下优点：

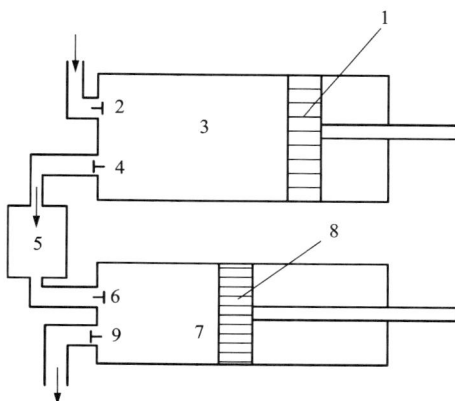

1—低压缸活塞；2—低压吸气阀；3—低压气缸；
4—低压排气阀；5—中间冷却器；6—高压吸气阀；
7—高压气缸；8—高压缸活塞；9—高压排气阀。

图 2-50　两级空压机工作原理图

1) 节省功耗

从图 2-51 可以看出，当压力由 P_1 直接压到 P_2 时，其示功图面积为 012′3。而采用两级压缩时，第Ⅰ级压缩到某一中间压力 P_z 后，导入中间冷却器进行冷却，故第Ⅰ级的示功图面积为 01z′4。在中间冷却器内冷却至初始温度 T_1 时，气体体积也就由 V_z' 减小至 V_z，然后进入第Ⅱ级气缸压缩至终压力 P_2。图中 z 点表示第Ⅱ级气缸的进气终了状态，它与点 1 在同一等温线上（图中虚线）。第Ⅱ级气缸示功图面积为 4z23，两级压缩总功为（01z′4+ 4z23），它比单级压缩节省面积为 zz′2′2 的功耗。

实现两级压缩之所以省功，主要是进行了中间冷却。从图中还可看出，若不进行中间冷却，从第Ⅰ级气缸排出的压气体积，就不会由 V_z' 减小为 V_z，而仍以 V_z' 的体积进入第Ⅱ级气缸。这样两级压缩与单级压缩的功耗相同。

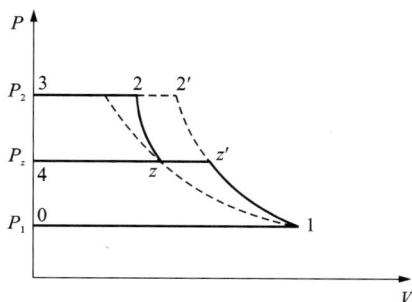

图 2-51　两级空压机理论工作循环图

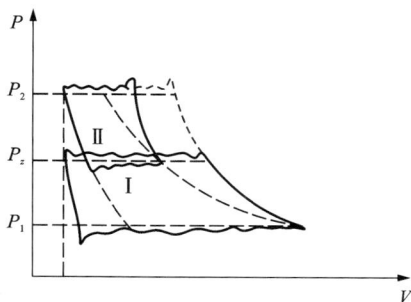

图 2-52　两级空压机实际工作循环图

2) 降低排气温度

由公式(2-34)知，压气的终温不仅与初始温度成正比，而且和压缩比有关，即与 $\varepsilon^{\frac{n-1}{n}}$ 成正比。显然，在初始状态和终压相同的条件下，两级压缩比单级压缩的终温有明显下降。

3) 提高容积系数

随着压缩比的上升，余隙容积中压气膨胀所占的容积增大，使得气缸的进气条件恶化。采用两级压缩后，降低了每一级的压缩比，从而提高了气缸的容积系数，增大了空压机的排气量。

4)降低活塞上的作用力

在转速、行程和气体初始状态及终压力相同的条件下，采用两级压缩时，低压气缸活塞面积 S_1 虽与单级活塞时的活塞面积相等，但高压缸活塞面积 S_2 比 S_1 要小很多；又因每一级气缸的压缩比均小于单级压缩的压缩比，故两级压缩时，两个活塞受到的总作用力小于单级压缩时一个活塞上的作用力。例如，$P_1 = 1 \times 10^5 \text{ N/m}^2$，$P_2 = 9 \times 10^5 \text{ N/m}^2$，$P_z = 3 \times 10^5 \text{ N/m}^2$，低压缸活塞面积为 S_1，高压缸活塞面积为 S_2，若不考虑活塞杆的影响，则有：

单级压缩时的活塞力 $F_1 = (9-1) \times 10^5 S_1 = 8 \times 10^5 S_1$，N；

两级压缩时的总活塞力 $F_2 = (3-1) \times 10^5 S_1 + (9-3) \times 10^5 S_2$，N；

取 $S_2 = \dfrac{1}{3} S_1$，则有 $F_2 = 2 \times 10^5 S_1 + 6 \times 10^5 \times \dfrac{1}{3} S_1 = 4 \times 10^5 S_1$，N。

可见，两级压缩时活塞所受作用力远小于单级压缩时活塞所受作用力。由于活塞所受作用力的减小，活塞的质量和惯性也都减小，机械强度和机械效率得以提高。

3. 压缩比的分配

压缩比的分配是按最省功的原则进行的。使空压机循环总功最小的中间压力，称为最有利的中间压力。

设有一台两级空压机，被压缩空气的初始压力为 P_1，容积为 V_1，温度为 T_1；中间压力为 P_z，容积为 V_z，终了压力为 P_2。由公式（2-32）可求出各级气缸所需的循环功。

（1）低压缸所需循环功为：

$$W_1 = \frac{n}{n-1} P_1 V_1 \left[\left(\frac{P_z}{P_1} \right)^{\frac{n-1}{n}} - 1 \right] \tag{2-36}$$

（2）高压缸所需循环功为：

$$W_2 = \frac{n}{n-1} P_z V_z \left[\left(\frac{P_2}{P_z} \right)^{\frac{n-1}{n}} - 1 \right] \tag{2-37}$$

（3）两级空压机总循环功为各级循环功之和，即

$$W = W_1 + W_2 = \frac{n}{n-1} P_1 V_1 \left[\left(\frac{P_z}{P_1} \right)^{\frac{n-1}{n}} - 1 \right] + \frac{n}{n-1} P_z V_z \left[\left(\frac{P_2}{P_z} \right)^{\frac{n-1}{n}} - 1 \right] \tag{2-38}$$

若中间冷却器冷却完全，空气进入高压缸时的温度与初始温度相同，即 $T_1 = T_z$，则有

$$P_1 V_1 = P_z V_z$$

$$W = \frac{n}{n-1} P_1 V_1 \left[\left(\frac{P_z}{P_1} \right)^{\frac{n-1}{n}} + \left(\frac{P_2}{P_z} \right)^{\frac{n-1}{n}} - 2 \right] \tag{2-39}$$

由于最有利的中间压力为使空压机循环总功最小的中间压力，故有

$$\frac{\mathrm{d}W}{\mathrm{d}P_z} = \frac{n}{n-1} P_1 V_1 \left[\frac{n-1}{n} P_1^{-\frac{n-1}{n}} P_z^{-\frac{1}{n}} - \frac{n-1}{n} P_2^{\frac{n-1}{n}} P_z^{-\frac{2n-1}{n}} \right] = 0 \tag{2-40}$$

则

$$P_z^{\frac{2n-1}{n}} P_z^{-\frac{1}{n}} = P_1^{\frac{n-1}{n}} P_2^{\frac{n-1}{n}} \tag{2-41}$$

$$P_z^2 = P_1 P_2 \quad \text{或} \quad \frac{P_z}{P_1} = \frac{P_2}{P_z} \tag{2-42}$$

即

$$\varepsilon_1 = \varepsilon_2 \tag{2-43}$$

设空压机的总压缩比 $\varepsilon = P_2/P_1$，则

$$\varepsilon = \frac{P_2}{P_1} = \frac{P_2}{P_z}\frac{P_z}{P_1} = \varepsilon_1 \varepsilon_2 = \varepsilon_1^2 = \varepsilon_2^2 \tag{2-44}$$

即

$$\varepsilon_1 = \varepsilon_2 = \sqrt{\varepsilon} = \sqrt{\frac{P_2}{P_1}} \tag{2-45}$$

该式表明，在两级压缩的空压机中，为获得最小的功耗，两级压缩比应相等，并等于总压缩比的平方根。

为保证按最省功的原则进行压缩比分配，两级压缸的面积和直径应满足如下关系。

在冷却器冷却完全的条件下，$P_1 V_1 = P_z V_z$，则

$$\sqrt{\varepsilon} = \varepsilon_1 = \frac{P_z}{P_1} = \frac{V_1}{V_z} = \frac{a_1 S_1}{a_2 S_2} \tag{2-46}$$

当两活塞的行程 a_1 和 a_2 相等时，即

$$\sqrt{\varepsilon} = \frac{V_1}{V_z} = \frac{S_1}{S_2} = \frac{D_1^2}{D_2^2} \tag{2-47}$$

式中：S_1、S_2 分别为低、高压气缸的面积，m^2；D_1、D_2 分别为低、高压气缸的直径，m；a_1、a_2 分别为低、高压气缸中的活塞行程，m。

公式(2-47)表明，只要两气缸的面积比或直径平方比等于总压缩比的平方根，就一定能得到最合理的中间压力。

然而在实际设计时，压缩比的分配不能只考虑最省功这一原则，还要根据排气量、温度等因素做适当调整。通常为了增加排气量而又不使气缸尺寸过大，使第 I 级压缩比较第 II 级低 5%~10%，即

$$\varepsilon_1 = (0.9 \sim 0.95)\sqrt{\varepsilon} \tag{2-48}$$

2.4.5 空压机参数计算

1. 排气量计算

空压机的排气量，是指单位时间内空压机最末一级排出的压气，换算到第一级进气压力和温度时的气体体积值。排气量的常用单位为 m^3/min。

1) 理论排气量 Q_1

理论排气量 Q_1 指单位时间内活塞所扫过的容积，故又称行程容积。它由气缸的尺寸和曲轴的转速确定。

(1) 单作用空压机的理论排气量：

$$Q_1 = nV_g = \frac{\pi}{4}D^2 an \tag{2-49}$$

（2）双作用空压机的理论排气量：

$$Q_1 = \frac{\pi}{4}(2D^2 - d^2)an \qquad (2-50)$$

上述两式中：V_g 为气缸工作容积，m^3；D 为气缸的内径，m；a 为活塞行程，即活塞自外止点到内止点所走过的距离，m；n 为曲轴转速，r/min；d 为活塞杆直径，m。

对于两级压缩的空压机，上述两式中的 D、a、d 应按低压气缸的尺寸进行计算。

2）实际排气量 Q_P

由于余隙容积，吸、排气阻力，吸气温度，漏气和空气湿度的影响，空压机的实际排气量 Q_P 低于理论排气量 Q_1，其大小为：

$$Q_P = \lambda Q_1 \qquad (2-51)$$

式中：λ 为排气系数，它等于实际排气量与理论排气量之比，也可表示为 $\lambda = \lambda_v \lambda_P \lambda_t \lambda_1 \lambda_\varphi$。

国产动力用空压机的排气系数值见表2-1。

表 2-1　国产空压机的排气系数

类型	排气量/（$m^3 \cdot min^{-1}$）	排气压力/（$1\times10^5 N \cdot m^{-2}$）	级数	排气系数 λ
微型	<1	6.87	1	0.58~0.60
小型	1~3	6.87	2	0.60~0.70
（V、W）	3~12	6.87	2	0.76~0.85
L 型	10~100	6.87	2	0.72~0.82

2. 功率和效率的计算

空压机消耗的功，一部分直接用于压缩气体，另一部分用于克服机械摩擦；前者称为指示功，后者称为摩擦功，两者之和为主轴所需的总功，称为轴功。单位时间内消耗的功称为功率。

1）理论功率 N_1

空压机按理论工作循环所需的功率，叫作理论功率。理论功率 N_1 可由下式求得：

$$N_1 = \sum N_{li} = \sum \frac{W_{Vi}Q_P}{1000 \times 60} \qquad (2-52)$$

式中：W_{Vi} 为第 i 级气缸按一定压缩规律压缩 1 m^3 空气所需的循环功，J/m^3。

若为绝热压缩，W_{Vi} 按公式（2-31）计算；若为等温压缩，则按公式（2-30）计算。

2）指示功率 N_j

空压机按实际工作循环所需的功率，叫作指示功率。指示功率 N_j 可由下式求得：

$$N_j = \sum \frac{nW_{ji}}{1000 \times 60} = \sum \frac{nA_{ji}m_P m_V}{1000 \times 60} \qquad (2-53)$$

式中：W_{ji} 为第 i 级气缸在一个实际工作循环中所消耗的指示功。

$$W_{ji} = A_{ji}m_P m_V \qquad (2-54)$$

式中：A_{ji} 为第 i 级的示功图面积，cm^2；m_P 为示功图压力坐标的比例尺，（N/m^2）/cm；m_V 为

示功图容积坐标的比例尺，m^3/cm；n 为空压机的曲轴转速，r/min。

理论功率与指示功率之比，叫作指示效率，即

$$\eta_j = \frac{N_1}{N_j} \tag{2-55}$$

式中：η_j 为指示效率，用它考虑吸、排气阻力，温度和漏气等因素引起的功率损失。当 N_1 按等温压缩计算时，$\eta_j = 0.72 \sim 0.8$；按绝热压缩计算时，$\eta_j = 0.9 \sim 0.94$。

3）轴功率 N

驱动机传递给空压机主轴的功率，叫作轴功率。轴功率 N 的大小为：

$$N = \frac{N_j}{\eta_m} \tag{2-56}$$

式中：η_m 为机械效率，它考虑运动部件各摩擦部分所引起的摩擦损失和曲轴带动附属机构所需的功率。对于小型空压机，$\eta_m = 0.85 \sim 0.9$；对于大、中型空压机，$\eta_m = 0.9 \sim 0.95$。

理论功率与轴功率的比值，叫作空压机的工作效率或全效率，即

$$\eta = \frac{N_1}{N} = \frac{N_1}{N_j} \frac{N_j}{N} = \eta_j \eta_m \tag{2-57}$$

空压机的全效率 η 是用来衡量空压机本身经济性的一个重要指标。根据理论功率 N_1 按等温压缩计算还是按绝热压缩计算，又分等温全效率和绝热全效率。

水冷型空压机的经济性常用等温全效率衡量，而风冷型则用绝热全效率衡量。用等温全效率来初步估算空压机的轴功率是很方便的。表 2-2 列出了空压机不同排气量时的等温全效率，供计算参考。

表 2-2　空压机的等温全效率

介质	主要参数			等温全效率
	排气量/($m^3 \cdot min^{-1}$)	排气压力/($1 \times 10^5 N \cdot m^{-2}$)	级数	
空气	<3	7.85	1	0.35 ~ 0.42
	3 ~ 12	7.85	2	0.53 ~ 0.60
	10 ~ 100	7.85	2	0.65 ~ 0.70

4）电动机功率 N_d

电动机与空压机之间若有传动装置，则电动机的输出功率为：

$$N_d = \frac{(1.05 \sim 1.15)N}{\eta_c} \tag{2-58}$$

式中：$1.05 \sim 1.15$ 为功率储备系数；η_c 为传动效率。对于皮带传动，$\eta_c = 0.96 \sim 0.99$。

5）比功率 N_b

在一定的排气压力下，单位排气量所消耗的功率，叫作比功率。比功率 N_b 等于轴功率与排气量之比，即

$$N_b = \frac{N}{Q_P} \tag{2-59}$$

比功率是评价工作条件相同、介质相同的空压机的经济性优劣的重要指标。据统计，国产空压机排气量小于 10 m³/min 时，$N_b = (5.8 \sim 6.3)$ kW·min/m³；排气量大于 10 m³/min 而小于 100 m³/min 时，$N_b = (5.0 \sim 5.3)$ kW·min/m³。

例题 2.2 设有一台单级双作用活塞式空压机，已知直径 $D = 420$ mm。活塞杆直径 $d = 45$ mm，活塞行程 $a = 240$ mm，曲轴转速 $n = 400$ r/min，吸气绝对压力 $P_1 = 0.981 \times 10^5$ N/m²，排气绝对压力 $P_2 = 7.85 \times 10^5$ N/m²，排气系数 $\lambda = 0.6$。试计算空压机的排气量、轴功率及比功率。

解：

1）排气量 Q_P

$$Q_P = \lambda Q_1 = \lambda \frac{\pi}{4} (2D^2 - d^2) an$$

$$= 0.6 \times \frac{\pi}{4} (2 \times 0.42^2 - 0.045^2) \times 0.24 \times 400 = 15.87 \text{ m}^3/\text{min}$$

2）轴功率 N

$$N = \frac{N_1}{\eta_j \eta_m} = \frac{W_V Q_P}{1000 \times 60 \eta_j \eta_m}$$

按绝热压缩过程计算循环功 W_V，即

$$W_V = \frac{k}{k-1} P_1 \left[\left(\frac{P_2}{P_1} \right)^{\frac{k-1}{k}} - 1 \right]$$

$$= \frac{1.4}{1.4-1} \times 10^5 \left[\left(\frac{7.85 \times 10^5}{0.981 \times 10^5} \right)^{\frac{1.4-1}{1.4}} - 1 \right] = 284 \times 10^3 \text{ J/m}^3$$

取 $\eta_j = 0.92$，$\eta_m = 0.9$，则有

$$N = \frac{284 \times 10^3 \times 15.87}{1000 \times 60 \times 0.92 \times 0.9} = 90.7 \text{ kW}$$

3）比功率 N_b

$$N_b = \frac{N}{Q_P} = \frac{90.7}{15.87} = 5.7 \text{ kW} \cdot \text{min/m}^3$$

思考题与习题

1. 气阀的工作原理是什么？气阀漏气会带来什么危害？如何避免气阀漏气？

2. 描述气体所处状态的参数是什么？这些参数按什么规律变化？

3. 什么叫比热容？定容比热容与定压比热容有何关系？

4. 热力学第一定律的基本内容是什么？

5. 试判断下列说法是否正确，为什么？

（a）物体的温度愈高，则热量愈多。

（b）物体的温度愈高，则内能愈大。

6. 气体在空压机中，按等温、绝热、多变压缩时，其温度、功和热量如何变化？

7. 为什么余隙容积会降低空压机的排气量，而对压缩单位体积气体的功耗无影响？

8. 空压机的排气系数受哪些因素的影响？

9. 空压机理论工作循环和实际工作循环的主要区别在哪里？这些区别对空压机的排气量和功耗有何影响？

10. 为什么矿用空压机均采用两级压缩？两级压缩较单级压缩有何优缺点？

11. 如何确定最佳压缩比？为什么实际上的各级压缩比不相等？

12. 在一个容积为 $3~m^3$ 的风包中，充入温度为 $120~℃$、压力为 $1×10^5~N/m^2$ 的压气后，切断进、出口，由于热量散失，温度最终降为 $20~℃$。求终压力和放出的热量。

13. 空压机每分钟从外界吸入温度为 $15~℃$、压力为 $1×10^5~N/m^2$ 的空气 $40~m^3$，充入容积为 $4.5~m^3$ 的风包内，设开始充气时风包内的温度和压力与外界相同。问在多少时间内，空压机才能将风包内的压气提高到 $7×10^5~N/m^2$（表压），温度升高至 $40~℃$？

14. 某空压机的吸气温度为 $20~℃$，吸气压力为 $1×10^5~N/m^2$。若将质量为 $1~kg$ 的这种气体分别按等温、绝热和多变（$n=1.28$）压缩到 $8×10^5~N/m^2$（表压）。求不同规律压缩时，这些气体所放出的热量、消耗的功，以及终了温度和容积。

15. 某两级空压机，吸气压力为 $1×10^5~N/m^2$，排气压力为 $8×10^5~N/m^2$（绝对）。设各级压缩指数均为 1.25，气体经中间冷却器冷却后的温度降到与低压缸进气温度相同。

求：(a) 各级最有利的压缩比；(b) 压缩 $1~m^3$ 空气的理论全功。

16. 某两级空压机，在 $P_1=1×10^5~N/m^2$、$t_1=20~℃$ 的状态下运转，排气压力为 $8×10^5~N/m^2$（表压），排气量为 $60~m^3/min$，若设等温全效率为 0.7，机械效率为 0.9。

求：(a) 等温理论功率；(b) 指示功率和轴功率；(c) 应配电动机功率；(d) 该机的比功率。

第3章 矿山压气系统设计

3.1 压气系统设计总则与安全章程

3.1.1 矿山压气系统设计总则

对于新建、改建和扩建的，且空压机站设在地表的矿山压气系统，需要遵循保证安全生产、保护环境、节约能源、改善劳动条件、技术先进和经济合理的设计原则。此外，改建和扩建的矿山压气系统也应充分利用原有的设施和设备。

3.1.2 关于矿山空气压缩设备的相关规定

为保证矿山空气压缩设备安全运行、井下生产工作顺利开展，根据相关安全规程和设备操作规范，对矿山空气压缩设备有如下规定：

①空压机必须有压力表和安全阀。压力表必须定期校准，安全阀和压力调节器必须动作可靠，安全阀动作压力不得超过额定压力的1.1倍。

②使用油润滑的空压机必须装设断油保护装置或断油信号显示装置。

③水冷式空压机必须装设断水保护装置或断水信号显示装置。

④空压机的排气温度单缸不得超过190℃，双缸不得超过160℃。必须装设温度保护装置，在超温时能自动切断电源。

⑤空压机必须使用闪点不低于215℃的压缩机油。

⑥储气罐在地面应设在室外阴凉处，在井下应设在空气流通处。

⑦在井下，固定式空压机和储气罐应分别设置在2个硐室内；储气罐内的温度应保持在120℃以下，并装有超温保护装置，在超温时可自动切断电源和报警。

⑧储气罐上必须装有工作可靠的安全阀和放水阀，并有检查孔，必须定期清除储气罐内的油垢。

⑨新安装或检修后的储气罐，应用1.5倍空压机的工作压力做水压试验。

⑩在储气罐出口管路上必须加装释压阀，释压阀的口径不得小于出风管的直径，释放压力应为空压机最高压力的1.25~1.4倍。

3.2　空压机站组成和布置

3.2.1　地面空压机站组成与布置

1. 站址选择

矿山空压机站宜集中设于地表,站址选择应符合下列要求:

①靠近用气负荷中心,供电、供水合理,运输方便。

②站区空气新鲜,附近无可燃性、腐蚀性和有毒气体;距废石厂、烟囱、排风井等场地的最小距离不应小于 150 m,并应位于上述场地全年风向最小风频的下风侧。

③站房工程地质条件较好。

2. 站房配置

空压机站站房内部配置应按照以下要求进行:

①站房内空压机宜单排布置,通道宽度应满足生产操作和维护检修的需要。

②设备基础应与建筑物分开,进、排气管不应与建筑物相连,且不宜布置在站房的同一侧。

③储气罐应布置在室外阴凉一面,与机房外墙的净距不应小于 3 m。

④空压机应就地检修,当站房内设专用的检修场地时,其检修面积不应小于一台最大机组安装所需的面积。

⑤在炎热地区,站房内应加强通风,应加强设备冷却,降低室温;在严寒地区,站房内的设备、管道应有防寒设施。

⑥活塞式空压机与储气罐之间,应装止回阀,并应在空压机与止回阀间的排气管路上装设放气管和放气阀。

⑦空压机吸气管路长度,不宜超过 10 m。

3. 设计注意事项

空压机站作为矿山压气系统的关键部分,是矿山压气系统的动力来源。为保证矿山压气系统的正常运行,空压机站设计有如下注意事项:

①空压机站宜为独立建筑物,除机器间外,宜设隔声值班室和辅助间。

②空压机型号、台数应根据用气负荷、投资、能耗和建设用地等管理要求,经技术经济比较后确定,且空压机总台数宜 3~6 台。

③空压机吸气系统应设置吸气过滤器或吸气过滤装置,且吸气口宜装设在室外,并应有防御措施,吸气过滤器应安装在便于维修处。

④空压机后应设置储气罐,空压机排气口与储气罐之间应设置后冷却器。

⑤不同压力的空压机串联运行时,应在两台空压机之间设置缓冲罐,同时在后置空压机后设置储气罐,缓冲罐的容积应根据高、低压空压机之间进、排气量的平衡需要进行匹配。

⑥空压机与储气罐之间应装设止回阀，空压机与止回阀之间应设置放空管，放空管上应设置消声器，空压机与储气罐之间不应单独装设切断阀，当需要装设切断阀时，应在空压机与切断阀之间装设安全阀。

⑦储气罐上必须装设安全阀，储气罐与供气总管之间应装设切断阀。

⑧空压机站应设废油收集装置。

⑨空压机在机器间宜单排布置，空压机组机器间通道的净距如表3-1所示。

表 3-1　空压机组机器间通道的净距表

名称	净距/m		
	$Q<10$	$10 \leqslant Q<40$	$Q \geqslant 40$
机器间主要通道	1.5	1.5	2.0
机组之间或空压机与辅助设备之间的通道	1.0	1.5	2.0
机组与墙之间的通道	0.8	1.2	1.5

注：Q 为空压机额定流量，m^3/min。

⑩空压机站宜设检修用起重设备，起重能力应按机组检修时最重的起吊部件确定。

⑪机组的联轴器和皮带传动部分必须装设安全防护设施。

⑫空压机立式气缸高出地面 3 m 时，应设置可拆卸的维修平台和扶梯，其周围应设置防护栏杆和相应的防护网或板。

⑬站内地沟应能排除积水，并应铺设盖板。

⑭机器间通向室外的门应保证安全疏散、便于设备的出入和操作管理，机器间宜采用耐磨防油地面，墙的内表面应抹灰刷白。

⑮空压机基础应根据环境要求采取隔振或减振措施。

⑯空压机噪声对周围环境有影响时，在空压机吸气管道上，应安设消声器或进气消声室，当机房内噪声值大于 85 dB(A)时，应设隔音值班室。

⑰单机容量为 20 m^3/min 及以上且总容量不小于 60 m^3/min 的压缩空气站，宜设 2~5 t 手动单梁起重机；小于以上规模的空气压缩站，宜设起重梁。

⑱压缩空气管道在井上和进风井筒部分，除与设备、阀门或附件的连接外，应尽量采用焊接连接井上非直埋管路，当直线长度超过 100 m 时，应装设曲管式伸缩器。

⑲在井口、井下管道的最低部分、上山和厂房的入口处，均应设立油水分离装置。

3.2.2　地下空压机站布置

必要时，空压机站可设于井下，但单台空压机排气量不宜大于 20 m^3/min，空压机数量不宜超过 3 台，储气罐与空压机应分别设置在两个硐室内。硐室应具备围岩稳固、设备运搬方便、空气新鲜流畅等条件。

具体设计原则：

①地下空压机站应尽量靠近用气地点，并布置在设备搬运方便、新鲜风流畅通的进风巷道中。室温不超过 30 ℃，硐内不应有滴水，禁止设集油坑。

②地下空压机站由主硐室、附属硐室和通道组成。主硐室内设空气压缩机、电机、冷却装置、水泵、风机和钳工台等设备，附属硐室分别设储气罐、变配电柜和水池等；主硐室与各附属硐室之间均有通道相连。

设备主硐室通道应满足运输设备要求，一般宽为 1.5~2.0 m；空压机与硐室壁之间通道为 1.0 m；空压机之间的通道为 1.5 m；储气罐离硐室壁不小于 0.5 m；储气罐之间的距离不小于 1.0 m；储气罐主通道一般不小于 2 m，具体宽度根据机组型号和通过设备尺寸确定。

硐室高度通常由计算确定，一般为 3.5~4.5 m。如有特殊设施，则附加所需高度。

空压机冷却用水，由高位水池供水时，水池应设在高出空压机硐室地坪 15~20 m 的地方；若用水泵加压供水，应设两个水池，各储存 1~2 h 的用水量。

设备基础应高出硐室地坪 200~300 mm，以防巷道流水进入，且易排出清洗硐室地面的污水。

③临时性空压机站，要设在用气负荷中心，尽量靠近主要用气地点，尽可能利用采区变电所、候车室、皮带运输机房等有新鲜风流通过的永久硐室或不影响施工的已有巷道。

3.2.3　空压机容量及机组选择

压气站的设备安装容量，是安装在同一供气系统(即相同供气压力参数)中所有空压机额定生产能力的总和，其中包括工作和备用的机组容量。

当在一个机器间内同时安装有两种供气压力参数的设备时，例如有高压和低压供气系统同时服务于生产，则应分别按相同压力参数的机组统计设备安装容量。

1.压气站的设备容量

为了确定设备安装容量，引用一个保证系数 η。保证系数是指在一个压缩空气站内所安装的相同压力参数的机组，当其中一台或者最大的一台机组因检修停止运行时，其余投入运行机组的设备容量与设计消耗量的百分比数值。这个数值在一般情况下，代表对各用户供气的可靠程度。保证系数 η 按式(3-1)计算：

$$\eta = \frac{Q_A - Q_D}{Q} \times 100\% \qquad (3-1)$$

式中：Q_A 为设备安装容量，m^3/min；Q_D 为最大的一台机组容量，m^3/min；Q 为压气设计消耗量，m^3/min。

不同类型企业压缩空气的保证系数有不同的考虑，一般机械制造行业压缩空气保证系数不低于80%，矿山企业供气保证系数不低于75%。在考虑保证系数时，应对压缩空气负荷进行分析，并要保证不允许间断供气给用户。

空气压缩机的选择应考虑以下几点：

①矿山空压机站应选用固定式空压机，用气点比较分散的小型矿山，或经常移动的露天矿，可选用移动式空压机。

②全矿总供气量应按使用的气动设备计算，并应考虑设备同时工作系数、管网漏气系数、设备磨损系数以及吸气管路上的过滤器、消声器、减荷阀等附件的阻力引起空压机生产能力下降的系数。

③空压机站内的空压机台数宜为 3~6 台。备用供气量应大于计算供气量的20%，且至

少配备 1 台；采用移动式空压机时，备用供气量应不小于计算供气量的 30%，且至少配备 1 台。

④单机排气量超过 20 m³/min，总装机容量超过 60 m³/min 时，机房内宜装设检修用的单梁起重机。

2. 压气站设备的布设

根据空压机及辅助设备的形式、数量及配置方法，空压机站有各式各样的布置形式。例如，若要设置 3 台立式空压机，3 台空压机应安装在独立的基础上，并用传动皮带与电动机相连；为了便于维护，空压机之间应留出宽度不小于 1.5 m 的自由通道；厂房高度应不小于 4 m。

空气过滤器及风包都安装在厂房外，并利用管道与空压机接通，冷却塔也设置在厂房外，但应注意，这里将滤气器与风包布置在厂房同侧，并不是理想方案。

在厂房里面，每台空压机的排气管上均装有逆止阀、安全阀和闸阀，在厂房外每个风包上安装有安全阀，在风包的后面又装有总闸阀。

冷却水管道铺设在沿厂房墙根的地沟内，在近处同样的另一地沟内架设由一号配电盘通至电动机处的电缆。

冷却水泵的电动机以及空压机厂房的照明装置由二号配电盘馈电，水泵从厂房内的小水池内吸水，小水池与机房外冷水井和热水井相连通，厂房里面的墙上装设了事故水箱。

空压机站可以将压缩空气供给单个工作系统或彼此相距不远的几个工作系统，在后一种情况下，空压机站称为中心空压机站。

几个工作系统共用一个中心空压机站时，压缩空气的成本往往小于每个工作系统分别设立空压机站时的压缩空气成本，理由是在大型中心空压机站内所需管理人员较少，而且在设备、安装和运转方面的费用也较少。

3.3 压气设备选型与管网设计

3.3.1 设计原则

矿井压气机选型是根据矿井具体条件，在现有市场产品中对压气机进行合理的选择，以保证安全、经济、可靠的运转。压气管网设计是要求在拟出管网系统布置图后，根据各管段长度和压缩空气流量，按照管网系统布置图逐段计算管段直径，验算管网压力损失，要求各区域自空压机站至最远供气点的压力损失不得超过 0.1 MPa，若超过，应调整预定的管段直径。

3.3.2 选择设计方法

矿井压气设备选型与管网设计的具体内容包括：确定空压机站必须的排气量，估算空压机必须的出口压力，选定空压机的型式和台数，管网参数计算，经济指标核算，绘制空压机站布置图。

压缩空气消耗量是指在同一个压缩空气供应系统中,以在用设备耗气量总和为基础,引入所需的计算系数后算得的耗气数量。压气消耗量的计算方法有多种,依企业的工作特点不同,常见的有"理论消耗量""最大消耗量""平均消耗量"等计算法。对于一般生产矿山,多用以下公式计算最大耗气量。

1. 计算最大耗气量 Q_K

井下耗气设备耗气量计算:

$$Q_1 = a\varphi\gamma \sum_{i=1}^{n} m_i q_i K_i \tag{3-2}$$

式中:a 为管网漏气系数,其取值见表 3-2;φ 为风动工具磨损使耗气量增加的系数;γ 为海拔修正系数,其取值见表 3-3;m_i 为同类风动工具同时工作的台数,其取值见表 3-4;q_i 为每台风动工具的耗气量;K_i 为同类风动工具同时工作的影响系数。

表 3-2　管网漏气系数

管网总长度/km	<1.0	1.0~2.0	>2.0
漏气系数	1.1	1.15	1.20

表 3-3　海拔修正系数

海拔/m	300	400	500	600	700	800	900	1000	1100	1200	1300	1400
修正系数	1.03	1.04	1.05	1.06	1.07	1.08	1.09	1.10	1.11	1.12	1.13	1.14

表 3-4　风动工具同时工作的台数

风动工具类型	台数			
	≤10	11~30	31~60	≥61
凿岩机	1~0.87	0.86~0.83	0.82~0.81	0.80
装岩机	1~0.65	0.64~0.55	0.55~0.52	0.51
装运机	1~0.84	0.83~0.80	0.69~0.78	0.77
气动绞车	1~0.60	0.50~0.49	0.48~0.44	0.43
气动闸门	1~0.60	0.59~0.49	0.48~0.44	0.43
锈钎机	1~0.76	0.75~0.69	0.68~0.66	0.65
淬火炉	1.00	1.00	1.00	1.00

考虑压风自救系统所需的耗气量:

$$Q_2 = N q_z R \tag{3-3}$$

式中:N 为下井单班最多工作人数,人;q_z 为每个人使用单个自救袋时所需风量,m^3/min;R 为安全系数,一般取为 1.2。

故最大耗气量为:

$$Q_K = Q_1 + Q_2 \tag{3-4}$$

2. 估算压缩机必需的出口压力 P

$$P = P_P + \sum \Delta P_i + 0.1 \tag{3-5}$$

式中：P_P 为所使用的各种风动机械中，所需要的最大工作压力；$\sum \Delta P_i$ 为最远一路管道各段压力损失之和，可按每 1 km 管长压力损失 0.03~0.06 MPa 计算；0.1 为考虑工作面内橡胶软管、管子连接不良及旧管内粗糙度增加的压力损失。一般软管长度不得超过 15 m。

3. 选择压缩机的型号及台数

根据前面计算的压缩机站必需的供气量 Q 及估算的必需的出口压力 p，从压缩机产品样本中选择满足风量、风压要求的压缩机型号及台数。选择时要考虑设备投资少，压缩机站占地面积小，使用灵活性大，同时要考虑设备供应情况等。

《煤炭工业矿井设计规范》规定，地面压缩机站内，压缩机的总台数一般不超过 5 台，尽量选用同一型号的压缩机，便于维护和管理；井下压缩机站内，单机能力一般不超过 20 m³/min，数量一般不超过 3 台，压缩机站内一般设置 1 台备用压缩机。

4. 计算空压机的全年耗电量 E

$$E = \frac{n_1 \cdot N_k \cdot B \cdot T}{\eta_d \eta_c} \left(0.8 \frac{Q}{n_1 Q_H} + 0.2 \right) \tag{3-6}$$

式中：n_1 为同时工作的压缩机台数；N_k 为压缩机的轴功率，可由设备规格表查得，或由理论公式计算；B 为压缩机每年工作天数；T 为压缩机每天工作小时数；η_d 为电机效率；η_c 为传动效率；Q 为压缩机站必需的供气量；Q_H 为压缩机额定排气量；0.2 为压缩机空载功率系数。

5. 计算管网参数

1）压气管道内径计算公式

$$d = 1000 \sqrt{\frac{4Q_1}{60\pi w}} = 145.67 \sqrt{Q_1/w} \tag{3-7}$$

或

$$d = 6.5 (LQ^{1.85})^{1/5} \tag{3-8}$$

式中：d 为压气管道内径，mm；w 为管道内压缩空气的流速，一般为 5~10 m/s；L 为管段长度，此长度应计入局部压力损失的当量长度，按该管道长度的 15% 考虑，m；Q_1 为平均压力状态下的空气流量，m³/min。

$$Q_1 = QP_a/P_1 \tag{3-9}$$

式中：Q 为通过该管段的压缩空气在常温（20 ℃）、常压（0.1 MPa）状态下的计算流量，m³/min；P_a 为压吸气状态的大气压，一般取 0.1 MPa；P_1 为压气管道内空气的平均压力，一般为 0.5~0.9 MPa。

当管道中空气的平均压力为 0.7 MPa、压缩空气流速为 8 m/s 时，计算压气管道内径的近似公式如下：

$$d = 20\sqrt{Q} \tag{3-10}$$

当所需压气管道管径大于 200 mm 时，采用直缝卷焊钢管或螺旋缝电焊钢管；管径小于 200 mm 时，采用标准无缝钢管。

2）压气管道压力损失计算公式

$$\Delta P = 10^{-12} \frac{D_i l_i}{d_i^5} Q_i^{1.85} \tag{3-11}$$

式中：ΔP 为第 i 段压气管道的压力损失，MPa；D_i 为管道局部压力损失等效长度系数，取 1.15；l_i 为第 i 段压气管道的长度，m；Q_i 为第 i 段压气管道的计算流量，m^3/min。

3）压气管道内径与压力损失图表法

根据管道内通过的压气量及输送距离，可以在相关的工程手册(图 3-1)中直接查出压气管道的直径，且能确保管线最远点的总阻力损失不超过 0.1 MPa。

例题 3.1　若已知温度为 15 ℃，压力为 0.7 MPa，流量为 9500 m^3/h，流速为 9 m/s，确定选用的压气管道管径。

解：

已知温度为 15 ℃，压力为 0.7 MPa，流量为 9500 m^3/h，流速为 9 m/s。

其查找方法是：沿图 3-1 中点 a、b、c、d、e 顺序，于 e 点即可得出管径 $d = 200$ mm。

例题 3.2　若已知温度为 30 ℃，压力为 0.25 MPa，流量为 12000 m^3/h，管内径为 300 mm，使用压气管道的管径和压降线图确定压降和流速。

解：

已知温度为 30 ℃，压力为 0.25 MPa，流量为 12000 m^3/h，管内径为 300 mm。

查找方法是：

①沿 f、g、h、j、k 顺序，于 k 点即可得出压降 $\Delta P = 30$ Pa。

②沿 f、g、i、m 与 nm 线交于 m 点即可得出流速 $= 15$ m/s。

4）压气管道管壁厚度计算

管壁厚度计算公式为：

$$\delta = \frac{Pd}{2[\sigma]\eta - P} + c \tag{3-12}$$

式中：δ 为管壁厚度，mm；P 为管内通过的流体压力，MPa；d 为管内径，mm；$[\sigma]$ 为管材在使用温度下的许用应力，MPa，部分管材取值见表 3-5；η 为焊缝系数，无缝钢管取 1，纵焊缝钢管取 0.75~0.9，螺旋焊缝钢管取 0.6；c 为受管子腐蚀、加工负偏差、弯曲外侧减薄等因素影响的壁厚补偿值，取 2.5~6 mm，坑内或较大直径的管道取偏大值。

表 3-5　许用应力表

钢号	A3	10	20	30	16Mn
$[\sigma]$ 值/MPa	124	111	131	163	70

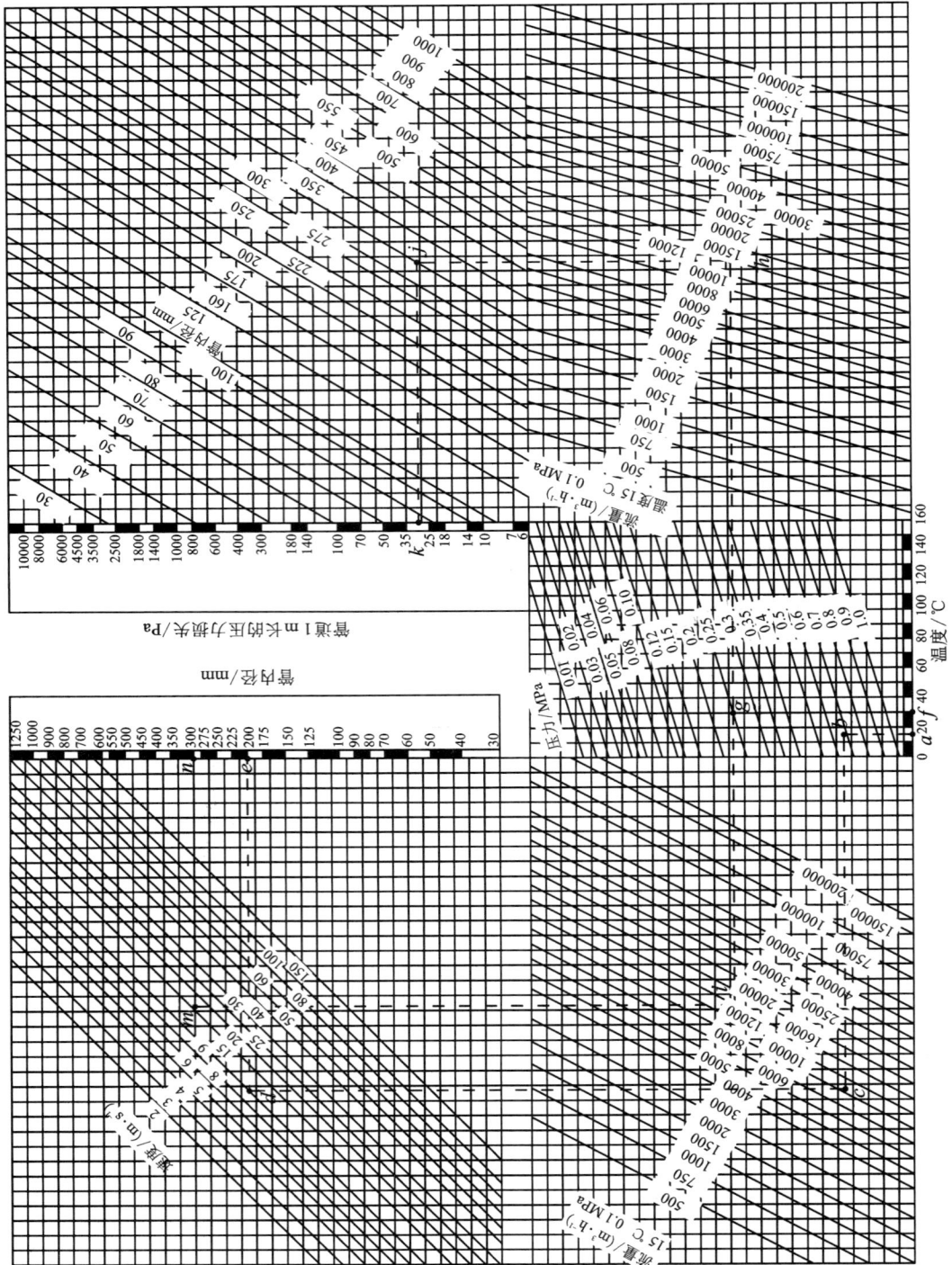

图 3-1 确定压气管道的管径和压降线图

6.计算经济指标

全年用于压缩空气的费用 S：

$$S = S_1 + S_2 + S_3 + S_4 \quad (3-13)$$

式中：S_1 为全套设备年折旧费；S_2 为全年电费；S_3 为全年工资费；S_4 为每年材料消耗及修理费。

例题 3.3 某矿年产量为 $90×10^4$ t，井口标高为 +400 m。压气管路系统如图 3-2 所示，在采区 I 、II 、III 和 I′、II′、III′ 处各配备 YT-25 型风钻 3 台，03-11 型风镐 1 台。试选择空压机并确定各段管子的直径。

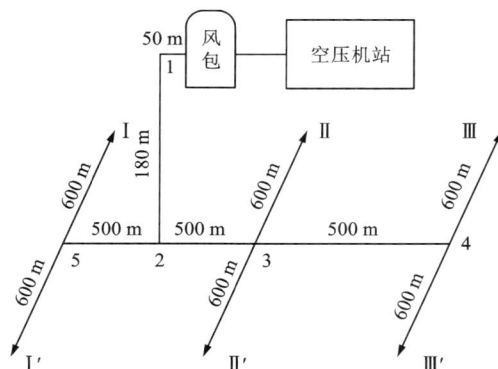

解：

图 3-2 压气管路系统图

1）确定空压机站必需的排气量

该矿所用风动工具的型式、台数及压气消耗量的计算如表 3-6 所示。

表 3-6 风动工具使用情况

风动工具	工作压力 p_g/(N·m^{-2})	耗气量 q_i/(m^3·min^{-1})	总台数 n_i	同时使用系数 k_i	$q_i n_i k_i$
YT-25 型风钻	$4.905×10^5$	2.6	18	0.8	37.44
03-11 型风镐	$3.924×10^5$	1	6	0.92	5.52

因管路全长超过 2 km，所以取 $a_1 = 1.2$，并取 $a_2 = 1.15$，按海拔 400 m 查表 3-3 得 $a_3 = 1.04$，则空压机站必需的排气量为 $Q = a_1 a_2 a_3 \sum q_i n_i K_i = 1.2×1.15×1.04×(37.44+5.52) = 61.66$ m^3/min。

2）估算空压机必需的出口压力

从图 3-2 可明显看出，1234 III 和 1234 III′ 的管路最长，均为 2330 m，又每一采区的耗气量相同，则最大压力损失必然发生在上述两趟管路中。若取每千米压降为 $0.45×10^5$ N/m^2，则压力损失 $\sum \Delta P_i = \Delta P_{1-2} + \Delta P_{2-3} + \Delta P_{3-4} + \Delta P_{4-III} = 0.45×10^5×(0.05+0.18+0.5+1+0.6) = 1.05×10^5$ N/m^2。

空压机必需的出口压力为：$P = P_g + \sum \Delta P_i + 0.981×10^5 = (4.905+1.05+0.981)×10^5 = 6.936×10^5$ N/m^2。

3）确定空压机的台数和型号

根据计算所得的 Q、P 值，查阅空压机技术规格参数，选取 4L-20/8 型空压机 4 台，其中 3 台工作，1 台备用。该机额定排气量为 21.5 m^3/min，排气压力为 $7.85×10^5$ N/m^2。

4)压气管路的直径计算及选择

(1)1-2 段压气管路的直径。

空压机站所供给的全部压气均通过该段管路流向各采区，即 $Q_{1-2}=Q=61.66$ m³/min，由公式(3-7)可求得该段管路的直径 $d'_{1-2}=20\sqrt{Q_{1-2}}=20\sqrt{61.66}=157.05$ mm。

查表 3-5，确定选用 $\phi 168$ mm×5 mm 的无缝钢管，管子实际内径 $d_{1-2}=158$ mm。

(2)其余各段管子的计算直径、选用的管子规格及通过的压气量均见表 3-7，计算过程略。

表 3-7　管网计算

管段代号	管段实际长度 /m	通过压气量 /(m³·min⁻¹)	计算管径 /mm	选用管子规格 (外径×壁厚)/(mm×mm)	压力损失 /(N·m⁻²)
1-2	230	61.66	157.05	$\phi 168 \times 5$	0.055×10^5
2-3	500	43.12	131.33	$\phi 140 \times 4.5$	0.158×10^5
3-4	1000	22.46	94.78	$\phi 108 \times 4$	0.364×10^5
4-Ⅲ	600	11.37	67.44	$\phi 83 \times 3.5$	0.244×10^5
4-Ⅲ′	600	11.37	67.44	$\phi 83 \times 3.5$	0.244×10^5
3-Ⅱ	600	11.37	67.44	$\phi 83 \times 3.5$	0.244×10^5
3-Ⅱ′	600	11.37	67.44	$\phi 83 \times 3.5$	0.244×10^5
2-5	500	22.46	94.78	$\phi 108 \times 4$	0.182×10^5
5-Ⅰ	600	11.37	67.44	$\phi 83 \times 3.5$	0.244×10^5
5-Ⅰ′	600	11.37	67.44	$\phi 83 \times 3.5$	0.244×10^5

5)最后确定空压机的出口压力

(1)1-2 段管子的压力损失。

由公式(3-11)知，1-2 段管子的压力损失 $\Delta P_{1-2}=10^{-6}\dfrac{L'_{1-2}}{d_{1-2}^5}Q_{1-2}^{1.85}=10^{-6}\times\dfrac{1.15\times230}{0.158^5}\times61.66^{1.85}=0.055\times10^5$ N/m²。

其余各段管子的压力损失见表 3-7。

(2)空压机的出口压力。

从表 3-7 中可明显得出，压气管路 1234Ⅲ 和 1234Ⅲ′ 的压力损失最大，其最大的压力损失 $\sum \Delta P_{max}=\Delta P_{1-2}+\Delta P_{2-3}+\Delta P_{3-4}+\Delta P_{4-Ⅲ}=(0.055+0.158+0.364+0.244)\times10^5=0.821\times10^5$ N/m²。

则空压机的出口压力 $P=P_g+\sum \Delta P_{max}+0.981\times10^5=(4.905+0.821+0.981)\times10^5=$

6.707×10^5 N/m²。

故所选用的 4L-20/8 型空压机的出口压力为 7.85×10^5 N/m²，满足要求。

6）耗电量的计算

（1）空压机轴功率的计算。

由公式可知：

$$N = \frac{\sum W_{Vi} Q_{pe}}{1000 \times 60 \eta_j \eta_m} \qquad (3-14)$$

式中：Q_{pe} 为空压机额定排气量，$Q_{pe} = 21.5$ m³/min；η_j 为绝热指示效率，取 $\eta_j = 0.9$；η_m 为机械效率，取 $\eta_m = 0.9$；$\sum W_{Vi}$ 为二级压缩时绝热压缩 1 m³ 空气的循环功，kW。

由公式（2-39）和公式（2-47）得：

$$\sum W_{Vi} = \frac{k}{k-1} P_1 \left(\varepsilon_1^{\frac{k-1}{k}} + \varepsilon_2^{\frac{k-1}{k}} - 2 \right) = \frac{k}{k-1} P_1 \left[\varepsilon_1^{\frac{k-1}{k}} + \left(\frac{P_2}{\varepsilon_1 P_1} \right)^{\frac{k-1}{k}} - 2 \right] \qquad (3-15)$$

$$\varepsilon_1 = \sqrt{\varepsilon} = \left(\frac{D_1}{D_2} \right)^2 = \left(\frac{420}{250} \right)^2 = 2.82 \qquad (3-16)$$

而 $P_1 = 0.981 \times 10^5$ N/m²，$P_2 = 6.707 \times 10^5 + 0.981 \times 10^5 = 7.688 \times 10^5$ N/m²（绝对压力）。

$$\therefore \quad \sum W_{Vi} = \frac{1.4}{1.4-1} \times 0.981 \times 10^5 \times \left[2.82^{\frac{1.4-1}{1.4}} + \left(\frac{7.688 \times 10^5}{2.82 \times 0.981 \times 10^5} \right)^{\frac{1.4-1}{1.4}} - 2 \right]$$

$$= 2.35 \times 10^5 \text{ J/m}^3$$

$$\therefore \quad N = \frac{2.35 \times 10^5 \times 21.5}{1000 \times 60 \times 0.9 \times 0.9} = 104 \text{ kW}$$

（2）年压气电耗的计算。

$$W = (0.8 K_f + 0.2) \frac{zNtb}{\eta_c \eta_d \eta_w} \qquad (3-17)$$

式中：$K_f = (61.66 \div 3) \div 21.5 = 0.956$；$z = 3$ 台；$t = 21$ h；$b = 300$ d；$\eta_c = 0.95$；$\eta_d = 0.9$；$\eta_w = 0.95$。

则 $W = (0.8 K_f + 0.2) \times \dfrac{3 \times 104 \times 21 \times 300}{0.9 \times 0.95 \times 0.95} = 2334763$ （kW·h）/a。

（3）吨煤压气耗电量计算。

$$W_{dm} = \frac{W}{A} \qquad (3-18)$$

经计算 $W_{dm} = \dfrac{2334763}{900000} = 2.594$ （kW·h）/t。

3.4 压气管网优化

3.4.1 优化意义

因投资大和耗电量大，近年来压气系统的设计越发强调节能的原则，以降低运行和维护费用。在对矿山压气系统的研究中，人们更多地将精力集中于节能高效型空压机的开发设计和生产制造，而矿山工作者主要是对新添置的节能高效型空压机加强设备的维护和检修，以及通过适当选择空压机位置和型号、管网布置和管道参数，达到优化的目的，进而保证空压机良好的工作状态。像运用变频技术、加强压气管理以及使用矿山压气设备计算机优选设计程序等，均没有运用系统优化技术对压气系统进行全面的系统的优化研究。

由于生产系统是一个"动态"的系统，作为辅助系统的压气系统往往也是"动态"的。随着开采深度的不断增加及采掘工作面的拓展，压气管网随之延伸，管网的每次改变，必将影响全矿用气的风量和风压的改变，因此对压气系统进行系统优化应对压气系统设备进行动态管理，使压气系统组件充分发挥效能。

国外的大量实践证明：局部供气压力不足并不是系统的装机容量不足，有时通过管网的优化不但不会增加设备，反而可能关掉1台现有的空压机。可见管网的合理化设计对企业节能的重要性。应经过合理的计算，求得最优的管网系统。在满足生产的同时，尽量减小管网的长度，从而最大限度地节能降耗。通过研究发现，降低系统压力，从而减少泄漏损失，能够节约大约系统耗能的10%，通过合理的系统设计和优化，能够进一步节约大约10%的能量。

在保证生产安全使用的前提下，尽量降低空压机的排气压力，可以实现节能。空压机排气压力高低，对压缩空气站的电耗有直接的影响，其变化关系如表3-8所示。

表3-8 空压机排气压力与用电单耗的关系

排气压力/MPa	0.30	0.35	0.40	0.45	0.50
用电单耗变化率/%	−30.2	−23.9	−18.2	−13.1	−8.4
用电单耗指标/(kW·h·m^{-3})	69.8×10^{-3}	76.1×10^{-3}	81.8×10^{-3}	86.9×10^{-3}	91.6×10^{-3}
排气压力/MPa	0.55	0.60	0.65	0.70	0.75	0.80
用电单耗变化率/%	−4.0	0	+3.7	+7.3	+10.5	+13.6
用电单耗指标/(kW·h·m^{-3})	96×10^{-3}	100×10^{-3}	103.7×10^{-3}	107.3×10^{-3}	110.5×10^{-3}	113.8×10^{-3}

注：用电单耗变化率是指空压机排气压力为0.6 MPa时用电单耗指标的增加(或减少)率。

3.4.2 优化原理与方法

矿山管网具体布置形式，主要根据采掘技术计划中安排的用气地点(如生探、开拓、采切、采矿等)以及压气站到用气点的坑道通路，绘制管网布置图，然后按照管网优化原理，编制压气管网系统优化程序，从而求得管网系统的最佳方案。

管网系统的优化原则是以压力损失和压气泄漏最小将压缩空气输送和分配到每一个工作面的用气设备，满足用气设备的风量和风压要求，同时要求管网线路总长最短。在分区独立供气方式的条件之下，矿山压气管网的布置形式为树枝状。因此，寻求管网线路总长最短的管网系统就转化为求压气管网系统中的最小树问题。

运用运筹学中的图论理论，将矿山压气管网视为由点及点与点之间的连线所构成的图。此时将管网的优化问题转化为求一个无向图的最小生成树问题，求得的最小树将使管网中使用的总管线最短，管线的变短将使沿程压力损失减小。同时，压缩空气在管网中的流动规律和能量损失符合流体力学的基本原理，通过管网计算对各段管路的管径进行校核，使最远用气点至空压机出口处的压力损失不超过管网压力损失的要求，保证工作面的风量和风压。

本节研究的矿山压气站网优化辅助决策系统，拟采用系统工程分析方法和图论原理，以及最小树原理进行压气管网的优化计算，能较好地满足节能和工作面需要的风量和压力要求，并通过计算机编程的方式来完成管网的优化计算，从而简化了优化工作，提高了工作效率。同时，通过系统开发研究中对现场数据的收集管理，进一步形成矿山压气信息管理系统，可以更方便、更直观地管理各种压气设备、站网的信息，为更加科学合理地设计、使用压气系统提供了理论保障。

3.4.3　管网优化计算机系统

Kruskal 在 1956 年给出了求最小树的一种算法（如图 3-3 所示），其基本思想是在不构成圈的条件下"择优录取"权最小的边，首先把赋权图 G 的边按权的递增顺序排列：

$$l(a_1) \leq l(a_2) \leq \cdots\cdots \leq l(a_q) \tag{3-19}$$

取 $e_1 = a_1$，$e_2 = a_2$，检查 a_3 不与 e_1、e_2 构成圈，则令 $e_3 = a_3$，如果 a_3 与 e_1、e_2 构成圈，则放弃 a_3，检查 a_4，若 a_4 不与 e_1、e_2 构成圈，则令 $e_3 = a_4$，否则放弃 a_4，检查 a_5……如此继续下去，直到找出 e_1，e_2，……e_{P-1} 条边的连通图为止，那么 $\{e_1, e_2, \cdots\cdots e_{P-1}\}$ 就是所要求的最小树。

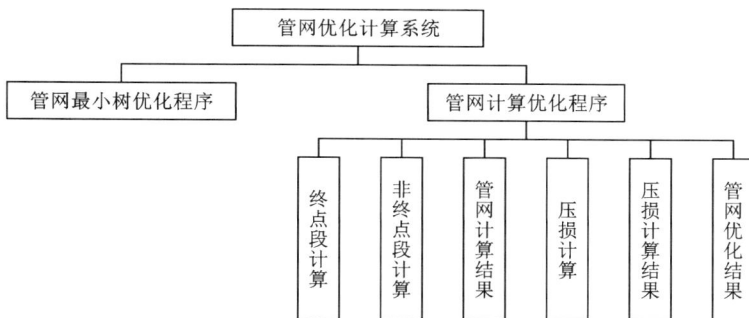

图 3-3　Kruskal 算法

Kruskal 算法步骤：

第 1 步：令 $I = 1$，$E_0 = \Phi$（Φ 表示空集）。

第2步：选一条边 $e_i \in E \backslash E_i$ 使 e_i 是使 $(V, E_{i-1} \cup \{e\})$ 不含圈的所有边 $e(e \in E \backslash E_i)$ 中最小的边。如果这样的边不存在，则 $T = (V, E_{i-1})$ 是最小树。

第3步：把 i 换成 $i+1$，转入第2步。

压气管网优化程序：

(1)管网最小树优化程序。

目标：通过最小树理论找出管网的优化结果。

详细功能介绍：运用最小树算法——Prim 算法的理论，运用 Visual C#语言编制最小树优化理论，实现优化目标，找到最小树。

(2)管网计算程序。

目标：通过计算校核压力损失是否在合理范围内，如果不在就重新修改压气管径，进而降低压力损失，满足工作面所需风压，确保矿山正常地运转。

详细功能介绍：运用工程流体力学的基础理论中压气管管径以及压力损失的计算公式，借助计算机编程，以 Visual Foxpro 为平台开发计算机程序，方便快捷地逐个计算各个终点段、非终点段的压力损失和风量以及校核管径，并最终实现管网的优化计算。

根据最小树原理及求最小树三种算法的论述和比较，研究选用计算机编制程序较为简单方便的 Kruskal 算法，程序框图如图 3-4 所示，图 3-5 为压气管网系统优化程序。

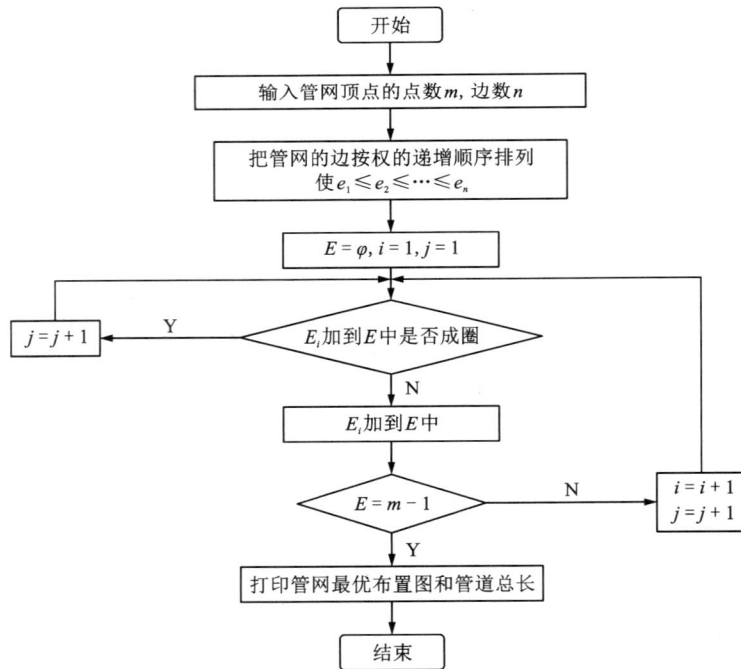

图 3-4　管网计算程序框图

```
                         ┌──────────────┐
                         │  压气管网计算  │
                         └──────┬───────┘
                         ┌──────┴───────┐
                         │  输入原始数据  │
                         └──────┬───────┘
        ┌────────────────────────┼────────────────────────┐
   ┌────┴────┐              ┌────┴────┐              ┌──────┴──────┐
   │  终点段  │              │ 非终点段 │              │ 计算分支压力损失 │
   └────┬────┘              └────┬────┘              └──────┬──────┘
┌───────┴───────┐         ┌──────┴──────┐           ┌──────┴──────┐
│  输入管网修正系数  │         │  输入管段编号  │           │  输入分支编号  │
└───────┬───────┘         └──────┬──────┘           └──────┬──────┘
┌───────┴───────┐         ┌──────┴──────┐           ┌──────┴──────┐
│ 输入终点段编号NN0 │         │ 输入该段后面管段数目 │      │ 输入本分支管段数目 │
└───────┬───────┘         └──────┬──────┘           └──────┬──────┘
```

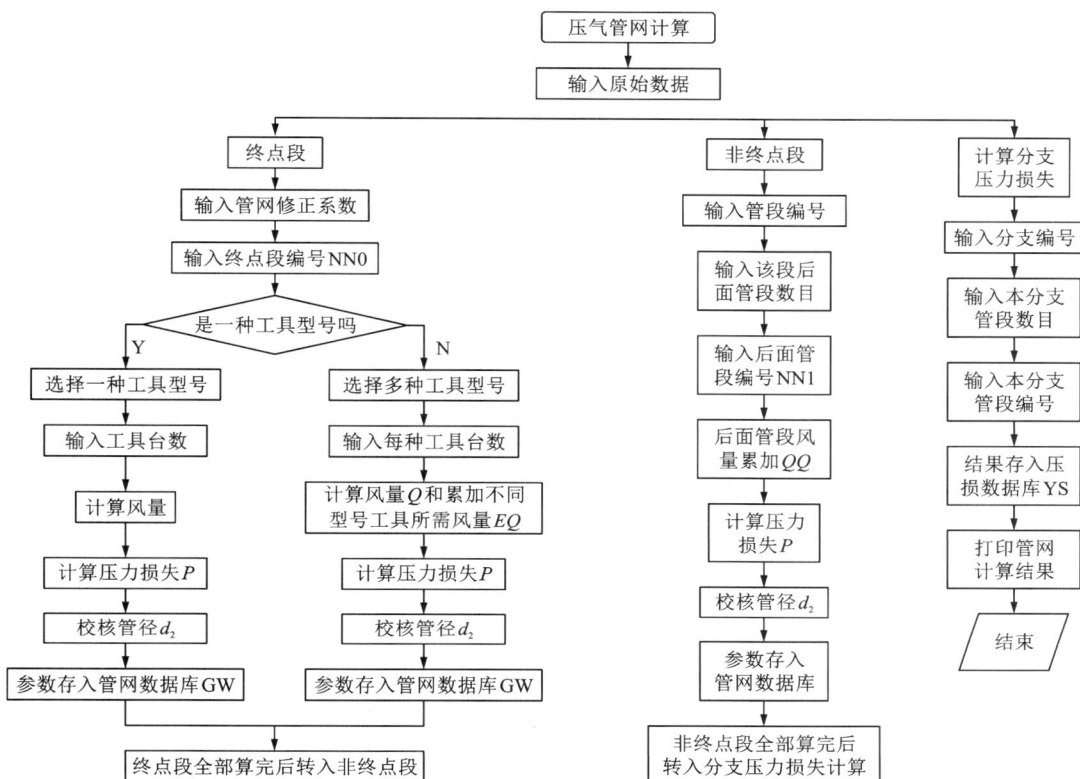

图 3-5　压气管网系统优化程序

3.5　空压机在线监测和性能测定系统

往复式空压机是矿用空压机的主要类型，是矿山生产所需要的主要动力之一，担负着全矿风动机械和主井卸矿机械等的动力供给任务，其设备规模大，价格昂贵，一旦发生故障，不仅会造成巨大的经济损失，还会给矿山安全生产带来巨大隐患。此外，往复式空压机结构复杂，激励源较多，各信号之间的叠加和耦合导致其故障诊断比较复杂。往复式空压机状态监测和诊断以及技术性能测定的现状仍然是自动化程度低，工作环境差，效率低。为此，很有必要建立一套往复式空压机运行状态监测预警和在线技术性能测定系统，以确保空压机安全、可靠、经济地运行。

往复式空压机结构复杂，运行过程中激励源很多，与旋转机械相比其故障诊断难度较大而且比较复杂，因此，往复式空压机故障诊断技术的研究一直以来都得到了国内外学者的广泛关注。传统的定点检修、周期检修和事故检修等故障处理方法存在诸多弊端，既不科学又不经济。所以，保证设备的安全运行、及时发现并消除设备的故障隐患是十分重要的。状态监测和故障诊断是提高设备的安全性、降低事故损失、减少维护成本、提高经济效益的有效方法。此外，为了保证空压机可靠、安全和经济地运行，对其技术性能进行测定是一个不可缺少的环节。但是到目前为止，这项工作基本上是以手工为主进行的，其工作效率低，劳动条件差，测定结果的可靠性、准确性也不高。因此，研究和开发往复式空压机远程状态监测预警及技术性能测定系统不仅对于矿山生产具有现实的实用价值，而且对于提高矿山的经济效益和确保安全生产具有重要意义。该课题的具体意义表现在以下几个方面：

①空压机故障诊断模块的研究开发，不仅可以提升矿井机电和安全管理水平，而且可促进往复式机械故障诊断理论与应用的发展。

②对往复式空压机实现 24 h 实时在线监测，可以及时准确了解空压机的运行状态；对异常状态或故障做出预警，可避免事故的发生，降低突发性故障的停机率。此外，还可为设备维修提供科学依据，实现设备的科学预知性维修，提高设备的利用率，最大限度地缩短维修和停机时间，从而节省人力、财力和物力，提高矿山生产效益。

③对空压机运行状态监测实现数据的远程传输，可使矿山及集团领导和管理部门方便地了解其运行状态的实时信息和历史信息，及时准确地做出管理决策。

④实现空压机的在线技术性能测定，便于及时掌握其技术性能，有效及时地采取措施，以提高空压机的运行效率，这也是促进矿山机电设备经济运行的重要内容。

美国的 Bently Nevada 公司是一家专门致力于设备的状态监测与故障诊断的公司。它不仅为设备的状态监测提供了各种各样的方案，还生产了一系列的模块化的产品用于实际构建系统。随着它于 2002 年 8 月推出一系列专门用于往复式空压机状态监测的仪器，标志着该公司为往复式空压机状态监测系统的构建提供了完整的监测方案。新的仪器可用于对气缸的压力、活塞杆位置、阀的温度、箱体振动进行测量，再加上软件 system 1TM Release 3.0 对该公司获得专利的监测活塞杆位置/活塞杆沉降技术的支持，实现了对滑道磨损和十字头磨损的监测，它还支持用户自己定制规则的自动诊断。这些都使得对往复式空压机的状态监测达到了一个新的水平。Operator Companies 和 Kotter Consulting Engineers（KCE）自从 1989 年以来就合作开发的 PROGNOST®—NT 系统专门致力于往复式空压机的状态监测。它是一个在线监测系统，不过可以用 PROGNOST®-Mobile 模块来完成离线监测。这个系统的硬件仅需使用标准的传感器和普通的工控机，而软件使用 MS Windows-NT，这样的系统非常容易构建。这个系统的功能也非常强大，可以以 30 kHz 的速率采集数据，同时监测振动数据防止突发事故；基于 MS Windows-NT 操作系统的可视化分析软件可以完成数据的分析，包括时域分析、频域分析、P-V 图分析、趋势分析以及超限检测（可设几级的限制检测）。它还包括自动模式识别，可以监测危险情况并且把该时刻的数据保存下来以便分析或者给自动模式识别提供参考，防止后续同样情况的发生。总之，这是一个比较完善的往复式空压机状态监测系统，代表了目前国际上研究的最高水平。

国内近年来也有大量的人员对往复式空压机状态监测系统进行了深入的研究。四川化工总厂研制了往复式空压机的运行状态在线监测系统，实现了活塞杆下沉监测，进、出口气阀温度监测和机体振动监测；西安交通大学通过故障树的方式建立了往复式空压机故障分析及智能诊断系统，从热力学性能和动力学性能两个方面来完成对空压机状态的监测；浙江工业大学的机电学院和东风汽车公司技术装备公司都采用专家系统的方式建立了往复式空压机状态监测系统；镇海炼油化工股份有限公司研究中心利用等离子吸收光谱对特大型往复式空压机进行润滑油的磨粒元素监测，同时利用红外测温仪对摩擦副进行温度监测，有较好的效果。还有许多的研究人员从空压机的某一种或者几种故障入手，或者某一个监测方法入手进行了详细深入的探讨，但是都没有形成一个系统。

就目前研究现状，可对空压机状态监测系统的研究方向提出几个设想：

①往复式空压机远程状态监测系统的研究及开发：在分析研究设备状态监测技术基础上，基于工业以太网技术构建了组态环境的远程网络监测系统，实现往复式空压机状态参数的实时采集，状态趋势实时显示，报表打印等功能。

②往复式空压机故障诊断系统研究及开发：在研究分析往复式空压机故障机理和故障类型的基础上，通过设备故障诊断方法的研究和支持向量机理论的研究，以 VC++6.0 和 Matlab 为软件平台，构建基于支持向量机的往复式空压机故障诊断系统。

③往复式空压机技术性能测定系统的研究和开发：在分析空压机技术性能测定现状和测定方法的基础上，基于组态王的数据库技术和报表功能，构建往复式空压机的在线技术性能测定系统。

思考题与习题

1. 矿山压气系统的设计原则是什么？

2. 地表空压机站站址选择需要考虑什么因素？

3. 井下空压机站布置的设计原则是什么？

4. 选择压气设备的原则是什么？

5. 影响空压机站排气能力的因素有哪些？

6. 确定空压机的型式和台数的原则是什么？

7. 矿山压气系统需要设计的内容大致有哪些？

8. 你认为矿山压气系统以后可以从哪些方向进行发展与改进？

9. 如何确定最大压力损失 $\sum \Delta P_{\max}$ 发生在管网中的哪一路？

10. 某矿年产量为 60×10^4 t，矿井海拔为 600 m，压气管路系统如图 3-6 所示，在采区 I、I′、II、II′处各配备 YT260 型风钻 2 台，03-11 型风钻 20 台，7655 型风钻 1 台，试选择空压机并确定各段压气管路的直径。

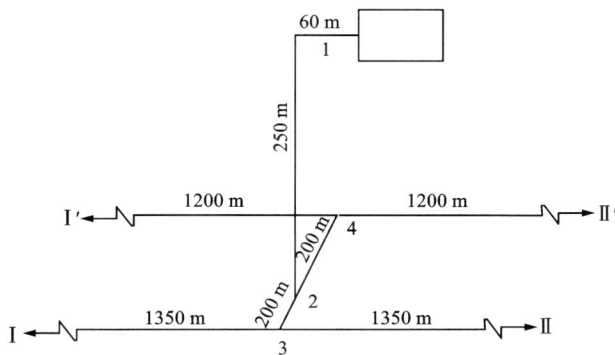

图 3-6　某矿山压气管路系统简化图

下 篇

矿山供水、排水系统

第4章 矿山供排水系统概述

4.1 矿山供水系统简介

供水(又称给水)工程系统是供应生活用水、生产用水和消防用水的设施。它由取水工程、净水工程和输配水工程组成。做好这项工作，必须根据矿山规划，水源情况，当地的地形，用户对水量、水压、水质的要求等因素综合考虑。供水的形式多种多样，既要满足矿山近期建设的需要，也要考虑今后的发展，做到全面规划、分期施工、安全可靠、经济合理。

根据用户使用水的目的，概括起来可分为四种用水类型，即生活用水、生产用水、消防用水和市政用水。

①生活用水：是指人类日常生活活动所需用的水。

居民生活用水：居民的饮用、烹调、洗涤、冲厕、洗澡等日常生活用水。

公共建筑及设施用水：娱乐场所、宾馆、医院、浴室、商业、学校和机关办公等用水。

②生产用水：是指生产过程所需用的水，包括间接冷却水、工艺用水和锅炉用水，如采矿、冶金、建筑、化工、电力、造纸、纺织、皮革、电子、食品、酿造及化学制药等工业，都需要数量可观的各种用途的生产用水。

③消防用水：是指扑灭火灾所需用的水，一般是从街道上或建筑物内的消火栓取水。

④市政用水：主要是指城镇道路(进行保养、清洗、降温、消尘等)和市政绿地等所需用的水。

由上述可知，用水户对供水的要求是复杂的，天然水源的水与用户用水之间总是存在着矛盾(水质、水量和水压等)，而矛盾的解决则依赖于供水系统的修建和扩建。

4.1.1 矿山供水系统的功能与组成

供水系统是保证用水对象获得所需水质、水压和水量的一整套构筑物、设备和管路系统的总和。它必须保证以足够的水量、合格的水质、充裕的水压供应生活用水、生产用水和其他用水。即从水源取水、按照用户对水质的要求进行处理，然后将水输送到用水区，并向用户配水。

矿山供水系统一般由用水对象、构筑物、设备、管路系统几个部分组成，一般供水系统的组成如图4-1所示。

用水对象：生产设备、生活设施、消防设备。

构筑物：取水头部、反应池、沉淀池、滤池、清水池、水泵房、水塔。

设备：加压设备、控制设备、计量设备。

管路系统：输水管、配水管网。

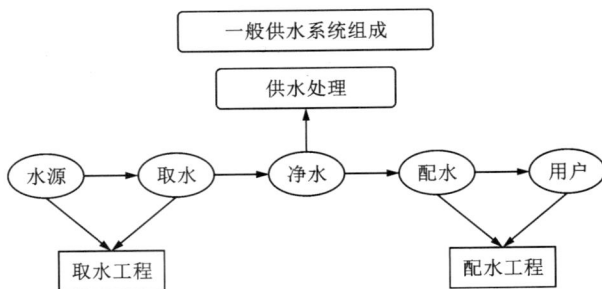

图 4-1　一般供水系统的组成

供水系统的工程设施一般由取水构筑物、水处理构筑物、输水管渠和配水管网、调节构筑物等设施组成。

1. 取水构筑物

用以从选定的水源(包括地表水和地下水)取水的构筑物，包括一级(取水)泵站。

2. 水处理构筑物

它是将取水构筑物的来水进行处理，使之符合用户对水质的要求的构筑物，包括二级泵站。这些构筑物常集中布置在水厂范围内。

3. 输水管渠和配水管网

输水管渠是将原水送到水厂或将水厂的水送到管网的管渠，配水管网则是将处理后的水送到各个供水区的全部管道。供水管网除了水管以外还应设置各种附件，以保证管网的正常工作。管网的附件主要有调节流量用的阀门、供应消防用水的消防栓，其他还有控制水流方向的单向阀、安装在管线高处的排气阀和安全阀等。

4. 调节构筑物

它包括各种类型的贮水构筑物，例如高地水池、水塔、清水池等，用以贮存和调节不均匀的水量。高地水池和水塔兼有保证水压的作用。大城市通常不用水塔，中小城市或企业为储备水量或保证水压，常设置水塔。根据城市地形特点，水塔可设在管网起端、中间或末端，分别构成网前水塔、网中水塔和对置水塔的供水系统。

泵站、输水管渠、管网和调节构筑物等总称为输配水系统。从供水系统整体来说，它是投资最大的子系统。

图 4-2(a)表示以地表水为水源的供水系统。相应的工程设施为：取水构筑物 1 从江河取水，经一级泵站 2 送往水处理构筑物 3，处理后的清水贮存在清水池 4 中，二级泵站 5 从清水池取水，经输水管 6 送往管网 7 供应用户，有时，为了调节水量和保持管网的水压，可根据需要建造水库泵站、高低水池或水塔 8。一般情况下，从取水构筑物到二级泵站都属于水厂

的范围。当水源远离城市时，须由输水管渠管将水源水引到水厂。

供水管网7遍布整个供水区，根据管道的功能，可划分为干管和分配管。前者主要用以输水，管径较大；后者用以配水到用户，管径较小。供水管网设计和计算往往只限于干管。但是干管和分配管的管径并无明确的界限，需视管网规模而定。大管网中的分配管，在小型管网中可能是干管。

以地下水为水源的供水系统，常凿井取水。因地下水水质良好，一般可省去水处理构筑物而只需加氯消毒，使供水系统大为简化[见图4-2(b)]。

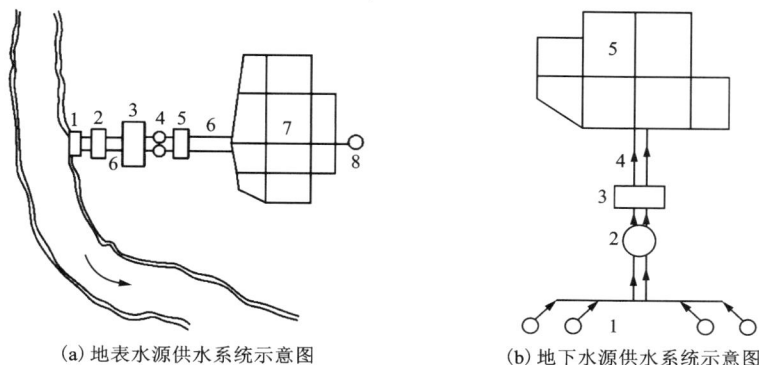

(a)地表水源供水系统示意图　　　　(b)地下水源供水系统示意图

(a)1—取水构筑物；2—一级泵站；3—水处理构筑物；4—清水池；5—二级泵站；6—输水管；7—管网；8—水塔。
(b)1—地下取水构筑物；2—集水池；3—泵站；4—输水管；5—管网。

图4-2　矿山供水系统示意图

4.1.2　矿山供水系统的布置形式

供水系统布置要在城镇建设总体规划原则的指导下进行，应做到全面规划，分期建设；既要满足近期建设需要，又要考虑今后的发展；综合考虑城镇规划，水源情况，当地的地形条件，用户对水量、水质和水压的要求等因素确定。主要有以下几种布置形式：

1.统一供水系统

整个供水区域(如城镇)的生活、生产、消防等多项用水，均以同一水压和水质，用统一的管网系统供给各用户，这种系统就称为统一供水系统。

统一供水系统适用于地形起伏不大、用户较为集中，且各用户对水质、水压要求相差不大的城镇和工业企业的供水工程。如果个别用户对水质或水压有特殊要求，可自统一供水管网取水进行局部处理或加压后再供给使用。

根据向管网供水的水源数，统一供水系统可分为单水源供水系统和多水源供水系统两种形式。

单水源供水系统(见图4-3)：是指向管网供水的水源只有一个。这种系统简单、管理方便，适用于中、小城镇和工业企业的供水工程。

多水源供水系统(见图4-4)：是指整个供水区域采用两个或两个以上水源同时向同一管网供水，此系统就称为多水源供水系统。

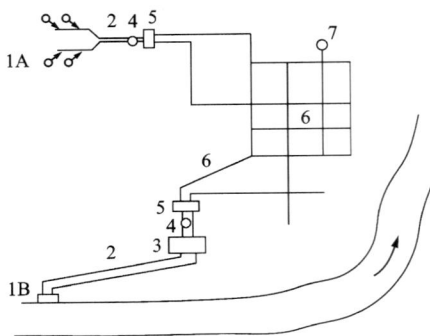

1A—地下取水构筑物；1B—地面取水构筑物；
2—输水管；3—水处理构筑物；4—调节构筑物（清水池）；
5—二级构筑物；6—配水管网；7—调节构筑物（水塔）。

图4-3 单水源供水系统示意图

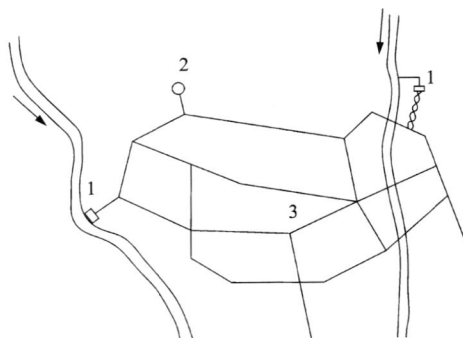

1—水厂；2—水塔；3—管网。

图4-4 多水源供水系统示意图

多水源供水系统的特点：

①调度灵活、供水安全可靠（水源之间可以互补），就近供水，动力消耗较少。

②管网内水压较均匀，便于分期发展，但随水源的增多，水厂占地面积、设备和管理工作也相应增加。

③适用于大、中城市和供水安全可靠性要求较高的大型工业企业，我国大多数大、中城市都采用多水源供水系统。

2.分系统供水系统

因供水区域内各用户对水质、水压的要求差别较大，或地形高差较大，或功能分区比较明显，且用水量较大时，可根据需要采用几个互相独立工作的供水系统分别供水，这种系统就称为分系统供水系统。

根据具体情况，分系统供水还可分为分质供水、分压供水和分区供水等系统。

分质供水系统：因用户对水质的要求不同而分成两个或两个以上系统，分别供给各类用户，此系统就称为分质供水系统。如图4-5所示，是从同一水源取水，在同一水厂中经过不同的工艺和流程处理后，由彼此独立的水泵、输水管和管网，将不同水质的水供给各类用户。这种系统的主要特点是城市水厂的规模可缩小，特别是可以节约大量药剂费用和动力费用，但管道和设备增多，管理较复杂。

分压供水系统（见图4-6）：因用户对水压要求不同而分成两个或两个以上系统供水，这种供水系统就称为分压供水系统。符合用户水质要求的水，由同一泵站内的不同扬程的水泵分别通过高压、低压输水管及管网送往不同用户。如果供水区域中用户对水压要求差别较大，采用一个管网系统，对于水压要求较低的用户就会存在较大的富余水压，不但造成动力浪费，同时对使用和维护管理都很不利，且管网系统漏损水量也会增加，危害很多，采用分压供水或局部加压的供水系统，可避免上述缺点。

分区供水系统（如图4-7）：因某种原因（功能分区、自然地形等），将城镇或工业区划分

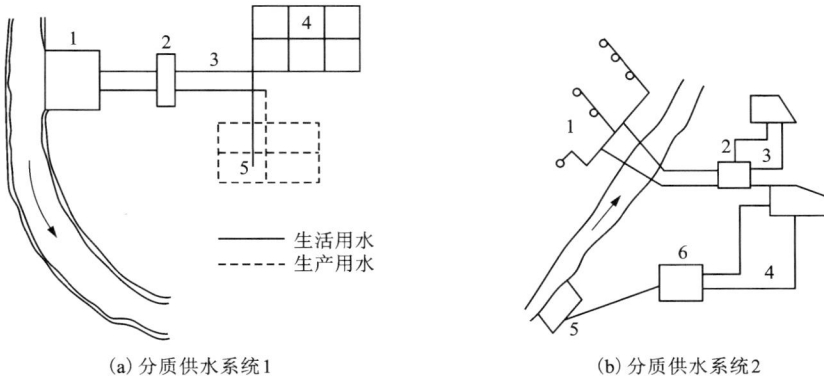

(a) 分质供水系统1　　　　　　　　　　(b) 分质供水系统2

(a) 1—分质净水厂；2—二级泵站；3—输水管；4—居住区；5—工厂区。

(b) 1—井群；2—地下水水厂；3—生活用水管网；4—生产用水管网；5—取水构筑物；6—生产用水水厂。

图 4-5　分质供水系统

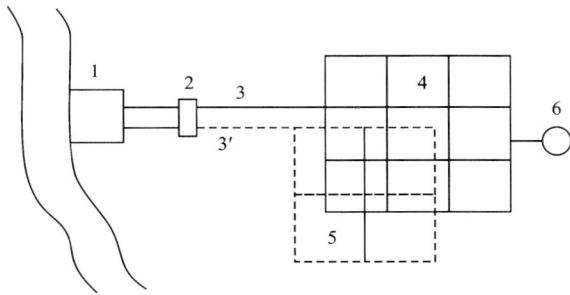

1—净水厂；2—二级泵；3—低压输水管；3'—高压输水管；4—低压管网；5—高压管网；6—水塔。

图 4-6　分压供水系统

成几个区，按每一区的特点分成几个系统，分别供应各区用水，每一系统有它自己的管网、水塔等，这种供水系统就称为分区供水系统。

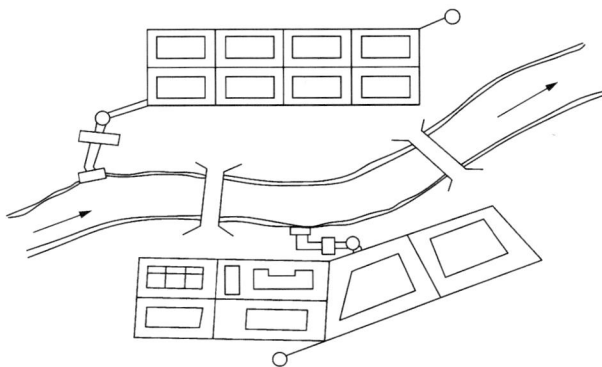

图 4-7　分区供水系统

因地形高差较大或输水距离较长而分区。按其布置形式又可分为并联分区和串联分区两种(见图4-8)。并联分区是指由同一泵站内不同扬程的水泵,分别供应各区用水。串联分区是采用加压泵站(或减压措施)从某一区取水,向另一区供水。

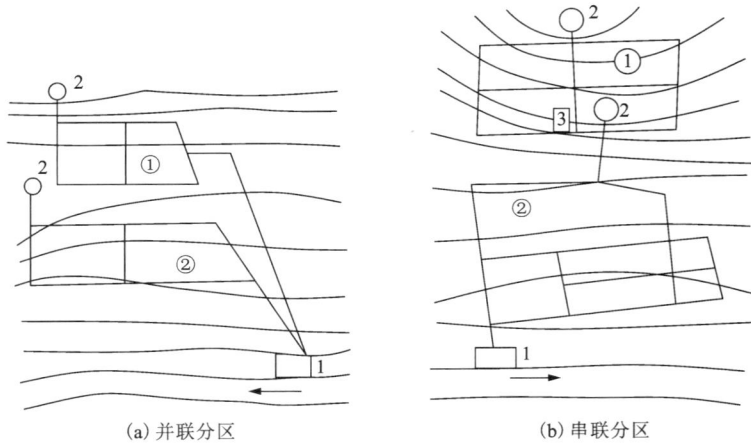

(a) 并联分区　　　　　　　　　　(b) 串联分区

①—高区;②—低区;1—净水厂及二级泵站;2—水塔;3—高区泵站。

图4-8　分区供水形式

分区供水的主要特点是能根据各区不同情况,考虑管网布置,可节约动力费用和管网投资,但管理比较分散,所需管理人员和设备较多。

采用统一供水系统或是分系统供水系统要根据地形条件、水源情况、城镇和工业企业的规划、水量、水质和水压要求,并考虑原有供水工程设施条件,从全局出发,通过技术经济比较决定。矿山的供水系统,由于地势标高的差异,用户对水质、水量、水压要求的不同,常常采用生产用水和生活用水两套供水系统,即矿山是采用分系统供水系统。

4.1.3　影响矿山供水系统布置的因素

按照城镇规划,水源条件,地形,用户对水量、水质和水压要求等方面的具体情况,供水系统可有多种布置方式。影响供水系统布置的因素如下。

1. 城镇规划的影响

供水系统的布置,应密切配合城镇和工业区的建设规划,做到统筹考虑,分期建设,既能及时供应生产、生活和消防用水,又能适应今后发展的需要。

水源选择、供水系统布置和水源卫生防护地带的确定,都应以城镇和工业区的建设规划为基础。城镇规划与供水系统设计的关系极为密切。例如,根据城镇的计划人口数,居住区房屋层数和建筑标准,城镇现状资料和气候等自然条件,可得出整个供水工程的设计流量;从工业布局可知生产用水量分布及其要求;根据当地农业灌溉、航运和水利等规划资料,水文和水文地质资料,可以确定水源和取水构筑物的位置;根据城市功能分区,街道位置,用户对水量、水压和水质的要求,可以选定水厂、调节构筑物、泵站和管网的位置;根据城市地形和供水压力可确定管网是否需要分区供水；根据用户对水质、水压的要求确定是否需要分质或分压供水等。

2. 水源的影响

任何城镇，都会因水源种类、水源距供水区的远近、水质条件的不同，而布置有不同的供水系统。

供水水源分地下水和地表水两种：地下水源有浅层地下水、深层地下水和泉水等，我国北方地区采用地下水较多；地表水源包括江水、河水、湖泊水、水库水、海水等，在南方采用比较普遍。

当地如有丰富的地下水，则可在地下水流上游或直接在供水区内开凿管井或大口井，井水经消毒后，由泵站加压送入管网，供用户使用。如水源处于适当的高程，能借重力输水，则可省去一级泵站或二级泵站或同时省去一、二级泵站。城市附近山上有泉水时，建造泉水供水的供水系统最为简单、经济。取用蓄水库水时，也有可能利用高程以重力输水，以节省输水能量费用。

以地表水为水源时，一般从流经城市或工业区的河流上游取水。因地表水多半是浑浊的，并且难免受到污染，如作为生活饮用水必须加以处理。受到污染的水源，水处理过程比较复杂，因而提高了供水成本。

城镇附近的水源丰富时，往往随着用水量的增长而逐步发展成为多水源供水系统，从不同部位向管网供水。它可以从几条河流取水，或从一条河流的不同位置取水，或同时取地表水和地下水，或取不同地层的地下水等。我国许多大中城市，如北京、上海、天津等，都是多水源的供水系统。这种系统的优点是便于分期发展，供水比较可靠，输水管短，管网水头损失少，且管网内水压比较均匀。显然，随着水源的增多，设备和管理工作相应增加，但与单一水源相比，通常仍较为经济合理。

随着国民经济的发展，用水量越来越大。但是由于某些地区的河道，在枯水季节河水量锐减甚至断流，多数江河受到污染，有些城镇的地下水水位不同程度地下降，某些沿海城市受到海水倒灌的影响等，以致城市或工矿企业因附近缺乏水质较好、水量充沛的水源，必须采用跨流域、远距离取水方式来解决供水问题。例如天津引滦工程、北京第九水厂供水工程、大连引碧工程、青岛引黄济青工程、西安黑河引水工程、上海黄浦江上游引水工程、秦皇岛引水工程等 10 km 以上的远距离取水工程共计有 100 多项。这些工程技术相当复杂，投资也很大。

3. 地形的影响

地形条件对供水系统的布置有很大影响。中小城镇如地形比较平坦，且工业用水量小、对水压又无特殊要求时，可用统一供水系统。大中城镇被河流分隔时，两岸工业和居民用水一般先分别供给，自成供水系统，随着城镇的发展，再考虑将两岸管网相互连通，成为多水源的供水系统。取用地下水时，可能考虑到就近凿井取水的原则，采用分地区的供水系统。例如图 4-9 所示的供水系统布置，在东、西郊开采地下水，经消毒后由泵站分别就近供水给居民和工业，这种布置投资节省，并且便于分期建设。

地形起伏较大的城市，可采用分区供水或局部加压的供水系统。因供水区地形高差很大或管网延伸很远而分区的供水系统见图 4-10。整个供水系统按水压分成高低两区，它与统一供水系统相比可以降低管网的供水水压和减少动力费用。分区供水布置方式可分成并联分区（即高低两区由同一泵站分别单独供水）和串联分区（即高区泵站从低区取水，然后向高区供水），见图 4-10。

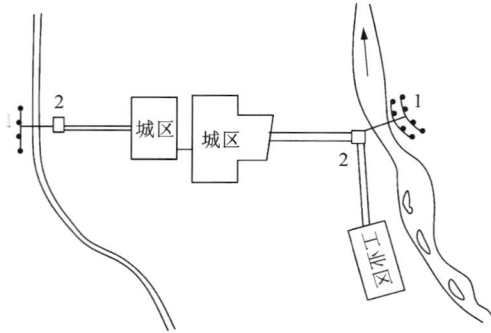

1—井群；2—泵站。

图 4-9　分地区供水系统示例

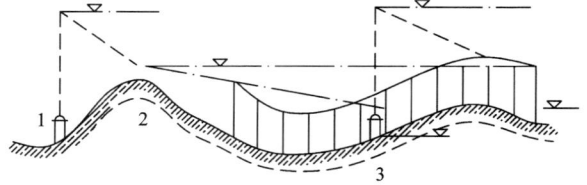

1—低区供水泵站；2—水塔；3—高区供水泵站。

图 4-10　分区供水系统示例

4.2　矿山排水系统简介、组成与分类

4.2.1　矿山排水系统简介

在矿井建设和生产过程中，从各种渠道来的水源源不断地涌入矿井，如果不及时排除，必将影响矿山的安全生产。因此，必须设置水泵，把涌入矿井的水及时从井下排至地面。另外，由于矿山地质条件复杂，有可能遭到突然大量涌水而淹没矿井，这时需要排水设备抢险排水，以尽快恢复矿井生产。总之，矿井排水始终伴随着矿山建设和生产，直至矿井报废，才能完成它的历史使命。因此，矿井排水是矿山建设和生产中不可缺少的一部分，它对保证矿井正常生产起着非常重要的作用。

在矿山地下开采过程中，由于地层含水的涌出、雨雪和江河水的渗透、水砂充填以及生产用水，使得大量的水昼夜不停地汇集于井下。这些水给矿井的正常生产带来了很大的危险，为保证矿井的正常生产必须随时将涌入矿井的水排出，这项任务是由矿井排水系统来完成的。

矿山井下排水系统，要根据矿山具体条件，使排水设备能够在安全、可靠和经济的状况下工作，确定排水方案，选择排水设备，进行布置设计，使排水的各个环节正常工作，将矿井涌水及时送出地表，为井下创造良好的工作环境，确保安全生产。

4.2.2　矿山排水系统的组成

矿山排水系统由排水设备、排水管路、排水泵站、井底水窝、水仓与管子道等组成。

1. 排水设备

排水设备始终伴随着矿井建设和生产而工作，直至矿井寿命结束才完成它的使命。因

此，排水设备是矿山建设和生产中不可缺少的，它对保证矿井正常生产起着非常重要的作用。如图 4-11 所示，矿山排水设备一般由水泵、电动机、启动设备、管路及管路附件和仪表等组成。

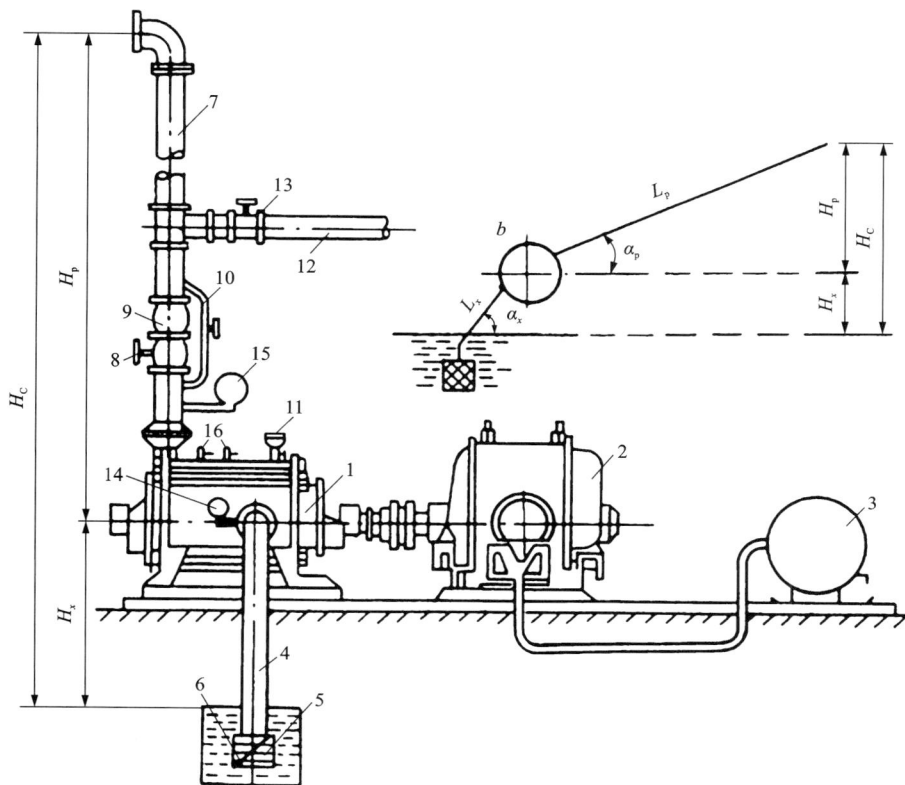

1—离心式水泵；2—电动机；3—启动设备；4—吸水管；5—滤水器；6—底阀；7—排水管；8—调节闸阀；9—逆止阀；
10—旁通管；11—引水漏斗；12—放水管；13—防水闸阀；14—真空表；15—压力表；16—放气栓。

图 4-11　矿山排水设备示意图

水泵是把原动机的机械能传输给供水的机械，叶轮是传输能量的主要零件。

滤水器 5 装在吸水管的最下端，其作用是过滤矿水中的杂物，防止杂物进入水泵。

底阀 6 用于防止水泵启动前充灌的引水及停泵后的存水漏入吸水井。底阀阻力较大，并常出现故障，所以，一些矿井采用了无底阀排水。无底阀排水就是去掉底阀，减小吸水管路的阻力，或减少存在底阀时的故障发生频率。

调节闸阀 8 安装在靠近水泵的出水管段上，用来调节水泵的扬程和流量。启动水泵时（电机启动功率最小，以免电机过载）和正常停泵时（以免水击水泵与管路）应先关闭该闸阀。

逆止阀 9 安装在调节闸阀的上方，防止突然停泵时来不及关闭调节闸阀而发生的水击，以保护水泵和管路。

旁通管 10（对有底阀的水泵）跨接在逆止阀和调节闸阀两端。水泵启动前，可通过旁通管用排水管中的存水向水泵充灌引水。

压力表 15 用于检测水泵出口的压力；真空表 14 用于检测水泵入口处的真空度。引水漏斗 11 用于充灌引水；放气栓 16 用于排出充灌引水时水泵内的空气。放水管 12 的作用是在检修水泵和管路时，把排水管中的存水放入吸水井。

2. 排水管路

排水管路是井底涌水的主要通道。

3. 排水泵站

排水泵站中布置有水泵和管路。

4. 井底水窝

井底水窝是保证矿井提升作业正常进行的辅助排水设施之一。

5. 水仓

水仓是容纳矿水的巷道。其作用是储水，同时还有一定的沉淀矿水中固体颗粒的作用。对于矿质较好的矿山，可不设沉淀池，而对于矿质较差的则需要设置沉淀池。

水仓就是坑内的储存水池，水泵从这里吸水；同时水仓又是沉淀池，因为矿坑水顺排水沟流动时有着很快的速度，其中带有较多泥砂微粒和碎小的木屑，当这种污水由水沟中流入水仓时，由于水仓的横断面远远大于水沟的断面，水流的速度便大为减小，使被带来的泥砂逐渐沉落于水仓底部，起到沉淀的作用，使进入水泵的水较为洁净。沉落的矿物小粒逐渐填满水仓，减少其有效容积，因此有必要定期清理水仓。为了在清理水仓时排水设备继续工作，水仓一般由两个独立部分组成，即 B1 及 B2 组（见图 4-12）。为了更好地澄清，水应在距水泵吸水地点最远 1、2 处流入水仓。

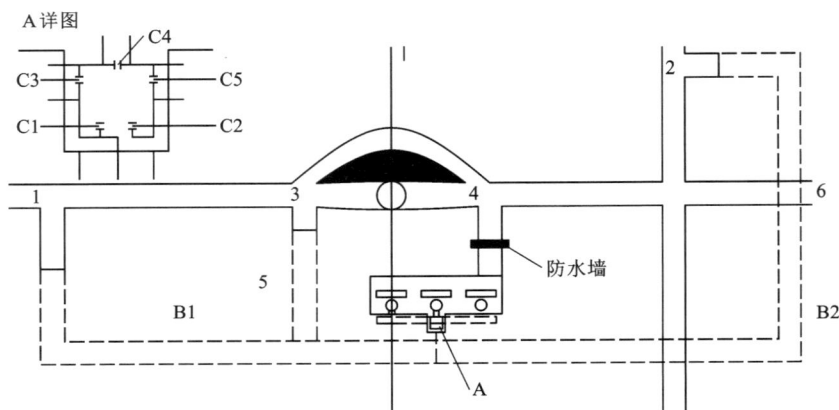

图 4-12　井下排水设施布置方式

6. 管子道

管子道是泵房与井筒相通的一条倾斜巷道，倾角一般为 25°~30°，排水管、电缆线等由此巷道敷入井筒。

4.2.3　矿山排水系统的分类

1. 排水方式

地下矿的排水方式，根据使用排水设备情况的不同，可以分为自流排水和机械排水两种，机械排水是利用水泵和排水管道将采场底部水仓中的水排至地表，而自流排水则是利用高差，通过一定的平巷使水流到地面，不需要使用排水机械设备。因此，自流排水具有投资省、经营费用少、管理简单和生产可靠等明显优势，在条件允许的情况下，如在使用平硐开拓的矿山应该尽量采用自流排水。

2. 排水系统

地下矿山排水系统包括：自流式排水和扬升式排水。

自流式排水经济、可靠，用水沟将水引至地面，无须使用机械进行辅助。

扬升式排水又分为直接排水和接力排水。

直接排水系统是指井下的涌水通过排水设备直接排到地面。如单水平开采的矿井，在开采第一水平时，就采用直接排水系统。直接排水系统是目前较普遍采用的排水系统，因该系统简单，开拓量小，管路敷设容易，基建投资低，便于管理，而且上、下水平的排水设备互不影响。

接力排水系统也称分段排水系统或者中转排水系统。接力排水系统，是指井下的涌水通过几段排水设备转排到地面，一般适用于矿井较深，又受到排水设备能力所限制的矿井排水。另外，多个水平同时进行开采时，为减少交通内管路敷设的趟数，也常常采用接力排水系统。

4.3　矿山供排水工程应用与发展

随着我国在智能开采和智能掘进技术方面不断取得重大突破，矿井各子系统智能化程度不均，矿井生产控制单一分散，各系统信息孤岛化等问题突显，因此需要建立智能一体化辅助生产系统，实现矿井所有设备的集中控制，数据的集中管理和信息的高度集成与共享，打破各系统信息壁垒，真正实现煤矿多系统智能化发展目标。

为了实现矿井生产控制由单一分散式向综合智能一体化的转变，设备应实现从就地单点控制到集中远程控制的转变，数据分析应实现从单一维度、平面式向多维度、立体式集成展示分析转变，形成矿井辅助生产系统的管控一体化平台，实现矿井井下与地面辅助系统的智能化建设。

在矿井智能一体化辅助生产系统建设过程中，矿山供排水系统也应作相应调整，以适应矿山整体的发展。本书作者认为矿山供排水系统的未来发展将主要体现在以下几个方面：

1）挖掘供排水节能潜力，做好矿山井下水复用

矿山供水主要指供给选矿厂、井下生产及其他方面用水，排水主要指井下涌水的排除。

供排水耗电为矿山用电的大部分,如某矿供排水年用电量约 190×10^4 kW·h,占生产用电的 19%左右。而矿山的供排水系统由于历史的局限性,缺乏整体考虑,造成一定程度的能源浪费,因此做好供排水系统的改造,挖掘其节能潜力,是节能的重要方面。

2)智能供排水系统

智能供排水系统主要是通过建立矿井供排水网络的三维智能管控平台,实现泵房及主要中转水仓的集中监控,加压泵房实现变频恒压供水,中转水仓实现一键启停,实现了无人值守,调度室实时监测水位、流量、电流、电压、故障状态等信息,达到了减员增效的目的,同时大幅提高了矿井的安全运行系数。

采用变频恒压自动供水系统自动根据用水量和管网水压进行转速调节,实现无人值守、节能降耗。如图 4-13 所示,变频恒压供水设备根据用水量的大小由 PLC 控制工作泵的数量增减及变频器对水泵的调速,实现恒压供水。当供水负载变化时,输入电动机的电压和频率也随之变化,从而构成了以设定压力为基准的闭环控制系统。

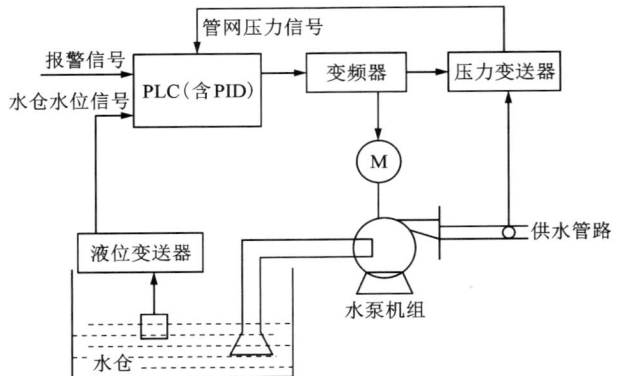

图 4-13 变频恒压自动供水系统

主排水泵房水泵的自动交替循环运行,实现泵房的无人值守。井下中转水仓通过水位传感器、管路流量监测等传感器的应用,实现了中转水仓的自动排水功能,减少了巷道内流动排水人员。巷道内各分散小水泵实现了自动排水及远程监测,方便井下分散小水泵的故障诊断及维护,减少了故障处理时间。

引进轮式智能巡检机器人对泵房进行全方位巡检,如图 4-14 所示。轮式智能巡检机器人按设定时间(3 h)和巡检轨迹对设备进行全面巡检 1 次,1 次巡检时间约 35 min。轮式智能巡检机器人对泵房仪器仪表、球阀、电动阀开停状态、管道跑冒滴漏进行检测识别,通过红外热成像可对泵房泵体、电缆、电动机、各类阀温度进行自动识别,通过拾音器可对现场离心泵运行异常声音进行监测判断,可实现双向对讲功能,也可实时监测泵房环境气体,包括甲烷、一氧化碳、氧气和硫化氢。

图 4-14 泵房轮式智能巡检机器人

3)矿山供排水整体解决方案

长沙佳能泵业立足于国内数字化矿山建设的需求,在国内提出"矿山排水整体解决方案"思路。结合近 30 年来在水泵、自动化产品研发方面的成功经验,以客户需求为中心,以矿用卧式多级离心泵(自平衡型)和自动化技术为纽带,将液位监测、流量监测、压力监测、电量监测、视频监测等技术进行优化、有机结合,安全、可靠、高效地实现矿山自动化排水和控制，开发出了一站式"矿山排水整体解决方案"，为客户提供"一站式"的服务。

矿山排水整体解决方案包括排水设备的设计选型、井下泵房无人值守及远程监控系统、矿山多级水源提升系统、井下泵房无线数据解决方案、矿用多级自平衡排水泵、井下泵房综合监控系统、矿山应急抢险救援系统等。

思考题与习题

1. 矿山供水系统根据其用途有哪些类别？

2. 矿山供水系统一般由哪些部分组成？

3. 矿山供水系统的供水方式有哪些？每种方式各有什么特点？各种方式适用于什么条件？

4. 分质供水、分压供水以及分区供水分别在什么情况下应用？

5. 影响供水系统布置的因素有哪些，请简要解释一下？

6. 简述一下矿山供水系统设计时需要考虑些什么因素？怎样保障当地居民和矿山的用水？

7. 地下矿山矿水的来源有哪些？矿山排水系统的任务是什么？

8. 地下矿山的排水方式有哪些？

9. 矿山排水系统由哪些部分组成？画出示意图并标注排水设备中不同的扬程。

10. 地下矿山排水系统分为几类？其分别有哪些特点？

11. 矿山供排水系统对于矿山生产有何意义？并且随着矿山开采进入深部环节，你认为目前的矿山供排水系统能在哪些方面做出改进？

12. 作为一个采矿工程师，从整个矿山的生命周期来讲，你认为通过哪些措施可以减少地下矿山的用水量与排水量？

13. 查阅文献，了解当下城市供排水工程发展现状，与当前矿山采用的供排水系统做对比，对今后矿山供排水系统发展，给出你的建议和意见。

第 5 章 矿用水泵的分类、结构与运行

通常把提升液体、输送液体或者使液体增加动能或势能的机器称为泵。

液体被提升，或者使液体克服流道阻力输向高处或远方，或者使液体本身增加压力，都需要消耗能量，所以，泵也可以说成是一种把原动机的能量转变为液体能量的设备。

水泵，就是用来供水、排水的泵。

矿用水泵可以用来输送清水、污水、水煤浆和泥浆等。由于矿井水在井下流动的过程中，会混入和溶解许多矿物质，或含有一定数量的矿物质颗粒、流砂等杂质，这就要求矿用水泵具有较强的抗腐蚀和耐磨性。

矿用水泵的扬程一般都在 1000 m 以下，但也有一些矿用水泵的排水扬程超过了 1000 m。

5.1 矿用水泵的分类及型号

5.1.1 矿用水泵的分类

泵是一种流体机械。它把原动机的机械能转化为被输送流体的能量，使流体获得动能或势能。由于矿用水泵品种系列繁多，对它的分类方法也各不相同。一般有以下几种分类方式：

1. 按泵的作用原理分类

1）叶片式

叶片式泵有叶轮，叶轮上均布置有叶片。它对流体的压送是靠装有叶片的叶轮高速旋转完成的。叶片式泵有离心泵、轴流泵、混流泵之分。

2）容积式

它对流体的压送是依靠泵体工作室容积的改变来完成的。一般使工作室容积改变的方式有往复运动和回转运动两种。往复式泵主要有活塞式、柱塞式等类型；回转式泵主要有齿轮泵和螺杆泵等类型。

3）其他类型泵

此类型是指除叶片式和容积式以外的特殊类型。属于此类的主要有螺旋泵、射流泵（又称水射器）、水锤泵、水轮泵以及气升泵（又称空气扬水机）等。其中除螺旋泵是利用螺旋推进原理来提高液体的位能以外，上述各种水泵的特点都是利用高速液流或气流体的动能或动量来输送液体的。在供排水工程中，结合具体条件应用这类特殊水泵来输送水或药剂（混凝剂、消毒药剂等）时，常常能起到良好的效果。

在上述众多的水泵类型中,用得最多的是叶片式水泵。在叶片式水泵中,用得最多的是离心式水泵。

2. 按水在水泵叶轮内部的流动方向分类

按水在水泵叶轮内部流动的方向不同进行分类,可分为离心式、轴流式和混流式水泵。

离心式水泵:水沿轴向进入叶轮,在叶轮内转为径向流向。

轴流式水泵:水沿轴向进入叶轮,经叶轮后仍沿轴向流出。

混流式水泵:水沿轴向进入叶轮,在叶轮中斜向流出。

3. 按结构形式分类

1)按水泵叶轮的数目分类

按水泵叶轮数目的多少分类,可分为单级泵和多级泵。

单级泵:只有一个叶轮,其扬程较低,一般在 8～100 m。

多级泵:由多个叶轮组成,泵的总扬程等于所有叶轮产生的扬程之和,其扬程较高,一般在 70～1000 m,有的可达到 1800 m 或更高。

2)按水泵传动轴的安装位置方式分类

按水泵传动轴的安装位置方式分类,可分为卧式水泵和立式水泵。

卧式水泵:传动轴水平安装的水泵。矿井所用水泵绝大部分是卧式水泵。

立式水泵:传动轴垂直安装的水泵。立式水泵又分为吊泵(如图 5-1 所示)、深井泵和潜水泵。吊泵多为多级立式离心水泵,常用于竖井井筒掘进时的排水。深井泵把泵和电动机装配在一起,且有可靠的密封结构,可以防止水进入电动机。潜水泵可以潜入水中进行排水,因此,在恢复淹没的矿井排水时使用潜水泵非常方便。

3)按叶轮的进水方式分类

按叶轮的进水方式分类,可分为单侧进水式水泵和双侧进水式水泵。

单侧进水式水泵(简称单吸泵,如图 5-2 所示):叶轮上只有一侧有进水口的水泵。单吸泵叶轮两侧产生压力差,水泵转子部分产生轴向力,需要采取平衡装置平衡其轴向力。单吸泵的过流部分结构简单,因此可用于泥浆泵、砂泵、立式轴流泵和小型标准泵。

双侧进水式水泵(简称双吸泵,如图 5-3 所示):叶

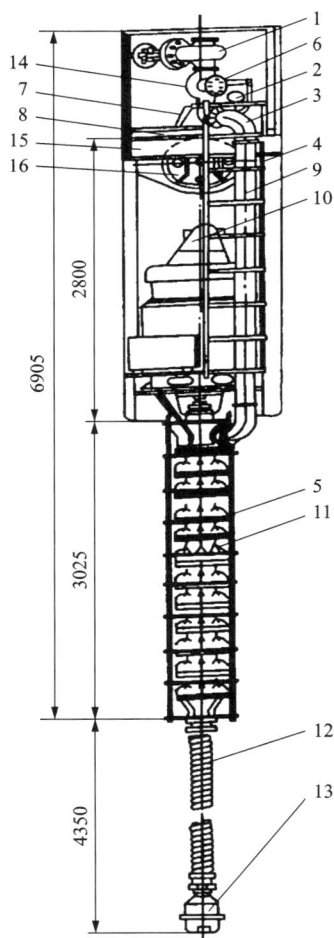

1—闸阀;2—压力表;3—弯头;4—上部梯子;5—下部梯子;6—直嘴旋塞;7—支持弯头;8—活动操作台;9—输水管;10—电动机;11—泵工作部分;12—吸水软管;13—底阀;14—逆止阀;15—吊架;16—吊挂绳轮。

图 5-1 吊泵(单位:mm)

轮两侧都有进水口的水泵。双吸泵不产生轴向力，不需要平衡装置，且流量比单吸泵大一倍。一般大口径泵、卧式泵均采用双吸水泵。

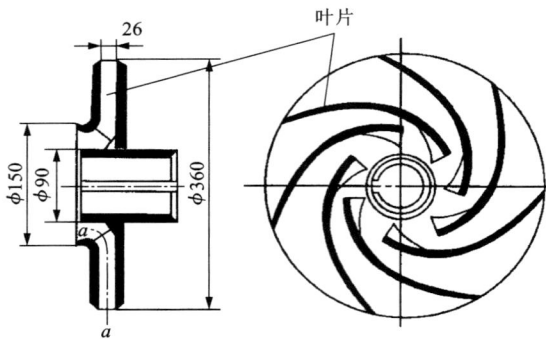

图 5-2　单侧进水式水泵叶轮(单位：mm)

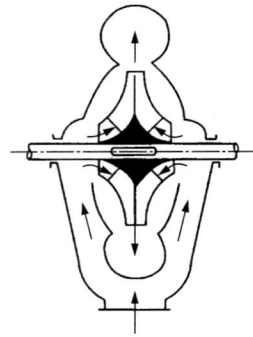

图 5-3　双侧进水式水泵示意图

4)按外壳的接缝形式分类

按外壳的接缝形式分类，可分为中开式水泵和分段式水泵。

中开式：以通过泵轴中心线的水平面作为泵壳接缝的水泵。

分段式：以垂直于泵轴中心线的平面作为泵壳接缝的水泵。

4. 按产生的压力大小分类

按产生的压力大小分类，可分为低压泵、中压泵和高压泵。

低压泵：扬程小于 100 m 的水泵。

中压泵：扬程为 100~650 m 的水泵。

高压泵：扬程大于 650 m 的水泵。

5. 按排水的介质性质分类

按排水的介质性质分类，可分为清水泵、渣浆泵(有时叫砂泵)和泥浆泵。

上述各类型泵的使用范围是很不同的。图 5-4 为常用的几种类型泵的总型谱图，可作为选择泵时的参考。由图 5-4 可见，目前定型生产的各类叶片式水泵的使用范围是相当广泛的，而其中离心泵、轴流泵、混流泵和往复泵等的使用范围各不相同。往复泵的使用范围侧重于高扬程、小流量；轴流泵和混流泵的使用范围侧重于低扬程、大流量；离心泵的使用范围则介于两者之间，工作区间最广，产品的品种、系列和规格也最多。

综上所述，可以认为，在城镇及工业企业的供水排水工程中，大量、普遍使用的水泵是离心泵和轴流泵两种。

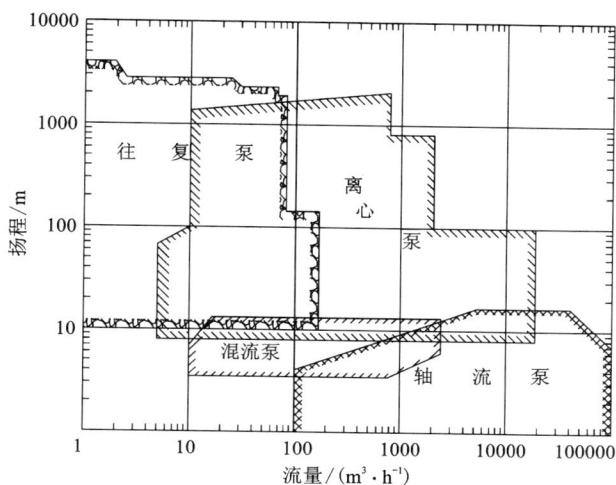

图 5-4　几种常用水泵的总型谱图

5.1.2　离心泵的分类

在众多的水泵类型当中，离心式水泵(离心泵)的应用最为广泛。这是因为在离心式水泵上可以集中体现出比其他的泵类更多的优点，这些优点主要有转速高、体积小、质量轻、效率高、流量大、结构简单、性能平稳、容易操作、便于维修、安装方便等。当然，离心泵也存在一些缺点，如普通离心泵在启动之前须抽空引水、液体黏度对泵的性能影响较大等。但相比之下，它的优点多于缺点，所以在国内外的泵类生产及应用中，离心泵一直都占多数。

离心式水泵的形式非常多，分类方式也多样，如按结构形式、安装方式、用途、制造材料分类等。离心式水泵按结构形式及安装方式分类，总体上可以分为卧式和立式两大类。其中用得最多的是卧式离心泵。不论是立式还是卧式，又都可以分为蜗壳式泵、导叶式泵两种，其中每一种又可进一步分为单吸和双吸，再向下又可分为单级和多级等等。离心式水泵用这种方式分类的情况参见图 5-5。

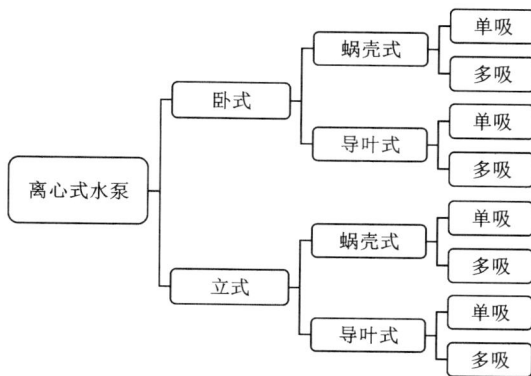

图 5-5　离心式水泵的分类

下面根据水流流出叶轮的方向(出流方向)对离心泵进行分类。泵壳和叶轮的设计决定了水流流过离心泵的方式。水流流过离心泵的方式有径向流、轴向流和混向流三种。

1.径流泵

在径流泵中，液体从叶轮的中心进入泵壳，然后沿着叶轮叶片以垂直于泵轴的方向被导出。典型径流泵的叶轮以及水流在径流泵内的流向如图5-6所示。

2. 轴流泵

在轴流泵中，叶轮把液体沿着与泵轴平行的方向推出。有时把轴流泵称为旋桨泵，因为轴流泵的运行原理与船只的螺旋桨基本是一样的。典型轴流泵的叶轮及水流在轴流泵内的流向如图5-7所示。

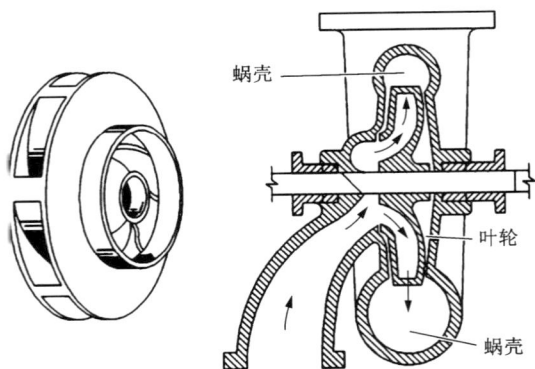

图5-6 径流式离心泵

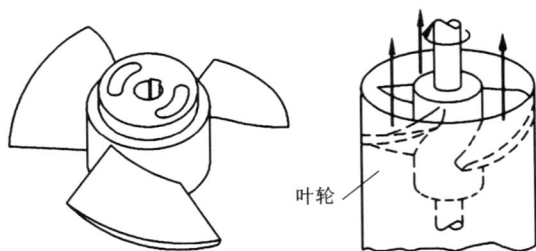

图5-7 轴流式离心泵

3. 混流泵

混流泵综合了径流泵和轴流泵的特性。当液体流过混流泵的叶轮时，叶轮的叶片推动液体远离泵轴，水流流出的方向与吸水方向的夹角大于90°。典型混流泵的叶轮及水流在混流泵内的流向如图5-8所示。

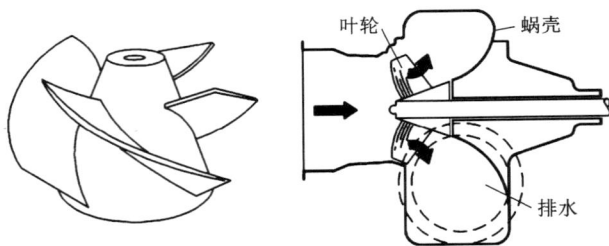

图5-8 混流式离心泵

5.1.3 矿用水泵的型号

水泵型号表明水泵的结构类型、尺寸大小和性能，但其编号方式尚未完全统一，故在水泵样本及使用说明书中，一般都应对该水泵型号的组成和含义加以说明。目前，我国多数水泵的结构类型及特征，在水泵型号中是用汉语拼音字母表示的（一般用水泵结构类型或结构特征的汉字第一个拼音字母来表示）。部分离心泵型号中的一些汉语拼音字母通常所代表的意义如表5-1所示。

表 5-1 部分离心式水泵型号中的一些汉语拼音字母及其意义

序号	字母	意义
1	B	单级单吸悬臂式离心泵
2	D	节段式多级泵
3	DG	节段式多级锅炉给水泵
4	DL	立轴多级泵
5	DS	首级用双吸叶轮的节段式多级泵
6	F	耐腐蚀泵
7	JG	长轴深井泵
8	KD	中开式多级泵
9	KDS	首级用双吸叶轮的中开式多级泵
10	QJ	井用潜水泵
11	S	单级双吸式离心泵
12	WB	微型离心泵
13	WG	高扬程横轴污水泵

但有些水泵型号并不按此规则给出,如有些按国际标准设计的水泵或从国外引进的水泵,其型号除少数用汉语拼音第一个拼音字母来表示外,一般均用表示该泵某些特性的外文缩略语来表示。如 IS 代表符合有关国际标准(ISO)规定的单级单吸悬臂式清水离心泵。

水泵型号中除用上述字母外,还用一些数字和附加的字母来表示该泵的大小和性能。现举例说明如下:

IS80—65—160

其中:IS 为符合 ISO 标准的单级单吸悬臂式清水离心泵;80 为泵吸入口直径,mm;65 为泵压出口直径,mm;160 为叶轮名义直径,mm。

300S32A

其中:300 为泵吸入口直径,mm;S 为单级双吸式离心泵;32 为泵扬程,m;A 为叶轮外径被车小后的规格标志(若是 B、C,则表示车小得更多些)。

D 型泵的型号表示有如下两种方式:

200D43 × 5

其中:200 为水泵吸水口直径,mm;D 为单吸多级分段式清水离心泵;43 为平均单级额定扬程,m;5 为水泵级数。

D280—65 × 5

其中:D 为单吸多级分段式清水离心泵;280 为水泵的流量,m^3/h;65 为水泵的单级扬程,m;5 为水泵级数。

5.2 矿用离心泵的结构构造与工作原理

离心泵是流体系统中最常见的一个组成部分。离心泵被广泛使用的原因之一是它可以在很大的流量和扬程范围内工作。矿井使用的水泵绝大部分是离心式水泵，下面以离心式水泵为例介绍水泵的结构构造与工作原理。

5.2.1 矿用离心泵的结构组成

矿用离心式水泵种类繁多，结构各异，但不论何种型号的矿用离心式水泵，它们的结构大同小异，图 5-9、图 5-10、图 5-11 分别为 D 型、S 型、IS 型水泵结构图。

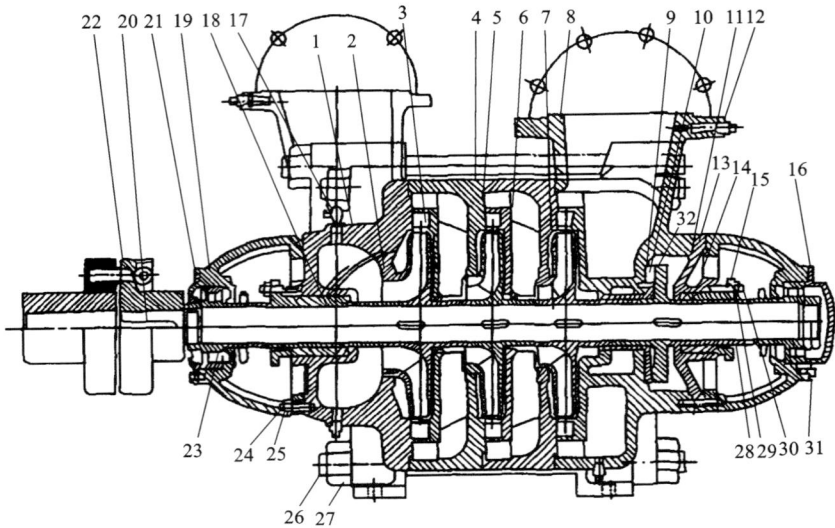

1—进水段；2—密封环；3—叶轮；4—中段；5—纸垫；6—导叶套；7—泵轴；8—出水段；9—平衡环；10—螺钉；11—纸垫；12—四方螺塞；13—尾盖；14—填料；15—填料压盖；16—无孔端盖；17—气嘴；18—填料环；19—轴承环；20—有孔端盖；21—平键；22—弹性联轴器部件；23—滚柱轴承；24—双头螺栓；25—螺母；26、27—拉紧螺栓；28—轴承；29、30—压盖螺栓；31—螺栓；32—平衡盘。

图 5-9 200D43 型三级泵结构图

下面详细介绍一些它们的共同之处。

1. 固定部件

1) 泵壳和蜗壳

离心泵的基本组成部分包括固定的泵壳和安装在旋转轴上的叶轮。泵壳体部分主要由轴承体、前段(进水段)、中段、后段(出水口)等组成，用螺栓将它们连接成整体。前段吸水口中心线水平，后段出水口中心线垂直向上。泵壳为离心泵提供一个压力边界，并正确地引导吸入流和排出流。泵壳上的进口和出口用来引导水流，泵壳上通常还要安装小的放水孔和排

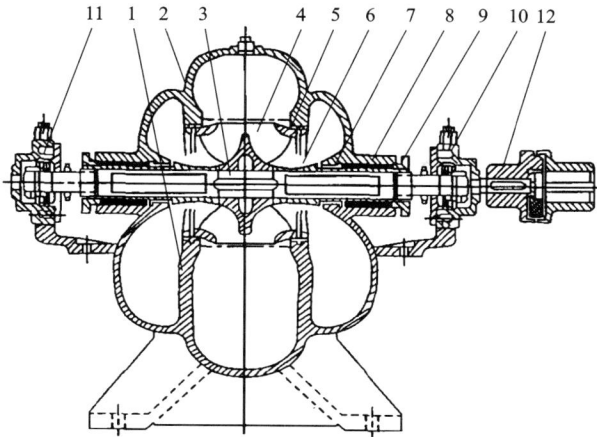

1—泵体；2—泵盖；3—轴；4—叶轮；5—双吸密封环；6—轴套；7—填料套；
8—填料环；9—填料压盖；10—右轴承体；11—左轴承体；12—联轴器。

图 5-10 S 型水泵结构图

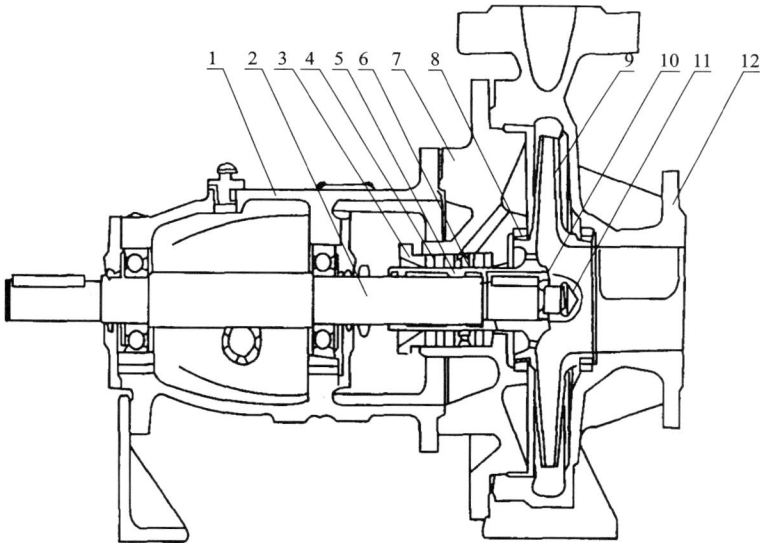

1—悬架部件；2—轴；3—填料盖；4—填料；5—轴套；6—填料环；7—泵盖；
8—密封环；9—叶轮；10—制动垫；11—叶轮螺母；12—泵体。

图 5-11 IS 型单级单吸卧式离心水泵结构图

气孔，用来放空泵壳内的水进行维护或排出困在泵壳内的气体。

图 5-12 为一个典型离心泵的简图，图中可以看出吸水口、叶轮、蜗壳和排水口的相对位置。泵壳引导液体从吸水管进入叶轮的中心——吸水口。旋转叶轮的叶片对液体施加径向力和旋转力，把液体甩向泵壳的外周，并在蜗壳进行收集。蜗壳是指围绕泵壳且横截面面积不

断扩大的一个区域。蜗壳的作用是收集从叶轮周边甩出的高速液体，并通过扩大过水断面面积来逐渐降低流速，进而把动压头转换为静压头，然后液体从离心泵的压水管排水。

可以为离心泵设计两个蜗壳，每个蜗壳都在任意给定的时间内收集从叶轮周围180°甩出来的水，这种形式的泵叫双蜗壳泵。在一些应用中，双蜗壳可以把施加到泵轴和轴承上的径向力最小化，该径向力是叶轮周围的压力不平衡造成的。在图5-13中对单蜗壳和双蜗壳进行了对比。

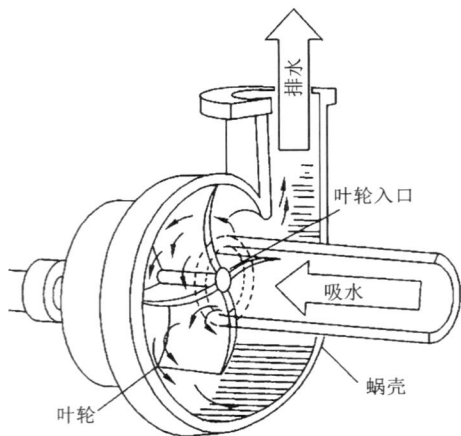

图 5-12　典型离心泵简图

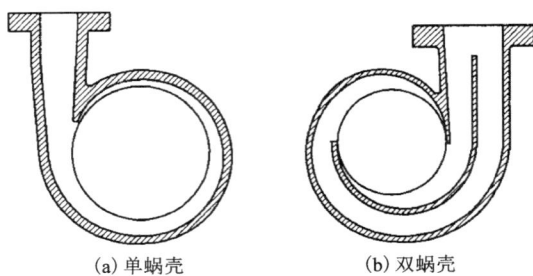

(a) 单蜗壳　　　　(b) 双蜗壳

图 5-13　单蜗壳和双蜗壳

2）导轮

部分离心泵泵壳内装有导轮，如图5-14所示。导轮是安装在叶轮周围的一些固定叶片，其作用是通过设置一个逐渐扩张的区域来为液体提供一个湍流较少的区域，进而降低流速，提高离心泵的效率。在设计导轮叶片时，应保证液体离开转轮后流过导轮时的过流面积不断扩大。过流面积的增加可以降低流速，并把动能转化为压能。

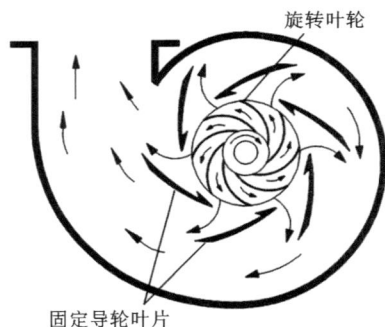

图 5-14　离心泵导轮

2. 转动部件

1）叶轮

可以根据进水口的数量以及叶轮叶片之间盖板的覆盖情况对离心泵的叶轮进行分类。叶轮可分为单吸式和双吸式。在单吸式叶轮中，液体只能从一个方向进入叶片的中心；在双吸式叶轮中，液体可以同时从叶轮的两侧进入叶片的中心。如图5-15所示为单吸式和双吸式叶轮示意图。

叶轮又可以分为敞开式、半开式和封闭式三种形式。敞开式叶轮仅包括安装在轮毂上的叶片；半开式叶轮仅在叶片的一侧装有圆形盖板（腹板）；封闭式叶轮在叶片两侧都有圆形盖板。图5-16为敞开式、半开式和封闭式叶轮简图。

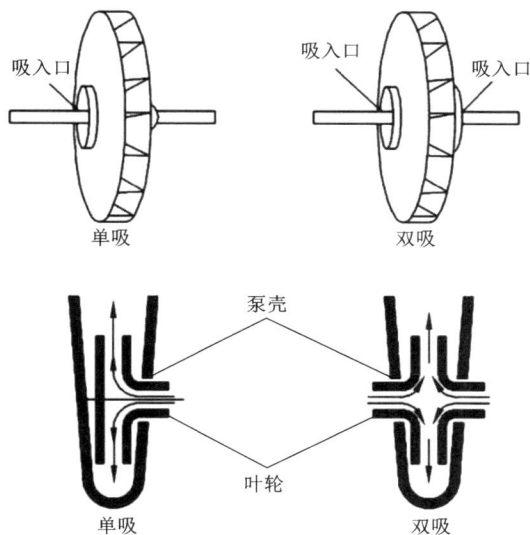

图 5-15　单吸式和双吸式叶轮

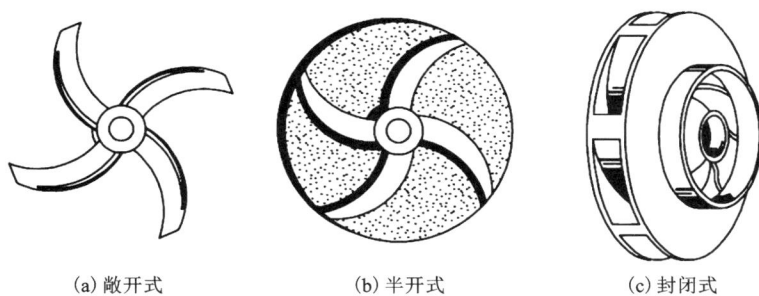

（a）敞开式　　　　　（b）半开式　　　　　（c）封闭式

图 5-16　敞开式、半开式和封闭式叶轮简图

2）泵轴

泵轴的作用是把原动机的输入功率传递给安装在泵轴上的叶轮。泵轴要承受几个应力：挠曲应力、剪切应力、扭曲应力、拉应力等。其中扭曲应力是最重要的，通常作为确定泵轴直径的基础。泵轴常用材料是 4140 碳钢和不锈钢，如 310、410 或 416。泵轴是水平放置还是垂直放置决定了是卧式泵还是立式泵。

3. 轴封装置

离心泵中常用的轴封装置有填料盒、填料和水封环，如图 5-17 所示。

1）填料盒

在几乎所有的离心泵中，驱动叶轮的旋转轴都要穿透泵壳的压力边界，因此在设计泵时，必须控制泵轴穿过泵壳的位置上沿着泵轴的液体渗透量。很多方法都可以用来对泵轴穿过泵壳的位置进行密封。需要考虑的因素包括被提升液体的压力和温度、泵的大小、被提升液体的化学和物理特性。

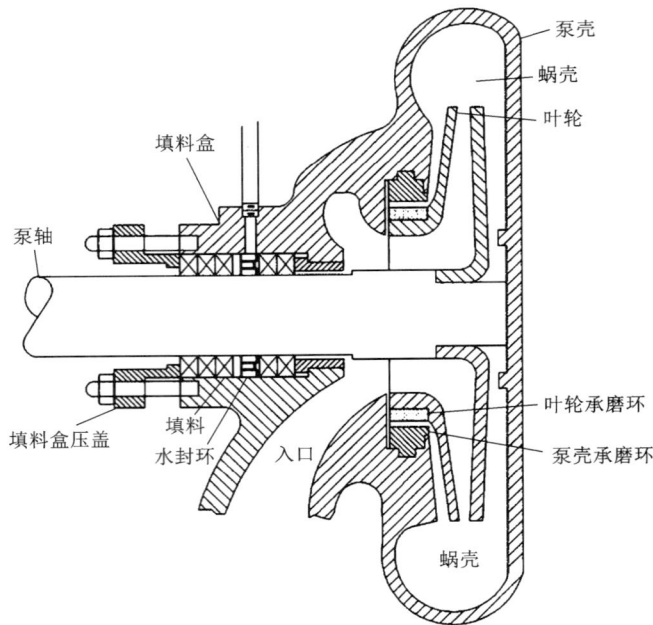

图 5-17 离心泵的组成部分

最简单的一种轴密封装置就是填料盒，填料盒是泵壳内围绕泵轴的一个圆柱形空间，空间内布满了一圈圈的填料。填料是放在填料盒内环形的或一股股的材料，用来形成密封以控制沿着泵轴的渗漏量。压盖用来压紧填料环。相应地，采用带有调节螺母的螺栓来固定压盖，如果拧紧调节螺母，螺母会向内挤压压盖，进而压缩填料，该轴向压缩使填料径向扩张，在旋转轴和填料盒内壁之间形成严密的密封。

高速旋转的轴与填料圈摩擦时会产生大量的热。如果不对填料进行润滑和冷却，填料的温度会升得很高，以至于破坏填料和泵轴，甚至可能破坏邻近的泵轴承。在设计填料盒时，经常允许少量可控的水可以沿着泵轴渗漏，对填料进行润滑和冷却。通过调整填料盖的松紧可以调节渗漏率。

2）水封环

并不是所有的离心泵的泵轴都可以采用标准的填料盒进行密封，有时泵的吸水侧可能为真空，这时水就不可能向外渗漏，或者提升的液体太热不能为填料提供足够的冷却。这时需要对标准的填料盒进行改进。

上述条件下对填料进行充分冷却的一个方法就是加装水封环，如图 5-17 所示。水封环是一个位于填料盒中心的中空穿孔环，用来从泵的出水侧或外部接收清洁的液体，并均匀地把液体分配到泵轴上进行润滑和冷却。进入水封环的液体可以冷却泵轴和填料、润滑填料，并密封泵轴和填料的连接处，当泵吸水侧的压力低于大气压时，还可以防止空气进入泵内。

3）机械密封

在某些情况下，不能用填料进行轴密封。另外一种常用的轴密封方法就是机械密封。机械密封包括两个基本部分：安装在泵轴上的旋转部分以及安装在泵壳上的固定部分。这些组件都有一个高度抛光的密封面。旋转组件和固定组件的抛光面之间相互接触,形成密封,控制沿泵轴方向的渗漏。

4.承磨环

离心泵由旋转的叶轮和固定的泵壳组成。为了保证叶轮在泵壳内能够自由转动,在叶轮和泵壳之间设计了一个小的缝隙。为了尽量提高离心泵的效率,有必要尽量减少从泵的高压侧或出水侧通过该缝隙回流到低压侧或吸水侧的渗漏量。

在叶轮和泵壳接触的地方几乎都会产生磨损或磨蚀。该磨损是由于液体从这个狭窄的缝隙中渗漏而产生的磨蚀或其他原因造成的。磨损使缝隙变得越来越大,渗漏量也越来越大。最终,渗漏量大到不能接受的程度,需要对泵进行维护。

为了尽量降低泵的维护成本,大多数离心泵都安装了承磨环(减漏环),如图 5-17 所示。承磨环是可以更换的圆环,安装在叶轮或泵壳上,在叶轮和泵壳之间形成一个小的运行缝隙,避免磨损叶轮或泵壳的本体材料。在泵的使用期内,要定期更换承磨环,从而避免更换价格较高的叶轮或泵壳。

5.轴向推力平衡装置

轴向推力在泵的稳定性方面具有很重要的作用。叶轮巨大的表面积使压力在叶轮盖板上积聚,在轴向对轴承产生很大的负荷。

不同形式的叶轮其负荷特性也不同。没有盖板的叶轮不会产生轴向负荷,因为没有可以形成压差的盖板。半开式叶轮的轴向推力特性最差,因为只有一个盖板,盖板的一侧在整个表面上形成排水压力,而在另一侧随着水流沿着径向流出,压力从吸水压力增加到排水压力,如图 5-18 所示。这个压差通常极大,会直接施加到轴承上。闭式叶轮带有前后两个盖板,轴向推力平衡比较简单,但是仍然需要采用某种形式的轴向力平衡装置。

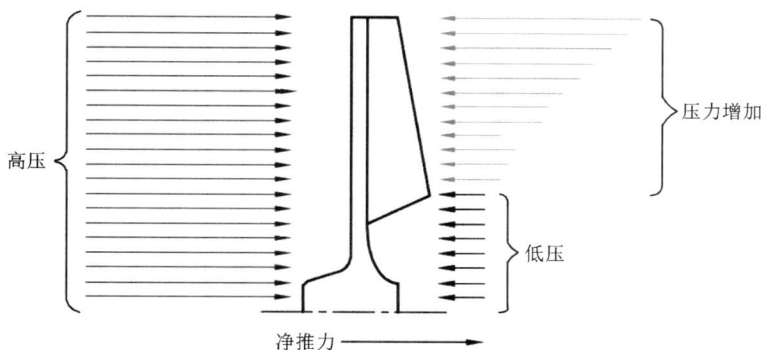

图 5-18　半开式叶轮上的轴向推力

在叶轮后盖板上安装的叶片就是一种轴向推力平衡装置。这些叶片把液体从叶轮的后面抽送到外径方向,因此降低了泵轴附近的压力,增加了出水直径方向的压力,这样就可以模拟叶轮前面的推力分布。这种设计方式通常应用于半开式叶轮。

另外一种比较流行的轴向推力平衡措施就是在叶轮的后盖板上开平衡孔,使叶轮后面的高压通过该平衡孔回流到吸水侧，如图 5-19 所示。大多数形式的推力平衡措施都会降低效率，增加泵的运行成本。但是这些平衡措施对水泵的机械完整性及对整个机组的稳定性是非常有用的。

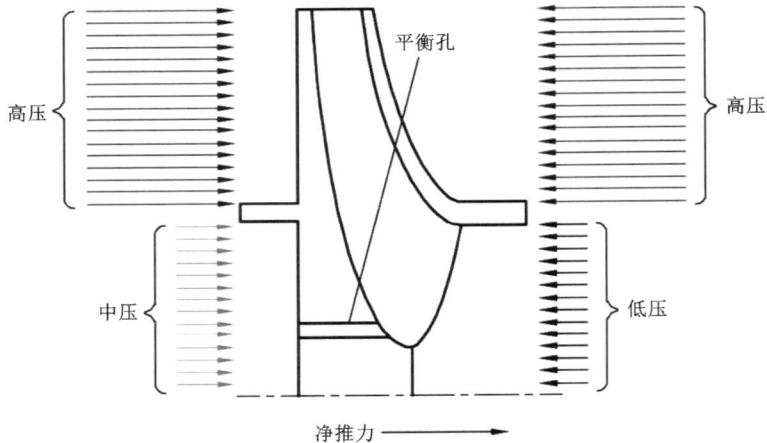

图 5-19　闭式叶轮上的轴向推力

6. 多级离心泵

要使只有一个叶轮的离心泵在吸水口和出水口之间形成大于 1.034 MPa 的压差是很困难的，其设计费用和建造费用都是非常高的。使一台离心泵形成高压的一个更加经济的方法就是在相同泵壳内的同一个泵轴上安装多个转轮。泵壳的内部流道把从一个叶轮甩出的水导向下一个叶轮的吸水口。图 5-20 给出了一台四级泵叶轮的布置情况。水从泵的左上侧进入，从左到右流过串联的四个叶轮。水沿着蜗壳流动，从一个叶轮的出水口流到另一个叶轮的吸水口。

把离心泵中一个叶轮以及其相关部件组成的整体称作泵的一级。大多数的离心泵都是单级泵，只有一个叶轮。有一个泵壳和七个叶轮的泵称为七级泵或多级泵。

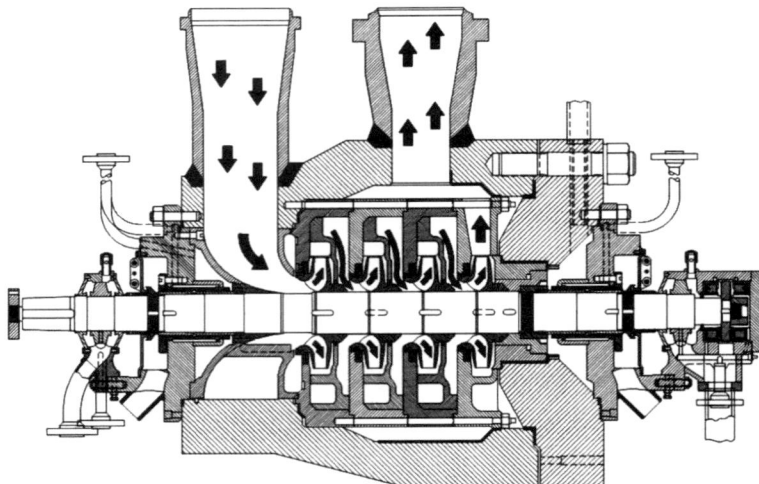

图 5-20　多级离心泵

5.2.2 矿用离心泵的基本性能参数

泵作为提高流体能级的机械，流体的能级主要表现为势能(压力和位能)，其中泵以扬程表示，所以扬程是泵最基本的性能指标之一。泵排出流量也是最基本的性能指标之一。叶片式泵是通过叶轮的旋转来提高流体能级并使其流动的，所以转速也是它的基本参数。当然，功率和效率也是它的基本参数。叶片式泵的基本理论就是分析流体通过叶片泵时如何使它的能级提高，以及分析上述基本性能参数之间的关系。

表征叶片泵基本性能的工作参数包括流量、扬程、功率、效率、转速等。现将各参数的物理意义分述如下。

1. 流量

流量是指水泵在单位时间内能抽出多少体积或质量的液体，用符号 Q 表示，单位有 L/s、m^3/s、m^3/h、t/h 等。各单位之间的关系是：$1\ L/s = 0.001\ m^3/s = 3.6\ m^3/h = 3.6\ t/h$。

水泵铭牌上的流量是指设计流量，又称额定流量，水泵在这一流量下运行时效率最高。

2. 扬程(水头)

扬程又称水头，是指被抽送的单位重量液体从水泵进口到出口能量增加的数值。它表征泵本身的性能，只和进、出口处的液体的能量有关，而和抽水装置无直接关系。但是，利用能量方程，可以用抽水装置中液体的能量表示泵的扬程，以符号 H 表示，单位是 mH_2O（$1\ mH_2O = 9.80665\ kPa$），习惯上简称为 m。

水泵扬程的高低与水泵的型号、叶轮的直径、叶轮的数量(也叫级数)以及水泵的转速有关。叶轮的直径大，级数多，转速高，水泵的扬程就高，反之则低。水泵的扬程也会随着流量的变化而变化。水泵铭牌上所标注的水泵的扬程数值通常指的是该水泵在最高效率点运转时所能产生的扬程。水泵扬程的几种表示如图 5-21 所示。

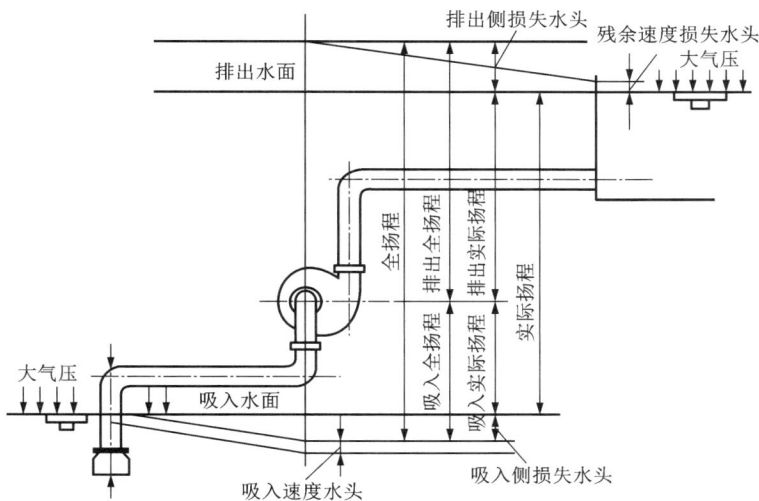

图 5-21 水泵扬程示意图

1）吸水扬程（吸水高度）

用符号 H_x 表示，指的是从水泵轴心线到吸水井水面之间的垂直高度（m）。

2）排水扬程（排水高度）

用符号 H_p 表示，指的是从水泵轴心线到排水管出水口处之间的垂直高度（m）。

3）实际扬程（测地高度）

用符号 H_a 表示，指的是从吸水井水面到排水管出水口处之间的垂直高度（m）。也就是说，实际扬程是吸水扬程与排水扬程的数量之和。用公式表示如下：

$$H_a = H_x + H_p \tag{5-1}$$

4）损失扬程

用符号 H_1 表示，指的是水流过管路和管路附件时所损失掉的扬程（m）。

5）速度扬程

用符号 H_d 表示，指的是水在管路中以速度 v 流动时所需的扬程（m）。

6）总扬程

用符号 H 表示，指的是实际扬程 H_a、损失扬程 H_1 和速度扬程 H_d 之和（m），即

$$H = H_a + H_1 + H_d$$

或

$$H = H_x + H_p + H_1 + H_d \tag{5-2}$$

3. 功率

水泵在单位时间内所做的功的大小，叫作水泵的功率。对于一台整套水泵（包括与之配套的电动机）的功率而言，水泵的功率可分为轴功率、有效功率和选配功率。

（1）轴功率（N_z）：指电动机直接传递供水泵轴上的功率。

（2）有效功率（N_x）：指水泵在单位时间内对流过水泵内的水所做的有效功的大小。

（3）选配功率：指所选配的电动机的功率。为了保证水泵的可靠运转，所选配电动机的功率要略大于水泵的轴功率，一般为轴功率的 1.25 倍。

4. 效率

水泵的效率是指水泵的有效功率与水泵的轴功率之比的百分数，用符号 η 表示，其公式为：

$$\eta = \left(\frac{N_x}{N_z}\right) \times 100\% \tag{5-3}$$

水泵的效率总是小于 1，它反映出水泵性能的好坏和电能利用的情况。矿用离心式水泵的效率一般在 60%~80%，近年来生产的新型高效水泵的效率有的已超过 80%，在选用水泵时，应尽可能选用高效泵。

5. 转速

转速是指水泵叶轮每分钟的转数，用符号 n 表示，单位是 r/min。矿用离心式水泵一般都是与电动机直接相连，所以离心式水泵的转速就是电动机的转速。矿用离心式水泵使用的电动机的级数多为二级或四级，其对应的转速为 2900 r/min 或 1450 r/min。

6. 比转数（或叫比速）

当水泵的扬程为 1 m，流量为 0.075 m^3/s 时，水泵所需的转速叫作这台水泵的比转数，用符号 n_s 表示。比转数与水泵的转速是两个概念，注意将它们区分开，比转数大的水泵，其转速不一定高；反之，比转数小的水泵，其转速也不一定低。比转数与水泵的性能及其变化规律和叶轮形状等有较大关系。

对于同一进水口径的水泵，如果它们的流量相差不是很大，比转数越小，则扬程越高，轴功率也越大；比转数越大，则扬程越低，轴功率也越小。

7. 汽蚀余量（NPSH）

水泵的汽蚀余量（NPSH）是指水泵吸入口的液体压力与液体蒸汽压力的差值，单位为液柱高度。在"离心泵的空化与汽蚀余量"一节中将详细地进行探讨。

5.2.3　矿用离心泵进行能量转换的基本理论

本小节介绍矿用离心泵进行能量转换的基本理论。离心泵工作时，能量以机械能的形式传递给泵轴。在叶轮内部，该能量被转换为内能（静压力）和动能（速度）。该过程可以用欧拉方程来解释。叶轮进出后的速度三角形可以用来解释泵的方程，计算无损失理论扬程和功率消耗。速度三角形还可以用来预测转速、叶轮直径和宽度改变时泵的性能。

1. 速度三角形

图 5-22 为进口和出口速度三角形的实例。图中 U 代表叶轮的切线速度。绝对速度 C 是相对于周边环境的流体速度。相对速度 W 是流体相对于旋转叶轮的速度。角 α 和 β 为流体的绝对速度和相对速度与切线方向的夹角。可以采用矢量相加的方法，使这些速度矢量形成叶轮进口和出口的速度三角形。

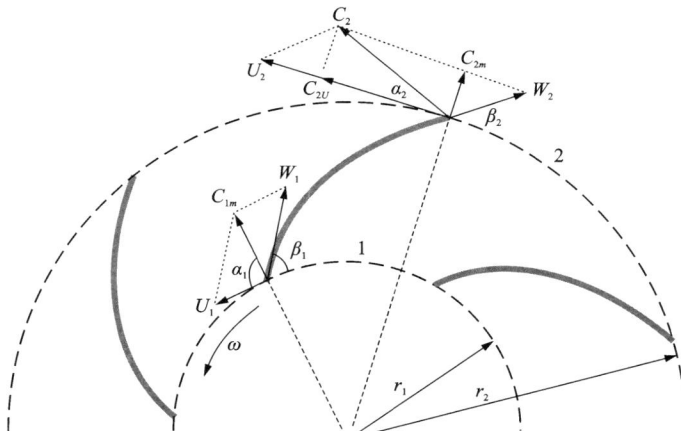

图 5-22　叶轮进口和出口的速度三角形

画出叶轮进口和出口的速度三角形后，采用欧拉公式可以计算出泵的特性曲线。

1）进口

通常假设叶轮进水没有漩涡分离，即 $\alpha_1 = 90°$，如图5-22中位置1上的速度三角形。通过进口的流量和环形区域的面积可以计算出 C_{1m} 的值。

不同的叶轮形式（径向叶轮或半轴向叶轮）计算环形区域面积的方法也不同，如图5-23所示。对于径向叶轮：

$$A_1 = 2\pi r_1 b_1 \tag{5-4}$$

式中：r_1 为叶轮进口边的半径，m；b_1 为叶槽进口宽度，m。

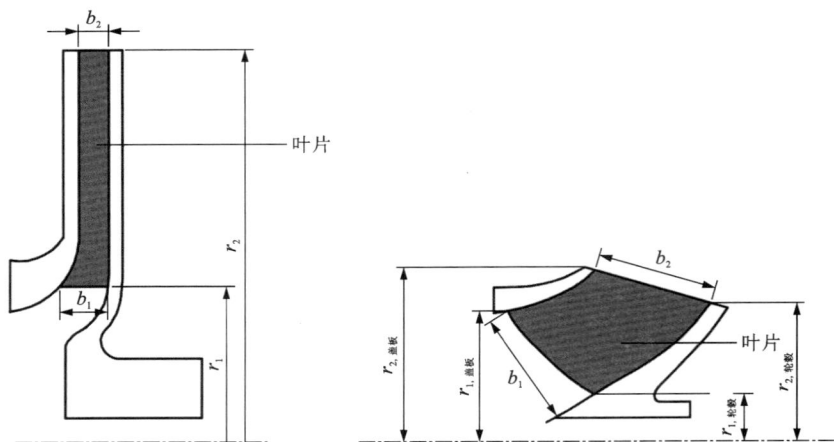

图5-23 径向叶轮（左）与半轴向叶轮（右）

对于半轴向叶轮，有

$$A_1 = 2\pi \left(\frac{r_{1,轮毂} + r_{1,盖板}}{2} \right) b_1 \tag{5-5}$$

所有水流必须流过这个环形区域，C_{1m} 的计算公式为：

$$C_{1m} = \frac{Q_{叶轮}}{A_1} \tag{5-6}$$

切线速度 U_1 为半径和角速度的乘积：

$$U_1 = 2\pi r_1 \frac{n}{60} = r_1 \omega \tag{5-7}$$

式中：ω 为角速度，rad/s；n 为转速，r/min。

画出图5-24所示的速度三角形后，根据 α_1、C_{1m} 和 U_1，可以计算出相对进水角 β_1。如果进口没有漩涡（$C_1 = C_{1m}$），则

$$\tan\beta_1 = \frac{C_{1m}}{U_1} \tag{5-8}$$

2）出口

和进口类似，出口速度三角形在图5-22中点2的位置上。

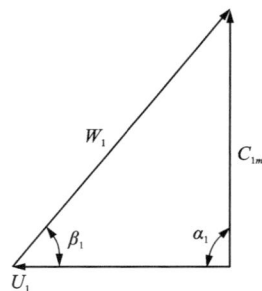

图5-24 进口速度三角形

对于径向叶轮，出口区域的面积为：

$$A_2 = 2\pi r_2 b_2 \tag{5-9}$$

对于半轴向叶轮：

$$A_2 = 2\pi \left(\frac{r_{2,\text{轮毂}} + r_{2,\text{盖板}}}{2} \right) b_2 \tag{5-10}$$

采用与进口同样的方法计算 C_{2m}，具体计算公式如下：

$$C_{2m} = \frac{Q_{\text{叶轮}}}{A_2} \tag{5-11}$$

根据下式计算切线速度 U_2：

$$U_2 = 2\pi r_2 \frac{n}{60} = r_2 \omega \tag{5-12}$$

在设计开始阶段，假设 β_2 与叶片安装度相同。采用下式计算相对速度 W_2 和 C_{2U}：

$$W_2 = \frac{C_{2m}}{\sin \beta_2} \tag{5-13}$$

$$C_{2U} = U_2 - \frac{C_{2m}}{\tan \beta_2} \tag{5-14}$$

据此可以确定并画出出口速度三角形，见图 5-25。

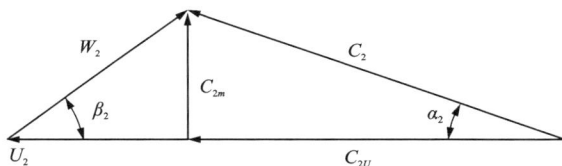

图 5-25　出口速度三角形

2. 泵的欧拉方程

欧拉方程是泵设计时最重要的方程。可以采用不同的方式推导该方程。这里采用的方法为限制叶轮的控制体积以及描述进口和出口处的流体力和速度三角形的动量矩方程。

控制体积是用来建立平衡方程的一个假想的有限体积（叶槽）。可以为扭矩、能量及其他相关的流动参数建立平衡方程。动量矩方程是把质量、流量和流速与叶轮直径相互关联起来的一个平衡方程。经常采用控制体积来描述叶轮，如图 5-26 中的 1 和 2 之间的控制体积。

驱动轴传来的扭矩 T 相当于流体流过叶轮时产生的扭矩，此时质量流量为 $m = rQ$，即

$$T = m(r_2 C_{2U} - r_1 C_{1U}) \tag{5-15}$$

把扭矩与角速度相乘就可以得到轴功率 P_2。同时，半径与角速度的乘积为切线速度，$r_2 \omega = U_2$，所以

$$\begin{aligned} P_2 = T\omega &= m\omega(r_2 C_{2U} - r_1 C_{1U}) = m(\omega r_2 C_{2U} - \omega r_1 C_{1U}) \\ &= m(U_2 C_{2U} - U_1 C_{1U}) = Q\rho(U_2 C_{2U} - U_1 C_{1U}) \end{aligned} \tag{5-16}$$

根据能量方程，给液体增加的水功率 P_{hyd} 可以写成叶轮内压力的增值 ΔP_{tot} 与流量 Q 的

乘积：

$$P_{hyd} = \Delta P_{tot} Q \qquad (5-17)$$

扬程 H 的定义为：

$$H = \frac{\Delta P_{tot}}{\rho g} \qquad (5-18)$$

因此水功率的表达式可以写成：

$$P_{hyd} = QH\rho g = mHg \qquad (5-19)$$

假设流动没有能量损失，则水功率与机械功率相等：

$$P_{hyd} = P_2$$
$$mHg = m(U_2 C_{2U} - U_1 C_{1U})$$
$$H = \frac{U_2 C_{2U} - U_1 C_{1U}}{g} \qquad (5-20)$$

该方程就是欧拉方程，表示的是叶轮的进口和出口的切线速度和绝对速度与扬程的关系。

如果对速度三角形采用余弦关系，泵的欧拉方程可以写成以下三个分量的总和：

$\dfrac{U_2^2 - U_1^2}{2g}$ —— 离心力引起的静扬程；

$\dfrac{W_2^2 - W_1^2}{2g}$ —— 叶轮内流速变化引起的静扬程；

$\dfrac{C_2^2 - C_1^2}{2g}$ —— 动扬程。

$$H = \frac{U_2^2 - U_1^2}{2g} + \frac{W_2^2 - W_1^2}{2g} + \frac{C_2^2 - C_1^2}{2g} \qquad (5-21)$$

如果叶轮内没有水流流过并且假设进水没有漩涡分离，则根据公式（5-20）扬程仅取决于切线速度，式中 $C_{2U} = U_2$：

$$H = \frac{U_2 C_{2U}}{g} \qquad (5-22)$$

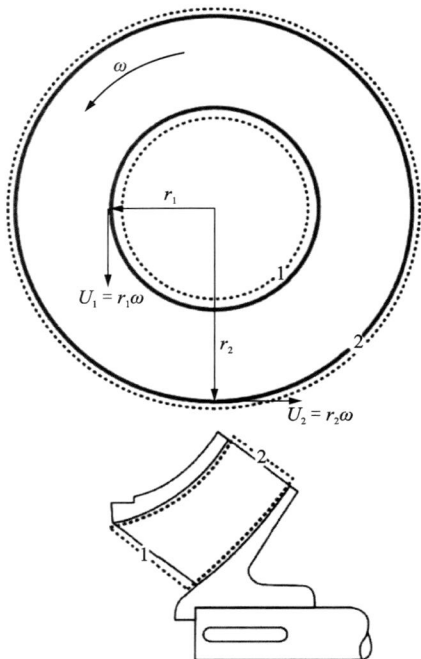

图 5-26　叶轮的控制体积（叶槽）

3. 叶片形状与泵的扬程曲线

如果假设进水没有漩涡分离（$C_{1U} = 0$），泵的欧拉方程（5-20）与公式（5-9）、公式（5-11）和公式（5-14）表明扬程随流量线性变化，且坡度取决于出水角 β_2，则

$$H = \frac{U_2^2}{g} - \frac{U_2}{\pi D_2 b_2 g \tan(\beta_2)} Q \qquad (5-23)$$

图 5-27 和图 5-28 给出了泵的理论扬程曲线和叶片形状与出水角 β_2 的关系。由于不同的损失、反旋、内旋等，实际的扬程曲线是弯曲的。

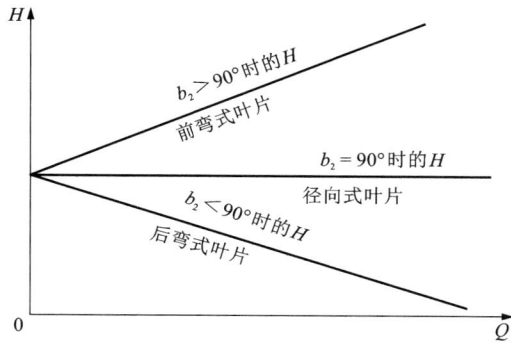

图 5-27 泵的理论扬程曲线

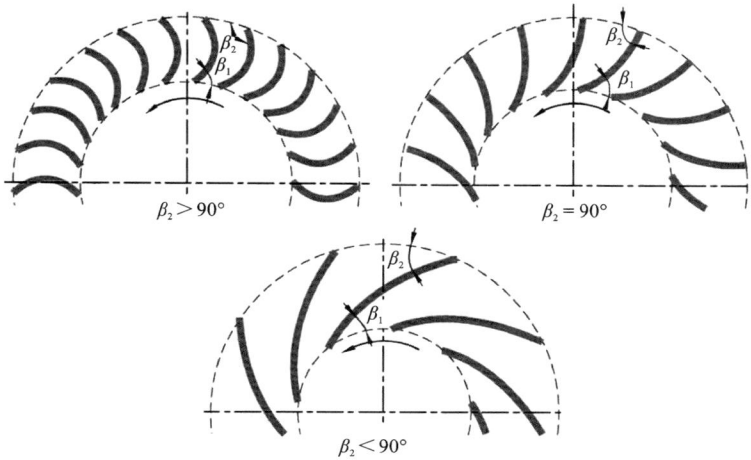

图 5-28 叶片形状与出水角 β_2 的关系

4. 反旋

在推导泵的欧拉方程时,假定液流随着叶片流动。但是由于进水角小于叶片安放角,实际上并非如此。这种状态称为反旋。然而,进水角与安放角密切相关。对于叶片无限多、叶片无限薄的叶轮,流线与叶片的形状是相同的,如图 5-29 所示。

在叶片有限多、有限厚的实际叶轮

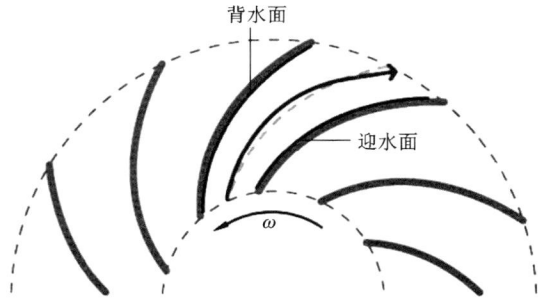

图 5-29 理想流线和实际流线

中,液流不会完全沿着叶片的方向流动。叶轮出口的切向速度以及扬程都会因此而减小。下面给出了形成反旋的一个可能成因。

液流在叶槽内流动时，叶轮叶片的迎水面和背水面上的压力和流速会产生差别。叶片迎水面上的压力偏高、流速偏低，而背水面上的压力偏低、流速偏高。结果是形成围绕叶片的环流，以及任意半径处速度的不均匀分布。这种情况下，出口处的平均流向从出口处的叶片安放角 β_2 变为另外一个角 β_2'，如图 5-30 所示。因此，出口处的切向速度分量 C_{2U} 降为 C_{2U}'，如图 5-30 中的速度三角形所示。切向速度分量的差值 ΔC_{2U} 定义为反旋。反旋系数 σ_s 的定义为：

$$\sigma_s = \frac{C_{2U}'}{C_{2U}} \tag{5-24}$$

考虑反旋系数 σ_s 后，泵传递给液体的工作扬程（欧拉扬程）变为 $\sigma_s C_{2U} U_2 / g$。反旋系数的典型值为 0.9。

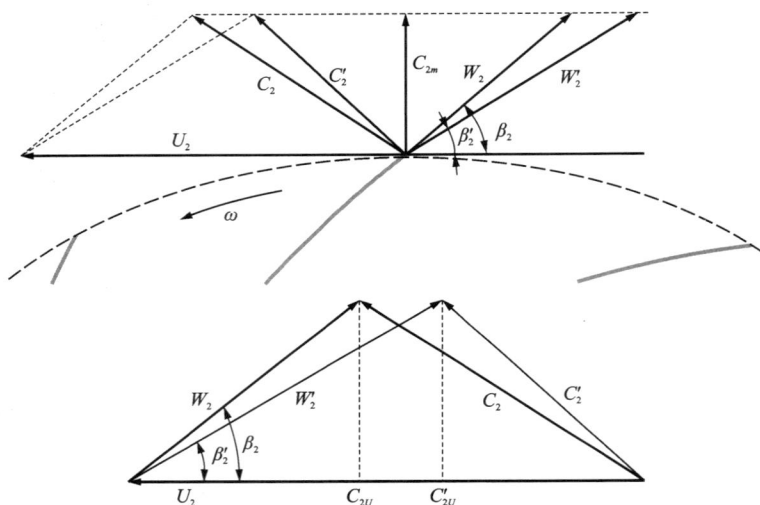

图 5-30　出口速度三角形

5. 离心泵的比转速

离心泵比转速的概念与水轮机相同，区别在于离心泵中的相关参数为 n_s、H 和 Q，而水轮机中为 n、H 和 P。

对于泵来说：

$$n_s = \frac{nQ^{\frac{1}{2}}}{H^{\frac{3}{4}}} \tag{5-25}$$

式中：n_s 为比转速，无量纲；n 为泵的转速，rad/s；Q 为最高效率点的流量，m^3/s；H 为最高效率点的扬程，m。

转轮的形状对比转速的影响也和水轮机类似，即径流式（离心）叶轮的比转速比轴流式叶轮的比转速低。一般情况下，离心泵更适应中等流量、高扬程的情况，而轴流泵更适应大流量、低扬程的情况。与水轮机类似，需求一定时，比转速越高，机组越紧凑。对于多级泵，比转速是指单级的比转速。

根据比转速可以推测出叶轮的形状以及泵扬程曲线的形状，如表 5-2 所示。

表 5-2　叶轮形状、出口速度三角形和性能曲线都是比转速的函数

叶轮形状	n_s	出口速度三角形	性能曲线
$d_2/d_1 = 2.0 \sim 3.5$	15		
$d_2/d_1 = 1.5 \sim 2.0$	30		
$d_2/d_1 = 1.3 \sim 1.5$	50		
$d_2/d_1 = 1.1 \sim 1.2$	90		
$d_2 = d_1$	110		

比转速低的泵称为低比转速泵，这种泵的出口是径向的，而且出口直径比进口直径大。扬程曲线相对平缓，在整个流量范围内功率曲线的坡度都是正值。

相反，比转速高的泵称为高比转速泵，这种泵的出口越来越趋向于轴向，与宽度相比出口直径较小。扬程曲线通常是下降的，倾向于形成鞍点。随着流量的增加性能曲线下降。不同尺寸和不同形式的泵有不同的最大效率。

5.2.4 泵的能量损失

泵的欧拉方程对叶轮的性能进行了简单描述，并且忽略了能量损失。现实中，叶轮和泵壳内存在很多机械损失和水力损失，所以泵的性能要低于泵的欧抗方程所预测的值。这些损失使实际扬程低于理论扬程，并产生较大的功率消耗，如图 5-31 和图 5-32 所示，最终导致效率降低。

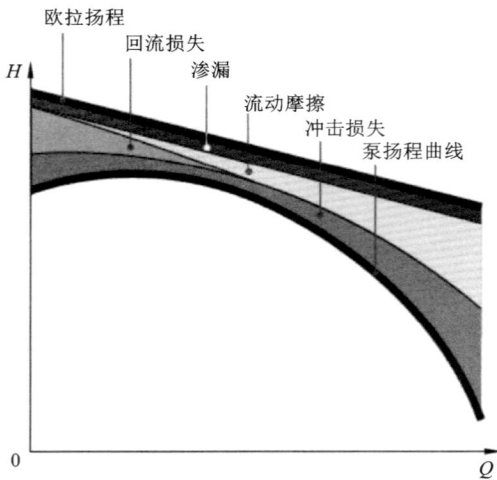

图 5-31　损失造成理论欧拉扬程的降低

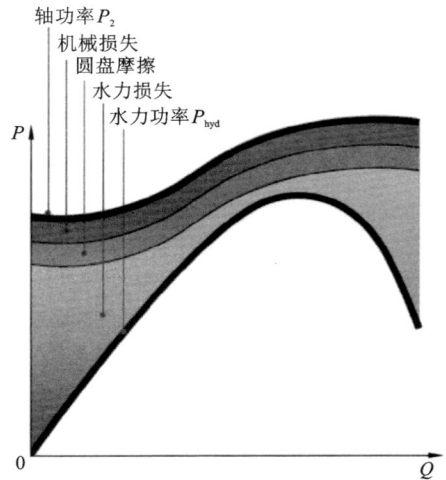

图 5-32　损失造成功率消耗的增加

1. 能量损失的类型

泵的能量损失可以分为两种主要类型：机械损失和水力损失。这两种损失还可以进一步细分。机械损失可以进一步分为轴承损失和轴封损失，他们都会使功率消耗增加。水力损失可以进一步分为流动摩擦损失（摩阻损失）、混合损失、回流损失、冲击损失、圆盘摩擦损失和渗漏损失（容积损失）。前四种水力损失会降低水头，圆盘摩擦损失会增加功率消耗，而渗漏损失会减小流量。

泵的性能曲线中每种类型的能量损失都可以通过理论或经验计算模型进行预测。实际性能曲线取决于模型的详细程度，以及对实际泵型描述的程度。

从图 5-33 中可以看到泵内产生机械损失和水力损失的部件。这些部件包括轴承、轴封、前后腔密封、入口、叶轮和蜗壳或回流流道。本章中其他部分都将采用此图来说明每种类型的能量损失。

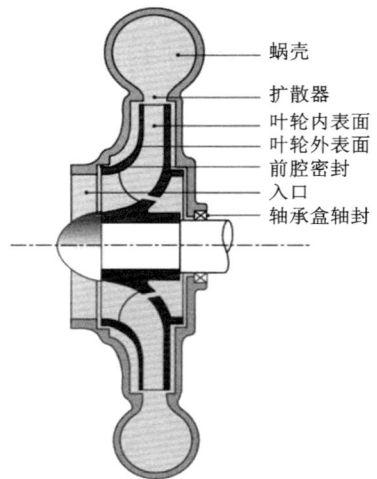

图 5-33　产生能量损失的部件

2. 机械损失

泵的联轴器或驱动包括轴承、轴封和齿轮，不同种类的泵可能不同。这些部件都会产生机械摩擦损失。下面仅讨论轴承和轴封中的损失，如图 5-34 所示。

轴承和轴封损失也被称为附加损失，是由摩擦造成的。通常把该损失模拟为一个常数附加在功率消耗中。但是，损失的大小随压力和转速而改变。

下面的模型可以用来估计轴承和轴封的损失造成的功率需求的增量：

$$P_{机械损失} = P_{轴承损失} + P_{轴封损失} = 常数 \tag{5-26}$$

式中：$P_{机械损失}$ 为机械损失造成的功率需求的增量；$P_{轴承损失}$ 为轴承的功率损失，W；$P_{轴封损失}$ 为轴封的功率损失，W。

3. 水力损失

沿着泵内的流道方向水力损失在不断地增加。摩擦将造成水力损失，流体在流道内改变方向和流速时也将造成水力损失。截面面积的改变以及水流流过旋转的叶轮将导致流速和方向的改变。下面按水力损失的生成方式，对单个水力损失分别进行描述。

1) 流动摩擦

流体与旋转叶轮表面和泵壳的内表面相接触的地方会产生流动摩擦，如图 5-35 所示。流动摩擦将产生一个压力损失，从而使扬程降低。摩擦损失的大小取决于表面的粗糙度和液体相对于表面的流速。

2) 截面扩张处的混合损失

对于理想流体，压能、动能和势能之和为常数(伯努利方程)，因此在泵内的截面扩张处(见图 5-36)动能被转换为静压能，转换时将伴随产生混合损失。原因是横截面面积扩大时会产生速度差异，如图 5-36 所示。图中为一个截面面积突然扩大的扩散器，由于所有的水粒子不再以同样的速度移动，流体内的分子之间将产生摩擦，造成排出扬程损失。

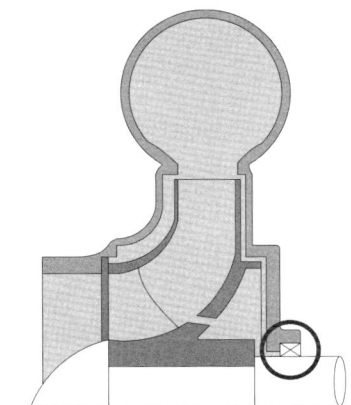

| 图 5-34 轴封、轴承位置 | 图 5-35 流动摩擦部位 | 图 5-36 泵截面扩张部位 |

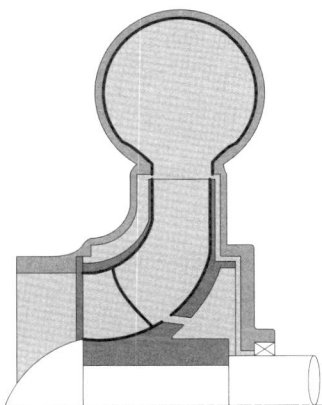

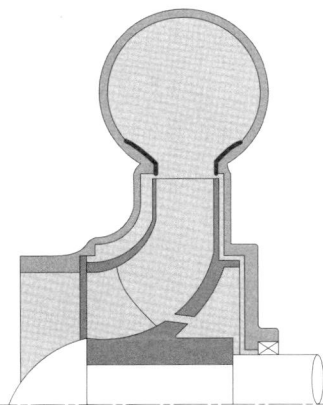

即便截面扩张后速度剖面将逐渐趋于平稳，如图 5-37 所示，还是会有一部分动能转化为热能，而不是静压能。在泵的很多部位都存在混合损失：在叶轮出口流体流入蜗壳的位置

或回流流道，以及导叶处。在设计液压元件时，提供一个小而光滑的截面扩张是很重要的。

3）截面收缩处的混合损失

水流接近几何边缘时形成涡流，将造成截面收缩处的扬程损失，如图5-38所示。

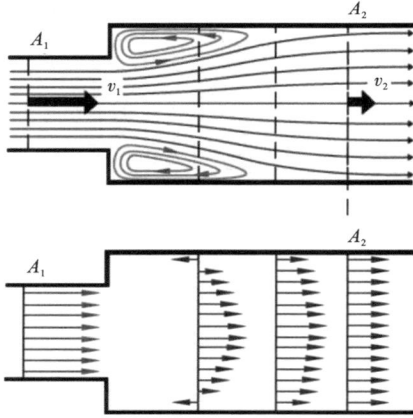

图5-37　突然扩张后截面扩张处的混合损失

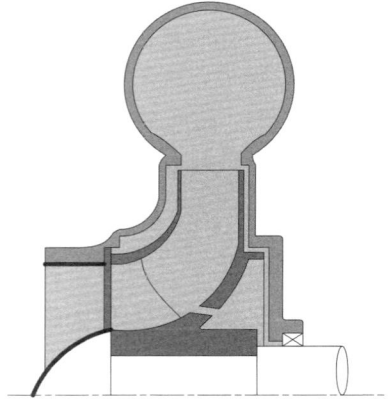

图5-38　泵截面收缩部位

水流流过收缩断面时会分离。由于局部压力梯度的存在，水流不再平行于内表面，而是沿着弯曲的流线流动。这意味着水流的有效过流面积减小了，即收缩了。图5-39中标出了收缩面积A_0。收缩使流速加快，因此水流流过收缩断面后，又必须减速以充满整个截面。此过程中将产生混合损失。在管道入口和叶轮入口经常产生截面面积收缩造成的扬程损失。可以通过把入口边修圆，来抑制水流分离，从而大大减少该损失。如果入口修得很圆，则该损失将很小。因此，截面面积收缩造成的损失通常是次要的。

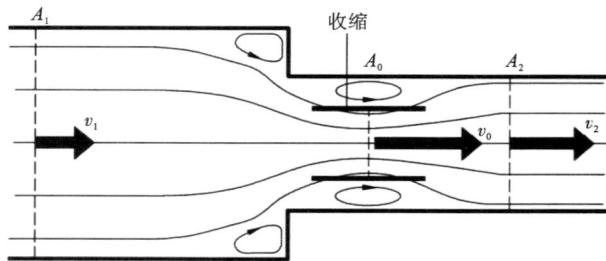

图5-39　截面面积收缩处的损失

4）回流损失

通常当流量低于设计流量，即部分负荷时，在液压元件中将形成回流区（见图5-40）。图5-41中给出了叶轮内回流的例子。回流区将减小水流流过时的有效过流截面面积。在具有较高流速的主流和流速接近于零的漩涡之间产生很大的速度梯度。结果是产生相当大的混合损失。

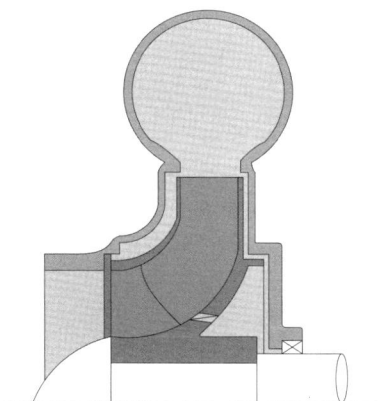

图 5-40　回流区

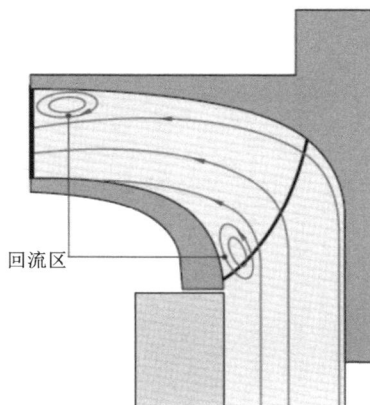

图 5-41　叶轮内回流的例子

在入口、叶轮、回流流道或蜗壳内可能形成回流区。回流区的大小取决于几何形状和运行工况。设计液压元件时，在主要运行工况点处尽量减少回流区是很重要的。

5) 冲击损失

当叶轮或导叶前缘处的进水角与叶片安放角不同时，将产生冲击损失，如图 5-42 所示。通常在部分负荷或存在预旋转时出现这种情况。

当进水角与叶片安放角不同时，在叶片的一侧会形成回流区，如图 5-43 所示。回流区在叶片前缘后造成水流收缩。收缩过后，水流必须再次减速以充满整个叶道，产生混合损失。

在偏离设计流量的工况下，在蜗壳舌部也会产生冲击损失。因此设计人员必须保证进水角和叶片安放角相互匹配，以尽量减小冲击损失。叶片边缘和蜗壳舌部修圆可以减少冲击损失。

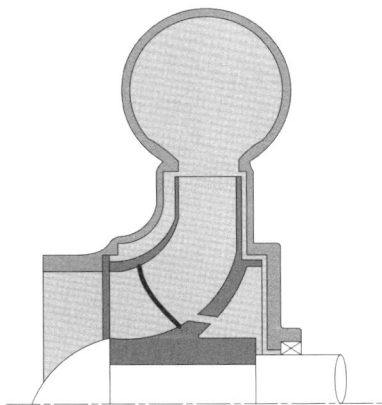

图 5-42　泵冲击损失部位

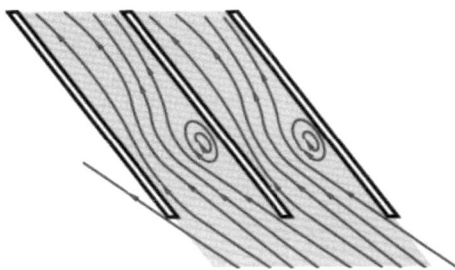

图 5-43　转轮或导叶入口处的冲击损失

6）圆盘摩擦

圆盘摩擦是指叶轮盖板和轮毂在充满液体的泵壳内旋转时造成的功率消耗的增加，如图 5-44 所示。叶轮和泵壳之间空腔内的液体开始旋转并形成一个主涡，主涡的旋转速度在叶轮表面与叶轮相同，而在泵壳表面为零。因此假定主涡的平均速度为旋转速度的一半。

叶轮表面和泵壳表面液体的旋转速度不同产生的离心力将形成一个二次涡运动，如图 5-45 所示。由于二次涡把叶轮表面的能量传递给泵壳表面，所以二次涡将增加圆盘摩擦。

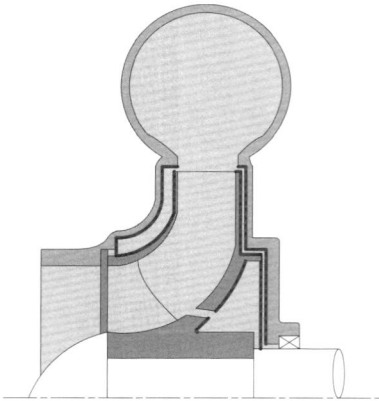

图 5-44　泵圆盘摩擦部位

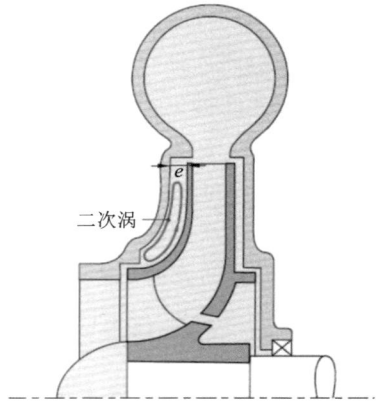

图 5-45　叶轮上的圆盘摩擦

7）渗漏

泵内旋转部件和固定部件之间的间隙处产生的回流会形成渗漏损失。与整个泵内的流量相比，叶轮内的流量增加了，所以渗漏损失会造成效率损失。

$$Q_{叶轮} = Q + Q_{渗漏} \tag{5-27}$$

式中：$Q_{叶轮}$ 为叶轮内的流量，m^3/s；Q 为泵内的流量，m^3/s；$Q_{渗漏}$ 为渗漏量，m^3/s。

泵内很多地方都会产生渗漏，不同的泵渗漏处也不同。图 5-46 与图 5-47 中给出了典型的渗漏处。图 5-48 中给出了泵内驱动渗漏流的压差。

通常叶轮入口处与轴向隙角处叶轮和泵壳之间的渗漏量是相同的。多级泵中，由于压差和间隙面积两者都很小，导叶和轴之间的渗漏量不太重要。

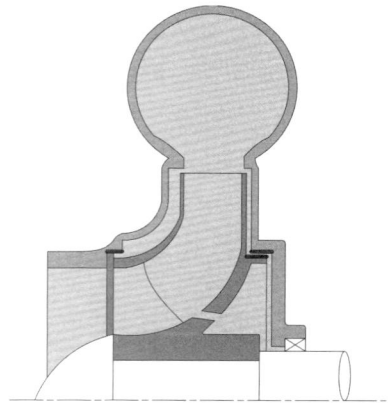

图 5-46　泵渗漏发生部位

为了尽量减小渗漏量，间隙应越小越好。当间隙前后的压差很大时，缩小间隙则尤为重要。

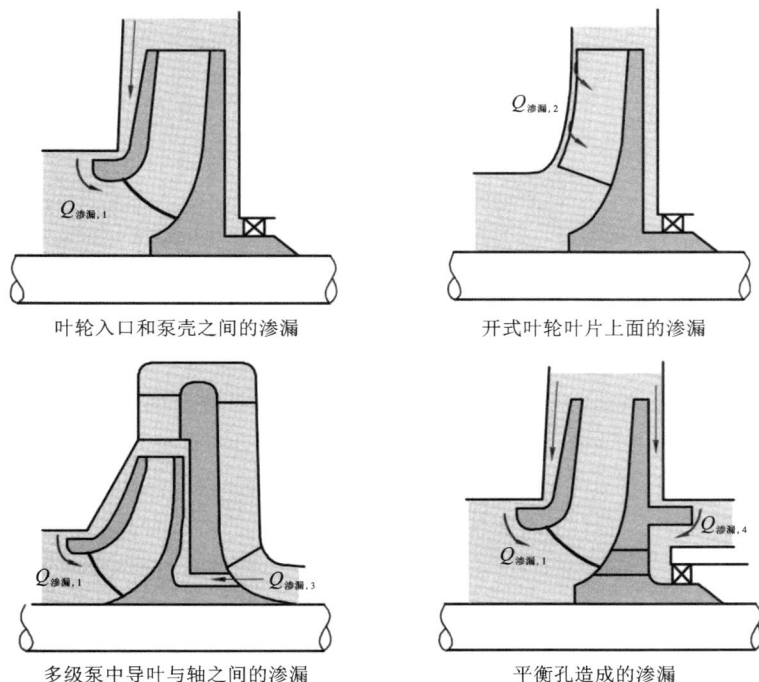

叶轮入口和泵壳之间的渗漏   开式叶轮叶片上面的渗漏

多级泵中导叶与轴之间的渗漏   平衡孔造成的渗漏

图 5-47 渗漏的类型

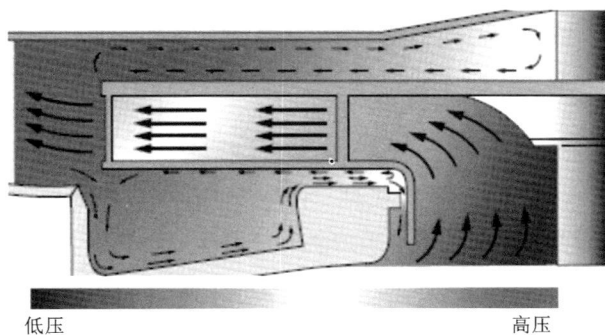

低压   高压

图 5-48 叶轮内的压差驱动渗漏

4. 以比转速为函数的损失分布

前面所述的机械损失和水力损失的比例取决于比转速 n_s，比转速描述的是叶轮的形状。如图 5-49 给出了设计工况点上损失的分布。

对于所有的比转速来说，流动摩擦与混合损失都是很重要的，对于高比转速而言，这两种损失是占主导地位的损失（半轴向和轴向叶轮）。对于低比转速的泵（径向叶轮），轮毂和盖板上的渗漏和圆盘摩擦一般会产生相当大的损失。

在非设计工况运行时，会产生冲击损失和回流损失。

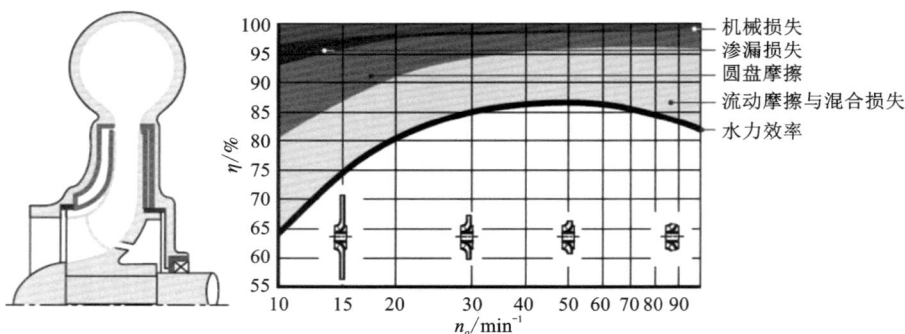

图 5-49　以比转速 n_s 为函数的离心泵中的损失分布

5.3　矿用离心泵的运行

本节介绍了离心泵在系统中的运行方式以及调节方式。离心泵总是与某一个系统相连的，在系统中使液体循环或提升。泵给流体增加的能量用来克服管路系统中的摩擦损失或增加扬程。

把一台泵放在一个系统中，只会形成一个工况点。如果在同样情况下，几台泵联合运行，把单个泵的扬程曲线串联或并联相加就可以得到该系统总的扬程曲线。调速泵可以通过调节转速来适应系统的需求。调速特别适用于加热系统(需热量取决于周围温度)和供水系统(需水量随用户开关龙头在不断变化)。

5.3.1　离心式水泵的工作原理

离心式水泵是一种输送液体的流体机械，它是依靠旋转叶轮对液体的作用把原动机的机械能传递给液体，使液体的能量(位能、压力能和速度能)增加。

当水泵的吸水管路和泵体内被灌满水之后，启动水泵，叶轮流道间的水在叶轮旋转所产生的惯性离心力的作用下被甩出去，这时叶轮中部由于无水而形成真空；水池(或吸水井)中的水在大气的压力作用下顺着吸水管被压入水泵，水泵中的水又在叶轮高速旋转产生的惯性离心力的作用下被甩出去；被甩出去的水经泵壳汇集到水泵的出口处，其速度和压力逐渐增加，这些高压水便会顺着排水管路流到指定地点。水池(或吸水井)中的水源源不断地被大气压力压入水泵，又被水泵中高速旋转的叶轮连续地甩出，这样，水从一个较低的位置被输送到另一个较高的位置。这就是离心式水泵的工作原理，如图 5-50 所示。

为了能更好地把速度转变成压力能，有的离心式水泵带有导向器(也叫导叶)。

离心式水泵所产生的压力的大小与叶轮直径和转速有关。叶轮直径越大，所产生的压力就越大，反之，压力就越小；叶轮转速越高，所产生的压力就越大。对于多段式离心泵来说，段数越多(即叶轮级数多)，产生的压力越大，段数越少，产生的压力就越小。

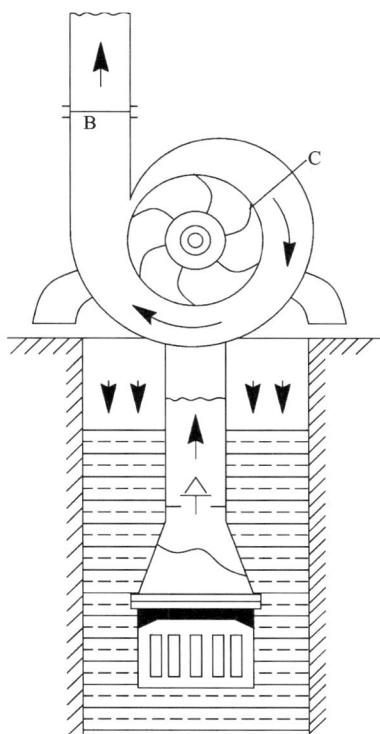

图 5-50　离心式水泵的工作原理

5.3.2　离心泵及其系统的特性曲线

离心泵是流体系统中最常见的组成部分。为了了解流体系统中离心泵的工作原理，有必要了解离心泵扬程与流量的关系。

1.泵的特性曲线

1）理论特性曲线

在假设泵的叶轮进口速度没有旋转分量的前提下，叶轮对单位重量的流体所做的功可用公式（5-28）进行计算：

$$作用在单位重量流体上的功 = \frac{v_{w2} U_2}{g} \tag{5-28}$$

假设流体没有摩阻损失，泵的扬程可以看作与理论扬程相同。因此，理论扬程可以写成：

$$H_{\text{theo}} = \frac{v_{w2} U_2}{g} \tag{5-29}$$

从图 5-51 中的出口速度三角形可知：

$$v_{w2} = U_2 - v_{f2} \cot \beta_2 = U_2 - \left(\frac{Q}{A} \right) \cot \beta_2 \tag{5-30}$$

▶ **109**

式中：Q 为叶轮出口的流量；A 为叶轮周围的过流面积。

出口的叶片转速 U_2 可以用叶轮转速 n 表示，$U_2 = \pi D n$。根据这个公式以及公式（5-30），可以把公式（5-29）中的理论扬程改写成：

$$H_{\text{theo}} = (\pi D n)^2 - \left[\frac{\pi D n}{A}\cot\beta_2\right]Q = K_1 - K_2 Q \tag{5-31}$$

式中：$K_1 = (\pi D n)^2$，$K_2 = (\pi D n / A)\cot\beta_2$。

对于一个转速恒定的叶轮，K_1 和 K_2 都是常数，因此扬程和流量之间呈线性关系，如公式（5-31）。理论扬程 H_{theo} 随流量 Q 的线性变化如图 5-52 中的 I 所示。

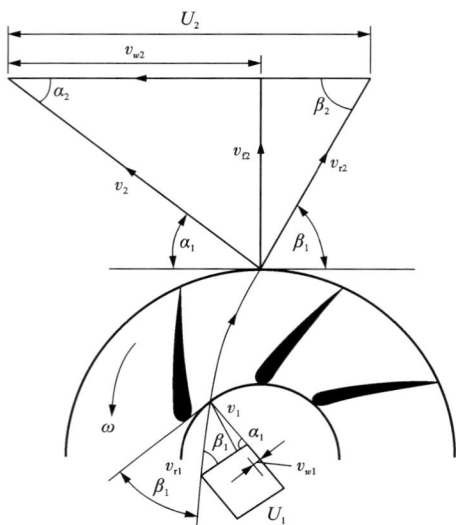

图 5-51 离心泵叶轮的速度三角形

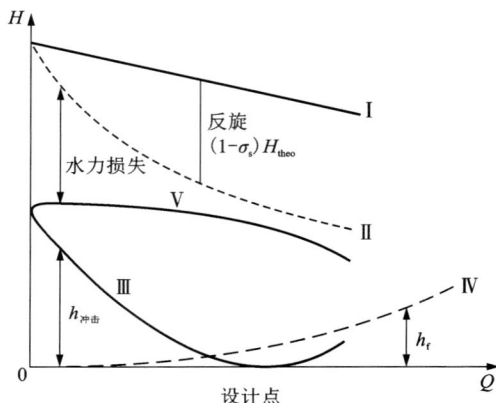

图 5-52 离心泵的扬程-流量曲线

2）实测特性曲线

流体流过叶轮的叶槽时，叶轮叶片迎水面和背水面的压力和流速是不同的——叶片迎水面压力相对较高、流速相对较低；而在背水面，压力较低、流速较大——导致在叶片周围产生环流，同一半径上的速度分布也不均匀。通常流体离开叶轮的角度小于实际叶片安放角。这种现象被称为"滑移（反旋）"。滑移系数（反旋系数）σ_s 是指叶轮出口实际的切线速度分量与理论切线速度分量的差值。

如果考虑滑移的影响，理论扬程将降为 $\sigma_s v_{w2} U_2 / g$。而且滑移随着流量 Q 的增加而增大。通过图 5-52 中的曲线 II 可以看出滑移对扬程-流量曲线的影响。滑移产生的损失在真实流体和理想流体内都存在，但是在真实流体中还需要考虑叶片进口的冲击损失以及流道内的摩擦损失。

在设计点上，流体沿着切向方向进入叶片，所以冲击损失为零，但是除了设计点之外的其他点，冲击造成的水头损失按下面的关系增加：

$$h_{\text{shock}} = K_3(Q_f - Q)^2 \tag{5-32}$$

式中：Q_f 为非设计工况点的流量；K_3 为常数。

摩擦造成的损失可以表示为：

$$h_f = K_4 Q^2 \tag{5-33}$$

式中：K_4 为常数。

图 5-52 中离心泵损失特性曲线 Ⅲ 和 Ⅳ 表示的就是公式（5-32）和式（5-33）的损失。考虑滑移损失后，再在扬程曲线中减去任一流量下所有的损失之和（针对横坐标上所有点，从曲线 Ⅱ 的纵坐标中减去曲线 Ⅲ 和 Ⅳ 的纵坐标之和），就可以得到代表实际扬程的曲线 Ⅴ，即为泵的实测扬程-流量特性曲线。

转速恒定时，离心泵的扬程 H、吸收功率 P、效率 η 和 $NPSH_R$ 的都是流量 Q 的函数。这些参数值之间的关系即为特性曲线。一台转速 $n = 1450$ r/min 的单级离心泵的四个特性曲线如图 5-53 所示。

扬程-流量 $H(Q)$ 曲线又称为节流曲线，代表一台离心泵的扬程与流量的关系。通常情况下，扬程随流量的增加而下降。一个扬程只对应一个流量。对扬程和流量的需求决定了泵的外形尺寸。

一台泵的吸收功率（功率消耗）曲线 $P(Q)$ 的形状也是流量的函数，如图 5-53 所示。对于径流泵，吸收功率随着流量的增加而上升，因此径流泵的启动通常采用闭闸启动的方式。吸收功率用来确定为泵提供能量的装置的尺寸。效率曲线 $\eta(Q)$ 随着流量的增加从零开始增加，达到最大值（η_{opt}）后，开始下降。在选泵时除非考虑其他参数，否则所选泵的最高效率 η_{opt} 所对应的流量应尽量与系统所需流量 Q_r 相近，即 $Q_r = Q_{opt}$。效率曲线可以用来选择指定工作范围内效率最好的泵。

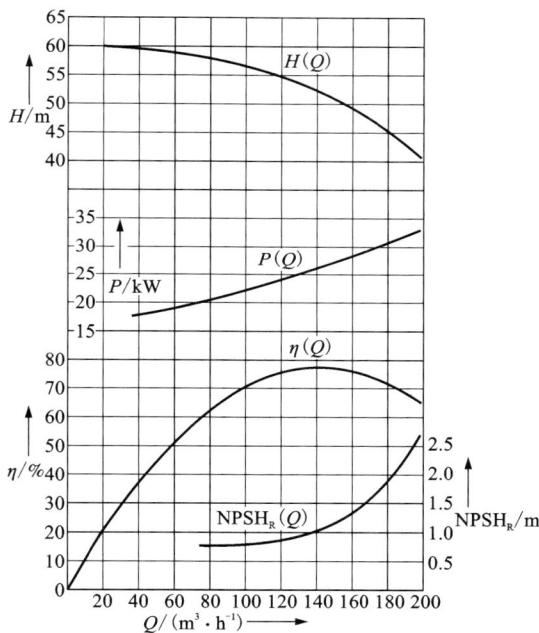

图 5-53　一台单级离心泵的特性曲线

$NPSH_R$ 是必要汽蚀余量的首字母简写。$NPSH_R$ 也是流量的函数。$NPSH_R$ 曲线在达到泵的高效点之前比较平缓，超过高效点后瞬速上升。为了避免泵发生汽蚀，必须保证允许汽蚀余量大于必要汽蚀余量。允许汽蚀余量（实际汽蚀余量）是根据系统中的摩擦损失计算得到的，而必要汽蚀余量是泵的供应商指定的。

2. 系统的特性曲线

下面考虑图 5-54 中的泵和管路系统。

由于流体高度紊流，管路系统中的损失与流速的平方成正比，因此管路系统中的损失可以用恒定损失系数来描述。因此，吸水侧和压水侧的损失可以写成：

$$h_1 = \frac{f l_1 v_1^2}{2 g d_1} + \frac{K_1 v_1^2}{2g} \tag{5-34a}$$

$$h_2 = \frac{fl_2v_2^2}{2gd_2} + \frac{K_2v_2^2}{2g} \tag{5-34b}$$

式中：h_1 为吸水侧的水头损失；h_2 为压水侧的水头损失；f 为达西摩擦系数；l_1、d_1 分别为吸水管的长度和直径；l_2，d_2 分别为压水管的长度和直径；v_1、v_2 分别为吸水管和压水管中的平均流速。

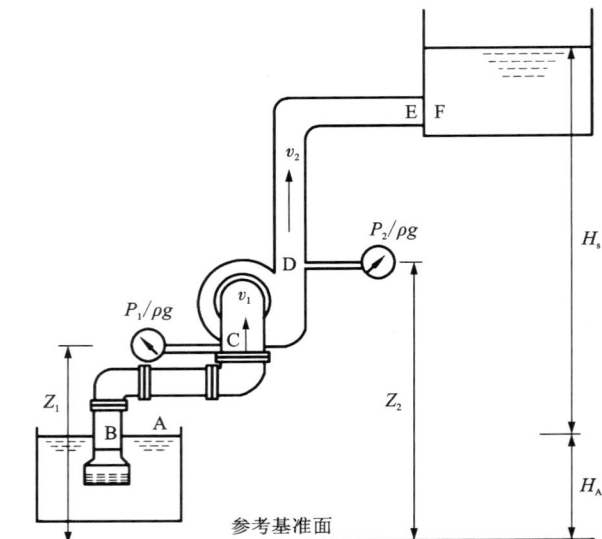

图 5-54　一般泵系统

公式(5-34a)和公式(5-34b)中的第一项为普通摩擦损失(流体和管壁之间的摩擦损失，即沿程损失)，第二项为损失系数 K_1 和 K_2 产生的所有较小的损失(局部损失)，包括阀门、弯管、进口和出口损失等。因此泵把液体从低蓄水池抽送到高蓄水池所需提供的总扬程为：

$$H = H_s + h_1 + h_2 \tag{5-35}$$

由于系统中的流量与流速成正比，因此以损失形式存在的流动阻力与流量的平方成正比，通常可以写成：

$$h_1 + h_2 = 系统阻力 = KQ^2 \tag{5-36}$$

式中：K 为常数，包括管道的长度和直径及各种损失系数。

公式(5-36)表示的系统损失是指任意给定流量流过系统时产生的水头损失。如果系统中任何参数发生变化，比如调整阀门开度或增加新的弯管等，K 值都会发生改变。因此公式(5-35)中的总扬程变为：

$$H = H_s + KQ^2 \tag{5-37}$$

扬程 H 可看作把流体从低蓄水池抽送到高蓄水池所需克服的管路中所有阻力水头之和。

公式(5-36)为系统的特性方程，当画在 $H-Q$ 平面(图 5-55)上时代表的是系统特性曲线。

应该注意的是，如果液体没有净扬程的增加(如在同样高度的两个蓄水池之间的水平管道口抽水)，则 H_s 等于零，系统扬程曲线将通过原点。

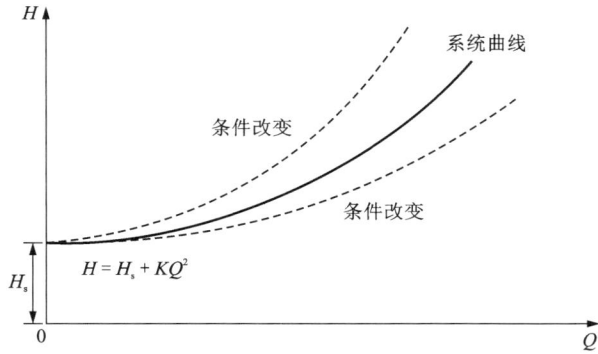

图 5-55　典型的系统水头损失曲线

3. 泵特性与系统特性的匹配

水泵的设计点对应的是整体运行效率最高的情况。然而事实上水泵实际的工作点是通过把泵的水头损失–流量特性曲线与泵所接入的外部系统（如管路、阀门等）的特性曲线相匹配而得到的。把系统特性曲线与泵的特性曲线画在同一个坐标系中，就可以找到泵的工作点了。

$H-Q$ 平面内系统特性曲线与泵特性曲线的交点可能在也可能不在泵的最高效率点上，如图 5-56 所示。工作点与设计点的接近程度取决于对系统预期损失估计的准确性。工作点应位于优选工作范围（POR）或允许工作范围（AOR）内。

允许工作范围（AOR）是水泵制造商推荐的流量范围，如果泵在这个范围内工作，则泵的使用寿命不会严重受损，优选工作范围（POR）是客户指定的泵的最佳效率流量附近的一个范围，持续在优选工作范围内工作可以延长泵的使用寿命，POR 的推荐值为最高效率点流量的 70% ~ 120%。

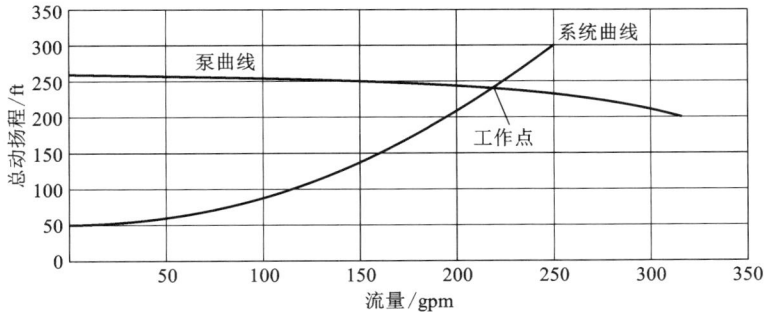

图 5-56　泵和系统的特性曲线

5.3.3　矿用离心泵的联合运行与工作特征

用多台水泵同时对排水管路排水。这种排水方式叫作水泵的联合运行。联合运行（工作)的方式多种多样,但其基本方式有并联工作和串联工作两种。本小节中将讨论联合工作的特点、联合工作的工况以及联合工作的效果等问题。

1.水泵并联工作

多台水泵同时向一条排水管路排水,水泵的这种排水方式称为水泵的并联工作。对于那些流量变化很大而压力却相对恒定的系统,可以使两台或多台泵并联运行。多台泵运行时,可以同时调节一台或多台泵。为了避免液体在没有运行的泵内回流产生绕流循环,每台泵都串联连接了一个止回阀。图5-57为两台同型号的离心泵在相同的转速下并联工作。

水泵并联工作的特点:

①可以增加供水量,输水干管中的流量等于各台并联水泵出水量之总和。

②可以通过开停水泵的台数来调节泵站的流量和扬程,达到节能和安全供水的目的。

③当并联工作的水泵中有一台损坏时,其他几台水泵仍可以继续供水,因此,水泵并联运行是提高泵站运行调度灵活性和可靠性的一种有效措施,是泵站中最常见的一种运行方式。

如图5-57所示,系统中每台泵的入口和出口都在同一点上,所以两台泵提供的扬程一定相同。然而,系统中的总流量是两台泵流量的总和,通过横向叠加每台泵的特性曲线,得到并联运行时的特性曲线。

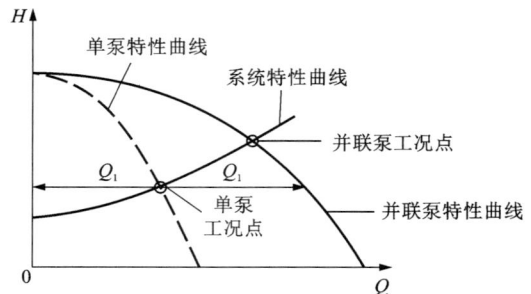

图5-57 两台同型号的离心泵并联运行时的特性曲线

泵并联运行时,如果考虑系统特性曲线,两条曲线的交点即为工况点,该点的体积流量比单台泵的大,系统的水头损失比单台泵的高,如图5-58所示,这是由于体积流量的增加导致流速的增加,系统的水头损失也相应地增加。由于系统的扬程高,所以并联运行时实际的体积流量稍微小于单台泵流量的两倍。

因此,水泵并联工作时要求并联工作的水泵扬程基本相等,否则扬程低的水泵不能发挥作用,甚至会发生扬程高的水泵向扬程低的水泵倒灌的现象。当两台特性相同的水泵并联工作时,就不会出现倒灌的现象。

2.水泵串联工作

多台水泵的吸水口和排水口彼此首尾相接对一条排水管路排水,这种排水

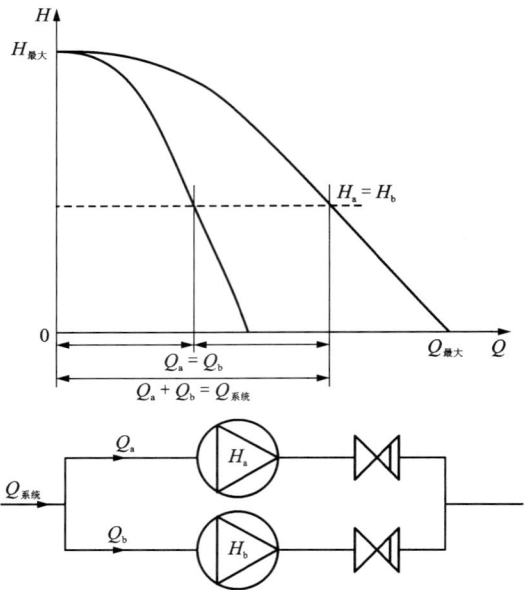

图5-58 两台离心泵并联时的工况点

方式称为水泵串联工作。水泵串联工作又分为两种：直接串联和间接串联。若水泵彼此首尾直接相接（水泵安装在同一泵房）排水，就称作直接串联工作；若水泵首尾间隔一段管路后，再相接起来排水，就称作间接串联工作。

无论是直接串联排水还是间接串联排水，它们共同的特点是：串联排水时各泵流量相等并等于管路流量，而管路所需扬程为两泵扬程之和。

离心泵串联运行是为了克服单台泵不能克服的更大的系统水头损失。如果串联运行的泵中有一台没有运行，则会给整个系统带来很大的阻力。为了避免上述情况，可以安装一个止回阀。如图 5-59 所示，两台同型号的离心泵在相同的转速下串联时，产生的体积流量相同，扬程也相同。由于第二台泵的进口与第一台泵的出口相连，所以两台泵产生的总扬程为两台泵扬程之和。从第一台泵进口到第二台泵出口的体积流量相同。

如图 5-60 所示，两台泵串联运行时实际上并没有把系统中的流动阻力加倍。两台泵为新的系统提供了足够的扬程，同时体积流量也稍微有所增加。

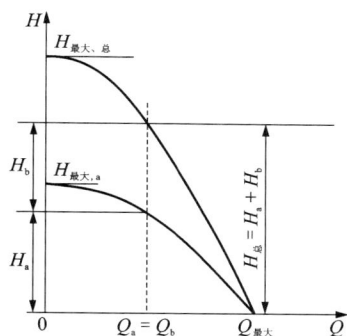

图 5-59 两台同型号的离心泵串联运行时的特性曲线

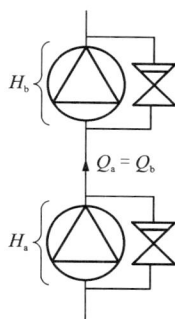

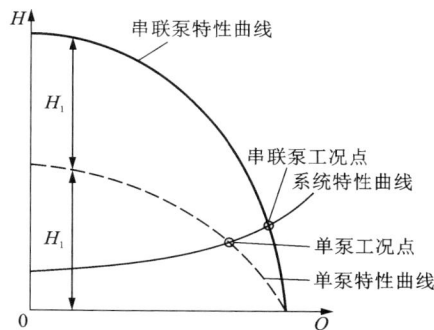

图 5-60 两台同型号泵串联运行时的工况点

两台水泵串联排水时，要求串联工作的两台水泵的流量基本相等，当两台流量不相等的水泵串联工作时，其流量等于流量小的那台水泵的流量，流量大的那台水泵的能力发挥不出来，这时应将流量大的水泵放在前面；当两台扬程不同的水泵串联运行时，应将扬程低的那台水泵放在前面。

两台水泵直接串联工作时，要求后一台水泵的强度能承受两台水泵的压力总和；间接串联排水时，要求第一台水泵的扬程必须满足能够将水排到高水位第二台水泵吸水口的位置，第二台水泵的扬程必须保证把水排到目的地。

5.3.4 矿用离心泵的运行工况点调节

为某个特定系统选择泵时，保证工况点在泵的高效范围内是非常重要的。否则，泵的功率消耗将非常高。

然而，有时候选不到适应最优工况点的泵，因为系统的需求或系统特性曲线在不断地变化，因此，有必要调节泵的性能以满足需求的变化。

常见的泵性能调节方法有：

①节流控制；

②旁路控制；

③调速控制；

④叶轮切削。

根据对初期投资和泵运行成本的评估，选择合适的性能调节方法。除了叶轮切削之外，其他所有方法都可以在运行时连续地操作。通常情况下都为系统选择较大的泵，因此有必要限制其性能——首先是流速，有时也要限制最大扬程。

1. 节流控制

为离心泵串联连接一个节流阀可以改变系统的特性，如图 5-61 所示。通过调整阀门的设置调节整个系统的阻力，进而达到所需的流量。系统特性曲线会变得更陡，与泵特性曲线的交点则会落在流量更低的点上。

节流阀会造成能量损失，因此连续使用节流阀进行控制会使效率降低。如果泵的特性曲线比较平缓，则可以使节流损失最小。因此节流控制主要用于径流泵的调节，因为径流泵的吸收功率随着流量的减小而降低。从控制系统的初期投资来看，采用节流阀进行控制有一定的优势，但是还应考虑整体经济状况，特别是装机功率高的情况。

对于混流泵和轴流泵来说，应注意吸入功率随着流量的降低而增加。此外，节流还可能使轴流泵进入不稳定的工作范围。这意味着运行不稳和噪声增加，两者都是高比转速泵的特点，所以在连续运行时应避免该工作区域。

2. 旁路控制

旁通阀是与泵并联安装的调节阀，如图 5-62 所示。旁通阀使部分水流回流到吸水管线中，因此降低了扬程。安装旁通阀后，即使关断整个系统，泵还是会输送一定的流量。与节流阀类似，旁通阀在某些情况可以降低功率消耗。

从整体来看，节流阀控制和旁通阀控制都不节能，应尽量避免。

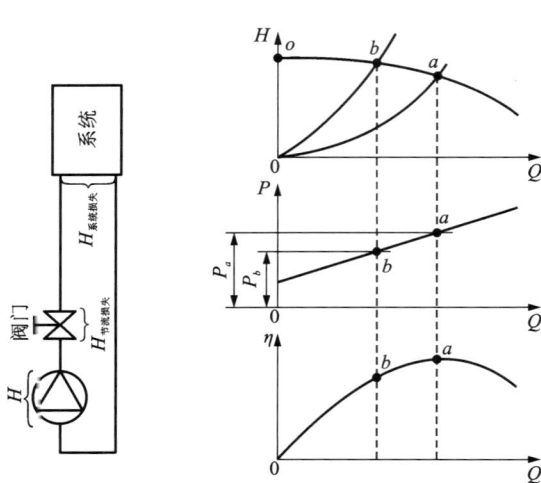

图 5-61　通过节流控制改变系统特性

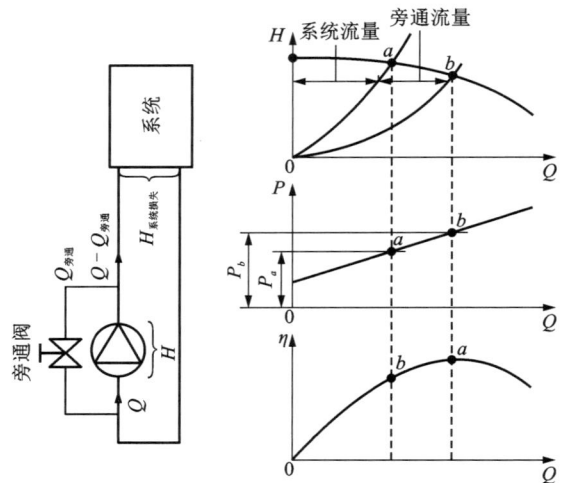

图 5-62　通过旁路控制改变系统特性

3. 调速控制

毫无疑问，在流量变化时，采用变频器的变速调节方法是效率最高的性能调节方法。该方法的优点在于这种调节是直接减少输入系统的能量，而不是把多余的能量浪费掉。

当泵的转速改变后，相应的流量 Q、扬程 H 和功率 P 都会产生变化。转速的改变可以用相似定律来解释。这些定律为：流量与转速成正比；扬程与转速的平方成正比；泵电机所需的功率与转速的立方成正比。以下公式对这些定律进行了总结：

$$Q \propto n,\ H \propto n^2,\ P \propto n^3 \tag{5-38}$$

式中：n 为泵叶轮的转速；Q 为泵的体积流量；H 为泵的扬程；P 为泵的功率。

采用这些比例，可以根据某一转速下的特性，计算同一台泵不同转速下的特性。

$$Q_1\left(\frac{n_2}{n_1}\right) = Q_2,\ H_1\left(\frac{n_2}{n_1}\right)^2 = H_2,\ P_1\left(\frac{n_2}{n_1}\right)^3 = P_2 \tag{5-39}$$

即

$$\frac{H_2}{H_1} = \frac{Q_2^2}{Q_1^2} \quad 或 \quad H \propto Q^2 \tag{5-40}$$

由公式(5-40)可知，不同转速时扬程-流量特性曲线上的相应点或相似工况点都落在从原点出发的一条抛物线上。抛物线上的所有相似工况点都有相同的效率和比转速。所以这些抛物线又称为等效率曲线或等比转速曲线。

可以根据一台泵原转速时的特性曲线求出新转速时的特性曲线。方法是在原曲线上选几点，用相似定律来计算出新转速时的扬程和流量值。例如，在转速为 n_1 的特性曲线上取三点 A、B 和 C，见图 5-63。可以求出这三点在新的转速 n_2 时相应点 A'、B' 和 C' 的扬程和流量值。

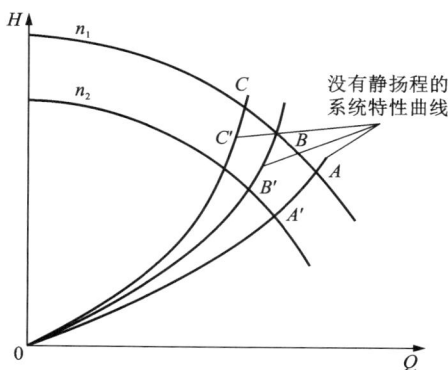

图 5-63　调速对离心泵工况点的影响

如果系统所需的性能发生变化，可以通过调节泵的转速来使泵在最优运行范围内工作。

4. 叶轮切削

减小叶轮的直径是一个永久的变化，该方法可以在系统需求长期改变的情况下使用。叶轮切削后，如果更换电机降低能量消耗，则可以节能。可以通过相似定律来估计功率消耗、扬程和流量的变化，如图 5-64 所示。

当转速恒定时，有

$$\frac{Q_1}{Q_2} = \frac{D_1}{D_2},\ \frac{H_1}{H_2} = \left(\frac{D_1}{D_2}\right)^2,\ \frac{P_1}{P_2} = \left(\frac{D_1}{D_2}\right)^3 \tag{5-41}$$

式中：D_1，D_2 分别为叶轮切削前后叶轮的直径；Q_1，Q_2 分别为叶轮切削前后泵的体积流量；H_1，H_2 分别为叶轮切削前后泵的扬程；P_1，P_2 分别为叶轮切削前后泵的功率。

切削是指采用机器加工的方法减小叶轮的直径。切削量应控制在原叶轮最大直径的 20%之内，因为过度的切削会导致叶轮与泵壳不匹配。随着叶轮直径的减小，叶轮与固定泵

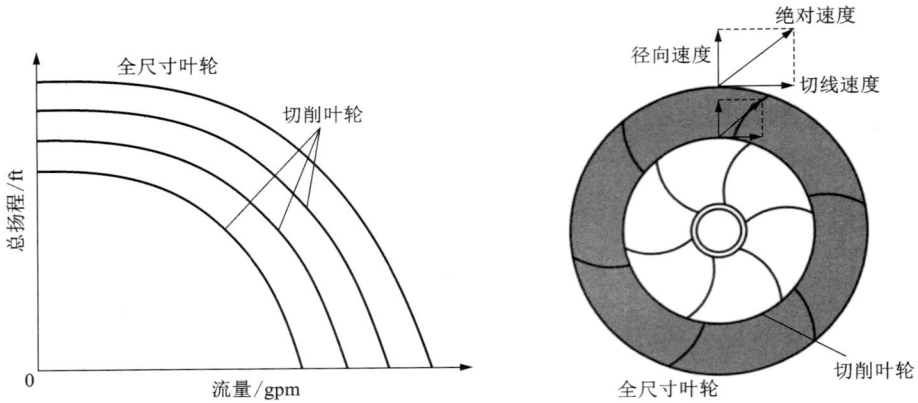

图 5-64 叶轮切削后的泵特性曲线

壳之间的间隙会增大，从而增加内部回流，造成水头损失，降低泵的效率，如图 5-65 所示。

切削可以降低叶轮尖端的转速，从而降低了提供给流体的能量，因此泵的流量和压力都会下降。如果当前的叶轮产生的扬程过高，则可以采用较小的或切削的叶轮来提高效率。在实践中，叶轮切削通常用来避免控制阀门所产生的节流损失，切削后不会影响系统的流量。

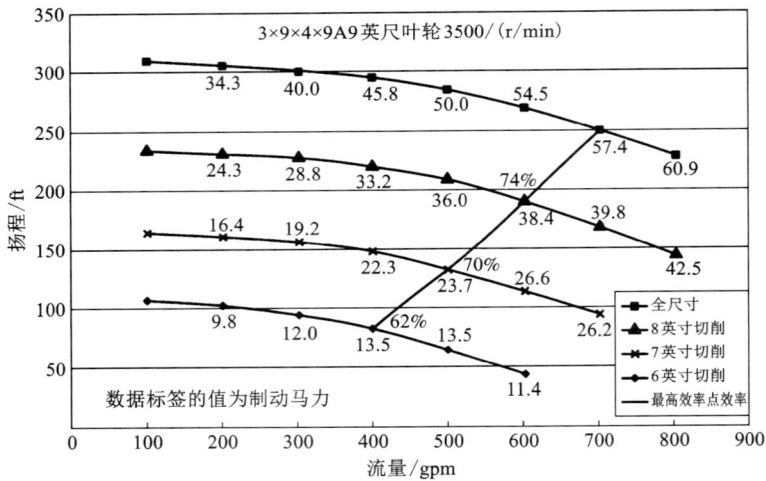

图 5-65 一台配有 9 英寸叶轮的离心泵几次切削之后的特性曲线

5. 调节方法对比

阀门的使用可使节流控制和旁路控制产生一些水力损失，因此能够降低整个系统的效率。叶轮切削在 20% 以内时不会对泵的效率产生很大的影响，因此这种方法不会对系统的总效率产生负面影响。只要转速不会降低到额定转速的 50% 以下，调速控制对泵的效率影响都很小。

每个方法都有利有弊，为系统选择调节方法时应权衡所有利弊。如果要尽量保持最高的效率，最好采用叶轮切削方法和调速方法来降低流量。如果要求泵在固定的调整后的工况点运行，叶轮切削则是最好的方法。但是，对于流量需求不断变化的系统，采用调速泵是最好的解决办法。

5.4　离心泵的空化与汽蚀余量

5.4.1　空化

1. 空化的定义

离心泵叶轮入口处的过流面积通常小于泵吸水管的过流面积或叶轮叶片的过流面积。当被抽送的液体进入离心泵叶轮入口时，过流面积的减小使流速增加，压力降低。流量越大，泵吸入口与叶轮入口之间的压降也越大。

如果压降足够大或温度足够高，当局部压力低于所抽送液体的饱和蒸汽压时，压降可能足以使液体蒸发。叶轮入口处压降形成的蒸汽气泡被流体带入叶轮叶片。当气泡远离叶片，进入局部压力大于饱和蒸汽压的区域时，气泡又会突然溃灭。

如果气泡破灭的频率足够大，听起来就像玻璃球和石块在泵内流动。如果气泡溃灭的能量足够大，则会移除泵壳内壁上的金属，留下像大圆头锤打击过的凹痕，如图5-66所示。

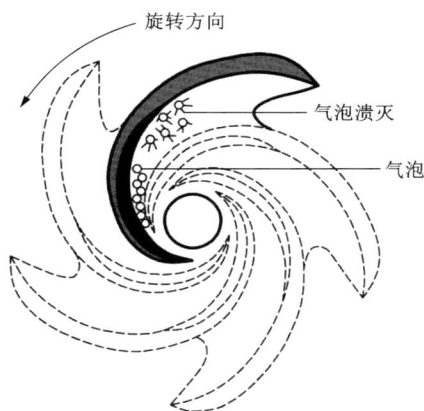

图 5-66　空化的过程

2. 空化的迹象

噪声和震动是离心泵产生空化的标志。如果泵在空化状态下运行时间过长，会出现以下情况：

①出口压力、流量、泵电机电流产生波动；
②叶轮叶片和泵壳内壁上形成蚀痕；
③轴承过早被破坏；
④泵轴断裂或其他疲劳破坏；
⑤机械密封过早被破坏。

3. 空化的后果

离心泵中产生空化将严重影响泵的性能。空化会降低泵的性能和效率，并造成流量和出口压力的波动。由于液体被蒸汽所替代，所有流量会降低；叶轮流道中部分充满了更轻的蒸汽，所以会造成机械不平衡。这将会导致振动和轴挠曲变形，最终导致轴承故障、填料或密封渗漏，甚至轴断裂。在多级泵中，空化会导致推力平衡损失或推力轴承故障。

空化还会破坏泵的内部组件。当泵产生空化时，在旋转叶轮叶片的正后面低压区会形成气泡，然后这些气泡向着迎面而来的叶轮叶片流动，并在叶片上面溃灭，对叶轮叶片的进水边（前缘）产生物理冲击，物理冲击会在叶片的进水边上击出小坑，内爆的气泡将移除叶轮表面的部分材料，每一个小坑的尺寸都是微小的，但是几小时或几天后，数百万计的这些小坑的累积效应则可以摧毁一个叶轮，如图5-67所示。

图5-67　空蚀后的叶轮

仅有少数离心泵才允许在不可避免的空化条件下运行，但是必须对这些泵进行专门的设计和维护以抵抗运行过程中的少量空蚀作用。

5.4.2　汽蚀余量

为了避免离心泵中产生空化，泵内任何部位的流体压力都应高于饱和蒸汽压。用来确定被提升的液体压力是否足够避免空化的指标为净正吸入压头（汽蚀余量 NPSH）。汽蚀余量是泵履行其职责所须达到的最低要求。因此，汽蚀余量是指泵的吸入侧，包括叶轮入口处的情况。汽蚀余量涉及吸水管道和连接部件中流体的高程和绝对压力，以及流体的流速和温度。简而言之，可以说汽蚀余量决定了泵的进口要大于出口。

为了说明进入泵后流体的可用能量，NPSH 的度量单位采用英尺水头或泵吸水口的高程。允许汽蚀余量 $NPSH_R$ 是针对泵而言的。实际汽蚀余量 $NPSH_A$ 是针对系统而言的，系统是指泵吸水口侧的所有管道、水池和连接部件的整体。系统的 $NPSH_A$ 必须永远大于泵的 $NPSH_R$。

1. 实际汽蚀余量

实际汽蚀余量（$NPSH_A$）是指泵进口压力与被提升液体的饱和蒸汽压之间的差值。$NPSH_A$ 是系统的特性，必须进行计算。$NPSH_A$ 是电站的设计人员根据提升液体的条件、泵的位置和高度、吸水管线的摩擦力等因素确定的。

$NPSH_A$ 的计算公式如下：

$$NPSH_A = h_A \pm h_Z - h_F + h_v - h_{vp} \tag{5-42}$$

表5-3列出了计算实际汽蚀余量时不同参数的定义和备注。图5-68为不同吸入条件的示意图。

表5-3　计算 $NPSH_A$ 时参数定义及备注

术语	定义	备注
h_A	供水箱中液体表面的绝对压力	·通常为大气压力（通气的水箱），但密闭的水箱不同 ·不要忘记高度对大气压的影响 ·总是正值（甚至可能更低，但即使是真空容器也是正绝对压力）
h_Z	供水箱中液体表面与泵中心线之间的垂直高差	·液位高于泵的中心线时为正值（称为静压头） ·液位低于泵的中心线时为负值（称为吸入压头） ·确保采用水箱中允许的最低水位

续表5-3

术语	定义	备注
h_F	吸水管线中的摩擦损失	·液体向泵入口流动时，管道及配件会阻碍水流流动
h_v	泵入口处的速度头	·由于很小通常没有考虑
h_{vp}	提升温度下液体的饱和蒸汽压	·在最后要减去该值以确保入口压力高于蒸汽压力 ·需要注意的是温度升高，蒸汽压也升高

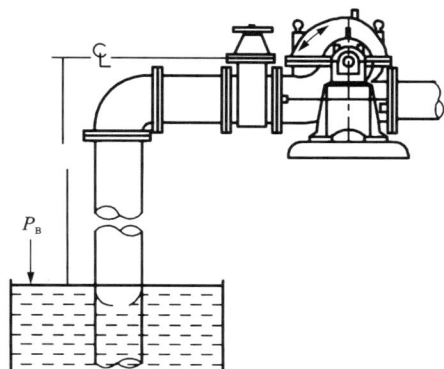

(a) 带有吸升高度的开放式吸入条件　　　　(b) 带有吸入压头的开放式吸入条件

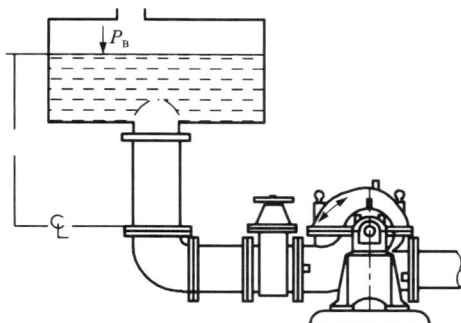

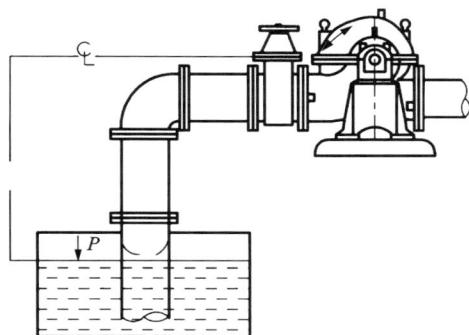

(c) 带有吸升高度的封闭式吸入条件　　　　(b) 带有吸入压头的封闭式吸入条件

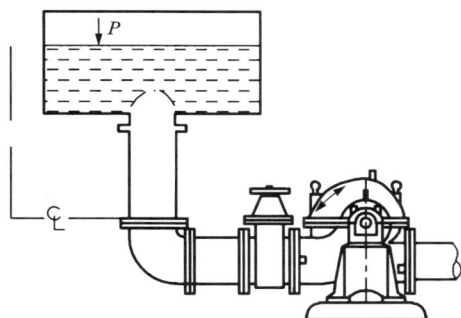

图 5-68　不同吸入条件的示意图

2. 允许汽蚀余量

允许汽蚀余量（$NPSH_R$）是在没有引起汽化（空化）的前提下，液体从泵入口流到叶轮入口所需克服的摩擦损失。$NPSH_R$ 是泵的特性，在泵的特性曲线上有标示。$NPSH_R$ 与很多因素有关，如叶轮入口的类型、叶轮设计、泵流量、叶轮转速以及被提升液体的类型。$NPSH_R$ 是通过吸水高度测试确定的，形成一个以英尺汞柱为单位的负压后，转换成以英尺为单位的允许汽蚀余量。

根据美国水力标准协会的规定，要对泵进行吸水高度测试，吸入容器中的压力要降到泵的总扬程损失达 3% 的点上。该点被称为泵的 $NPSH_R$。一些泵的制造商通过关闭测试泵的进口阀门来进行类似的测试，另外一些制造商通过降低吸水高程来进行测试。

如果想知道所使用泵的 $NPSH_R$ 值，最简单的方法就是从泵的特性曲线中读取。该值随着流量的变化而改变。泵文献中提到的 $NPSH_R$ 值都是最高效率点的值。图 5-69 中给出了一条典型的 $NPSH_R$ 特性曲线。

如果没有泵的特性曲线，可以通过以下公式来计算 $NPSH_R$：

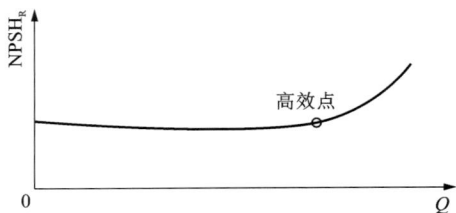

图 5-69　一条典型的 $NPSH_R$ 特性曲线

$$NPSH_R = ATM + P_{gs} + h_v - h_{vp} \quad (5-43)$$

式中：ATM 为安装高程的大气压；P_{gs} 为泵中心线处吸水压力计读数；h_v 为速度头，$h_v = v^2/2g$，式中 v 为流体流过管道时的流速，g 为重力加速度；h_{vp} 为流体的蒸汽压，蒸汽压与流体的温度有关。

要避免空化发生，必须保证实际汽蚀余量大于或等于允许汽蚀余量。也就是说，吸入端的压力必须大于泵所需的压力。该要求可以用下面的数学公式表达：

$$NPSH_A \geqslant NPSH_R \quad (5-44)$$

工程师都不希望泵安装完后，噪声大、缓慢或损坏，避免此问题的关键是从泵制造商那里找到 $NPSH_R$ 的值，并确保系统的 $NPSH_A$ 值大于泵的 $NPSH_R$。

5.4.3　空化的预防

如果离心泵发生空化，可以改变系统的设计或泵的运行方式使 $NPSH_A$ 大于 $NPSH_R$，停止空化。增加 $NPSH_A$ 的一种方法就是提高泵吸水口处的压力。例如，如果泵从一个密闭的水箱中抽水，可以提高水箱中的水位或增加液体上面的压力来提高吸入压力。还可以通过降低被抽送液体的温度来增加 $NPSH_A$。因为降低液体的温度可以降低饱和压力，从而增加 $NPSH_A$。

如果可以降低泵吸水管线中的水头损失，则可以增加 $NPSH_A$。有很多种降低水头损失的方法，如增加管道直径，减少管道中弯管、阀门和配件的数量以及减少管道的长度。还可以通过降低泵的 $NPSH_R$ 来停止空化。在不同的运行状态下，给定泵的 $NPSH_R$ 并不是一个常数，而是随着一些因素而变化的值。通常情况下，随着泵流量的增加，泵的 $NPSH_R$ 明显增加。

因此，可以通过关小出水阀门来减小流量，从而降低 $NPSH_R$，$NPSH_R$ 还与泵的转速有关，泵叶轮的转速越快，$NPSH_R$ 越大。因此，如果可以降低调速泵的转速，也可以降低 $NPSH_R$，但是，由于泵的流量通常由泵所在系统的需求决定，在没有启动其他并联泵（如果有）的情况下，只能进行有限的调整。

5.5 矿用水泵的安全操作与经济运行

5.5.1 水泵启动前的检查及准备工作

为保证水泵安全运行,在启动水泵前需做好一系列的检查、准备工作:

①检查各紧固螺栓是否齐全,不得松动。

②联轴器间隙应符合规定,防护罩应安装可靠,不得妨碍水泵运转。

③轴承润滑油油质好、油量适当、油环转动平稳、灵活;强迫润滑系统的油泵、管路应完好可靠。

④检查吸水管路是否正常,底阀没入水中的深度、吸水几何高度是否符合水泵允许吸上真空度规定。

⑤接地装置应符合有关规定。

⑥电控设备各开关手把应处在停车位置。

⑦对于滑环电动机应检查滑环与碳刷是否接触良好。

⑧电源电压应在额定电压的±5%范围内。

⑨按照待开水泵在管道上连接的位置,选择阻力最小的水流方向,开关管道上有关分水闸阀(水泵出口阀门关闭不动)。

⑩检查盘根松紧是否适当,盘车2~3转,检查水泵转动部件有无卡阻现象。

⑪对于需要强迫润滑的泵组(如 DS450 型、12GD 型)应先启动润滑油泵,保证电动机、水泵各轴承润滑正常。

⑫对检查中发现的问题,必须及时处理或汇报当班负责人,待处理完毕符合要求后,方可启动该水泵。

5.5.2 主排水泵安全操作规程

1. 水泵排真空

水泵启动前排真空是为了抽出存于泵体内的空气,在入口处形成真空,使得水在大气压力的作用下进入泵体,并充满整个泵体,以保证泵启动后能够不断地吸入水,使水泵形成连续的工作。其主要的操作方式有如下三种:

①排水泵有底阀时,应先打开灌水阀和放气阀,向泵体内灌水,直至泵体内空气全部排出(放气阀的排气孔见水),然后关闭以上各阀。

②若采用无底阀排水泵时,应先开动真空泵或射流泵,将泵体、吸水管抽到一定真空度(真空表稳定在相应的读数上),再停真空泵或射流泵。

③若采用正压排水时,应先打开进水管的阀门,然后打开放气阀,直到放气阀的排气孔见水,关闭放气阀。

2. 启动水泵电动机

按照矿山安全规程和水泵电机操作规范，应按以下步骤启动水泵电动机：

①启动高压电气设备前，必须戴好绝缘手套，穿好绝缘靴。

②鼠笼型电动机直接启动时，合上电源开关，待电流达到正常时，打开水泵出水口阀门。

③绕线型电动机启动时，应先将电动机滑环手把打到"启动"位置上，启动器手把在"停止"位置合上电源开关，待启动电流逐渐回落至规定值，逐级切除启动电阻，使转子短路，并将电动机滑环手把打到"运行"位置，电动机达到正常转速，最后将启动器手把扳回"停止"位置。

④鼠笼型电动机用补偿器启动时，先将手把推到启动位置，待电动机达到一定速度，电流表指针返回时，由启动柜自动（或手动）切除全部电抗，电动机进入正常运行。

3. 操作阀门

待电动机转速达到正常状态时，慢慢将水泵排水管上的闸阀全部打开，同时注意观察真空表、压力表、电压表、电流表的指示是否正常。若一切正常表明启动完毕。若根据声音及仪表指示判断水泵没上水，应停止电动机运行，重新启动。为了避免水泵发热，在关闭出水闸阀时运转不能超过 3 min。

4. 水泵的正常停机

慢慢关闭水泵出水闸阀，使水泵进入空转状态，接着关闭压力表和真空表止压阀，最后，切断电动机的电源，电机停止运行。

5. 水泵运行中的故障停机

水泵运行中出现下列情况之一时，应紧急停机：

①水泵和电机发生异常振动或有故障性异响。

②水泵不上水。

③泵体漏水或闸阀、法兰喷水。

④启动时间过长，电流表指针不返回。

⑤电动机冒烟、冒火。

⑥电源断电。

⑦电流值明显超限。

⑧其他紧急情况。

紧急停机按以下程序进行：

①拉开负荷开关，停止电动机运行。

②若电源断电停机时，拉开电源刀闸开关和油开关。

③关闭水泵出水阀门。

④上报主管部门，并做好记录。

6. 工作泵和备用泵应交替运行

对于不经常运行的水泵的电动机，每隔 10 天至少要运转 2~3 h，以防潮湿。长期停泵应将水泵内的水放掉，以防锈蚀或冻裂。

5.5.3　水泵的经济运行

排水设备的用电量在矿井综合电耗中占有较大的比例，一般达 10%~30%，涌水量大的矿井甚至达到了 80% 以上，其中大部分电耗是合理的。但是，排水设备、吸排水管路、水仓状况和综合管理等方面的原因，可能会造成相当数量的不合理电耗。为了降低电耗，达到排水设备经济运行的目的，必须采取切实可行的措施来提高排水系统的效率，降低排水用电量。

矿井主排水系统经济运行的标准是系统工序能耗（即吨水百米电耗）不大于 0.5 kW · h，排水系统效率不低于 60%。如果达不到这个标准，就要查找原因并采取相应的措施。

矿井主排水系统的经济运行主要应考虑以下几个方面：减小矿井总涌水量；选用新型高效节能水泵；加强维修与管理，提高排水系统的效率。

1. 减小矿井总涌水量

控制矿井涌水源头，可以有效降低矿山排水成本：

①整修地面的河沟、岩石裂缝和塌陷区等漏水的地方，如发现江、河、湖泊、水库等向井下漏水时，应采取切实可行的措施来防漏堵水。

②矿井防尘、空压机、凿岩机冷却用水及其他生产用水应尽量利用地下水，以减少排水量。

③堵塞井田范围内的废旧钻孔，防止地表水通过废旧钻孔注入井下。

2. 选用新型水泵

淘汰老、旧型号的低效水泵，选用新型高效水泵，如 D 型水泵。

3. 提高排水系统的效率

1）加强对排水管路的清扫

排水管路使用一定年限后，一般管壁上会结一层水垢，使得管径缩小，管路阻力增加，排水效率下降。当管路结垢厚度达到管内径的 2.5% 以上时，应组织对管路进行清扫。当结垢厚度达到管内径的 10% 以上时，必须更换排水管路。

2）合理使用排水管路，减少管路阻力

①应尽量减少排水管路管径规格不一的现象，并使吸、排水管中的水流速度分别控制在 1.8~2.5 m/s、1.5~2.2 m/s。

②采用多条管路并联排水。管路并联排水时，虽然水泵效率可能会有所下降，但由于管路阻力减小，排水系统效率会提高，较为经济。但不论采用哪种运行方式，如两条或三条管路并联，还是用单条管路排水，都应通过试验，选择最佳者。

③采用立管排水。斜井的排水管路许多都是沿斜巷铺设的，如果采用钻孔垂直敷设，由

于缩短了管路，则会降低管路阻力，提高效率。

④及时维修管路，防止漏水。

3) 合理选择水泵的工况点

水泵运行工况离设计工况愈远，效率就愈低。因此在整条特性曲线上，只有最佳效率的一段，才符合这一要求，如图 5-70 所示。

在水泵的正常运行区域，从经济运行节约用电考虑，选取排水系统实际工况时，最好选在最佳效率点的右侧 ($M—M_2$)。若选在最佳效率点，在运行过程中，由于水泵叶轮等部件磨损，以及管路积垢等原因，工况点会左移 (M' 点)，这时效率明显下降；若选在右侧，工况点左移后，接近最佳效率点，即在 $M—M_2$ 区域。在这一区域水泵效率虽然低于最佳效率，但系统效率较高，系统工序能耗 (即吨水百米电耗) 较低。

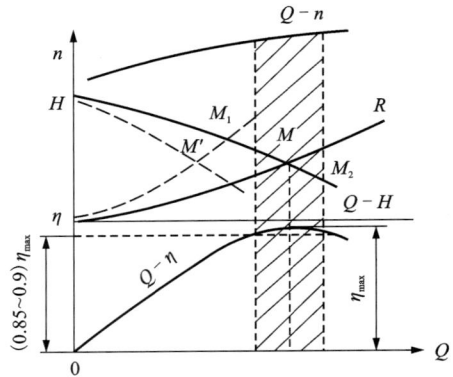

图 5-70 水泵正常工作区域

管路阻力越小，工况点越向右移，电耗就越低，但不能超过水泵的合理运行区域，否则电动机就可能过载或产生汽蚀现象。水泵运行时出现汽蚀，则效率明显下降、损坏叶轮，甚至不能正常运行。

运行中的水泵，由于部件磨损和管路积垢，工况点将会偏离效率下降，因此应定期对水泵进行技术测定，考察其工作状态。

水泵技术测定的主要内容：

①测定实际工况下的流量 Q。

②测定实际工况下的总扬程 H。

③测定实际工况下的轴功率 N。

④测定实际工况下的转速 n。

⑤在实际工况流量至流量为零之间再选择若干点，分别测定其 Q、H、N、n。

⑥根据以上测定的参数，计算水泵的效率 η、管路系统效率 η_g，以及排水系统效率 η_c 和系统工序能耗。

⑦绘制排水设备特性曲线，并进行综合分析。

4) 调整水泵扬程，调节工况点

当水泵选择不当，扬程过高时，为防止过负载或汽蚀现象的发生，有时采用关小闸阀的方法来控制流量，这是非常不经济的。必须调整水泵扬程，使之与实际需要的扬程相适应，调整的方法有：

①减少叶轮个数。当泵富余的扬程等于一个或几个叶轮的扬程时，可减少叶轮数目。同时，最好把中段撤除，将轴缩短。值得注意的是，减少叶轮时，不可拆掉首级叶轮，以免增加吸入阻力而可能产生汽蚀；去掉几个叶轮时，应间隔撤减。

②切削叶轮。当水泵富余的扬程小于一级叶轮的扬程时，再用车削叶轮外径的方法减少多余扬程。

5）提高水泵排水效率的途径

当水泵排水效率低下时，不仅会导致能源的浪费、增加矿山排水成本，而且会减少设备工作寿命以及导致井下积水不能及时排出地表。为提高水泵排水效率，一般可采用以下措施：

①避免不同型号和规格的水泵并联运行。应按通过试验确定的经济运行方式来开启水泵。

②采用高水位排水，尽量降低吸水高度。

③采用正压排水。

④加强水泵的维修与管理，尤其是首级叶轮、平衡盘、大小口环磨损超限后，应及时更换，水泵安装符合要求，检修达到标准。

⑤去掉底阀，采用射流泵或真空泵抽空吸水，可以减少吸水阻力损失。

⑥定期清理水仓和吸水井，减少泥沙对水泵叶轮的磨损并防止堵塞过滤网。

6）对于水砂充填矿井，降低水砂比

水砂充填矿井的水砂比变化范围很大，对生产电耗的影响较大。因此在水砂充填的矿井中，充填用水量应根据水砂比进行计算，尽量减少用水量。

降低水砂比的主要措施：

①减少充填管路的急剧弯曲，接头部分的管口不能有错动，管垫不能伸入管内等，以减小充填管路的阻力。

②尽可能连续充填，减少充填的间断次数，以减少洗管和供水时间。为了保持连续充填，必须使信号、通讯、管路、水泵和沉淀池等设施保持正常状态。为了不间断地充填，必须采用一边充填一边退管的操作方法。

③充填之前，必须备足砂料，保持充填过程中的砂量稳定，避免充填中途断砂，空往井下放水。

④定时定点观测充填管路的压力，根据各点压力的变化情况，及时增减砂量，以保证尽可能提高给砂能力。

思考题与习题

1. 泵在矿山运行中扮演着什么角色？起着什么作用？

2. 矿用水泵按其作用原理分为哪些类型？

3. 为什么矿井中通常使用离心式水泵？

4. 对于 D280-43×3 型水泵，解释该型号不同字母和数字的意义。

5. 轴向推力对水泵的危害以及解决措施？

6. 简述一下离心式水泵的结构组成有哪些？不同结构有哪些主要构件？

7. 水泵的扬程有几种、有何关系？试说明它们的物理意义。

8. 矿用离心泵的基本性能参数有哪些？

9. 什么是水泵的工况点？怎么确定水泵工况点？如何对工况点进行调节？

10. 水泵串联和并联的目的和特点分别是什么？

11. 为什么要防止水泵空化？如何防止水泵空化现象发生？

12. 离心式水泵启动与停泵的正确操作顺序是什么？向泵内灌引水排真空的方法有哪些？

13. 自选型号，画出该型号离心式水泵并联和串联的扬程性能曲线图。

14. 矿山排水系统经济运行应该如何进行？查阅相关资料并结合所掌握的专业知识进行阐述。

15. 若已知某水泵的总扬程为 220 m，流量为 306 m^3/h，求该水泵的有效功率，如果这台水泵的总效率为 64%，其轴功率是多少？

16. 在转速为 1450 r/min 的条件下，测得某单级水泵的性能参数如表 5-4 所列。求：

(1) 各测点的效率；

(2) 绘制该水泵的性能曲线。

表 5-4　某单级水泵性能参数

测点号	1	2	3	4	5	6	7
$Q/(L \cdot s^{-1})$	0	2	4	6	8	10	12
H/m	15.2	15.6	15.5	14.9	14.0	12.6	10.4
N/kW	0.61	0.76	0.92	1.15	1.44	1.77	2.02

17. 若水泵的实际扬程为 204 m，排水量为 288 m^3/h，排水管的总损失(包括出口动压)为 14 mmH_2O，试绘制管路特性曲线。

第6章　矿山供水系统设计

6.1　管网图确定

输水管道系统按照其功能一般分为输水管渠和配水管网。

输水管渠指从水源到城市水厂或者从城市水厂到相距较远管网的管线或渠道。它的作用很重要，在某些远距离输水工程中，它的投资很大。

配水管网是指由调节构筑物直接向用户配水的管道，配水管内流量需要依据用户用水量的变化而变化。

输水和配水管网是保证输水到供水区内并且配水到所有用户的全部设施。它包括：输水管渠、配水管网、泵站、水塔和水池等。对输水和配水系统的总要求是，供给用户所需的水量，保证配水管网足够的水压，保证不间断供水。

管网是供水系统的主要组成部分。它和输水管渠，二级泵站及调节构筑物（水池、水塔等）有密切的联系。

供水管网的布置应满足以下要求：

①按照矿山规划平面图布置管网，布置时应考虑供水系统分期建设的可能，并留有充分的发展余地。

②管网布置必须保证供水安全可靠，当局部管网发生事故时，断水范围应减到最小。

③管线遍布在整个给供水区内，保证用户有足够的水量和水压。

④力求以最短距离敷设管线，以降低管网造价和供水能量费用。

尽管供水管网有各种各样的要求和布置，但不外乎两种基本形式：树状网（见图6-1）和环状网（见图6-2）。

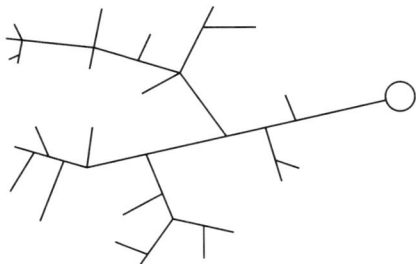

图6-1　树状网

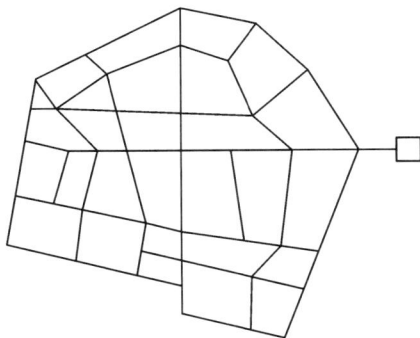

图6-2　环状网

树状网的干管和配水管的布置形似树枝，干线向供水区延伸，管线的管径随用水量的减少而逐渐缩小，这种管网的管线长度最短，构造简单，供水直接，投资最省。但当管网中任一段管线损坏时，在该管段下游的所有管线就会断水，供水可靠性较差。另外，在树状网的末端，因用水量已经很小，管中的水流缓慢，甚至停滞不流动，因此水质容易变坏，有出现浑水和红水的可能。一般小城市和小型工矿企业中供水要求不太严格时，可以采用树状网。或者，在城市建设初期可先采用树状网，以后再发展规划形成环状网。

环状网中，管线间连接成环状，当任一段管线损坏时，可以关闭附近的阀门使其和其余管线隔开，然后进行检修，水还可从另外管线供应用户，断水的地区可以缩小，从而供水可靠性增加。环状管网还有降低水头损失，节省能量、缩小管径以及减少水锤威胁等优点，有利于安全供水。但环状管网管线长，需用较多材料，增大建设投资，使环状网的造价明显比树状网高。

供水管网必须有充足的输配水能力，工作安全可靠，经济实用。在实际工程中，常用树状网和环状网混合布置。根据具体情况，在主要供水区布置成环状网，而在次要区域则以树状网形式向四周延伸。供水可靠性要求较高的工矿企业须采用环状网，并用树状网或双管输水到个别较远的车间。

地下供水管网系统图应根据矿山开拓、采掘进度计划等有关资料绘制，如图 6-3 所示。地下供水管网一般为枝状管网。系统图上对基建范围内的管道和整个设计范围内的管道应加以区别，对不属于本次基建范围内的设计管道一般用虚线表示。

地下供水管网通常与压气管网绘制在同一张图上。为简化起见，图 6-3 中仅绘制了一个中段的压气管道。

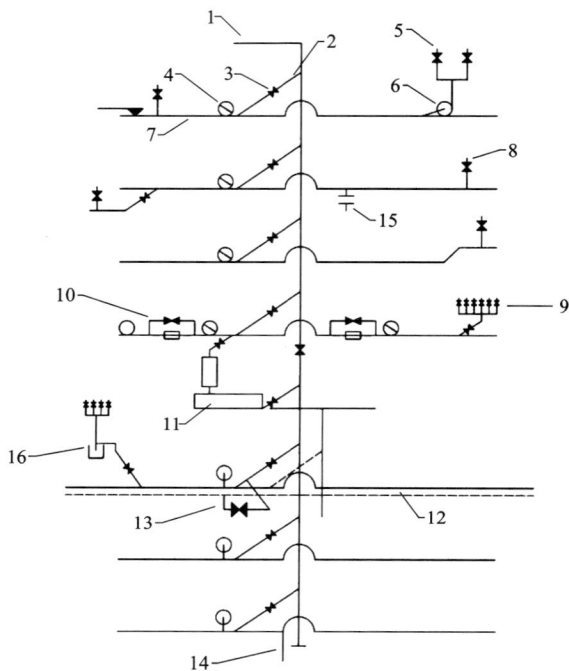

1—从地面来的供水主管；2—中段与主管的联络管；
3—闸阀；4—水压表；5—采场工作面管；
6—局部压力补偿水泵(此泵宜配调速电机)；
7—中段干线管；8—天井工作面管；9—孔板减压器；
10—减压阀；11—减压水箱；12—压气管；
13—供水管与压气管为灭火紧急用的联络管上的逆止阀；
14—下部装载碉室等用水的管道；15—消火栓；16—气压水箱。

图 6-3 矿山供水系统示意图
(注：减压水箱通常放置在中段马头门；
气压水箱则放置在中段、天井或采场内)

供水管网图上首先应根据各用水设备的用水量标明各管段所需通过的流量 Q 及相应的长度 L；然后根据管径及水力计算最终结果标上各管段的管径 d 及其他辅助设施(减压水箱、减压阀、气压水箱、加压水泵等)。

6.2 用水量确定

6.2.1 用水量定额

用水量定额是确定设计用水量的主要依据，它可影响供水系统相应设施的规模、工程投资、工程扩建的期限、今后水量的保证等方面，所以必须慎重考虑，应结合现状和规划资料并参照类似地区或工业的用水情况，确定用水量定额。

用水量定额是指设计年限内达到的用水水平，因此需从城市规划、工业企业生产情况、居民生活条件和气象条件等方面，结合现状用水调查资料分析，进行远近期水量预测。城市生活用水和工业用水的增长速度，在一定程度上是有规律的，但如对生活用水采取节约用水措施，对工业用水采取计划用水、提高工业用水重复利用率等措施，则可以降低用水量的增长速度，故在确定用水量定额时应考虑这种变化。

居民生活用水定额和综合用水定额，应根据当地国民经济和社会发展规划和水资源充沛程度，在现有用水定额基础上，结合供水专业规划和供水工程发展条件综合分析确定。

1. 居民生活用水

城市居民生活用水量由城市人口、每人每日平均生活用水量和城市供水普及率等因素确定。这些因素随城市规划的大小而变化。通常，住房条件较好、供水排水设备较完善、居民生活水平相对较高的大城市，生活用水量定额也较高。

我国幅员辽阔，各城市的水资源和气候条件不同，生活习惯各异，所以人均用水量有较大的差别。即使用水人口相同的城市，因城市地理位置和水源等条件不同，用水量也有较大的差别。一般来说，我国东南地区、沿海经济开发特区和旅游城市，因水源丰富，气候较好，经济比较发达，用水量普遍高于水源短缺、气候寒冷的西北地区。

影响生活用水量的因素很多，设计时，如缺乏实际用水量资料，则居民用水定额和综合用水定额可参照《室外给水设计标准》的规定，见表6-1和表6-2。

表6-1 平均日居民生活用水定额 单位：L/(人·d)

分区	超大城市	特大城市	Ⅰ型大城市	Ⅱ型大城市	中等城市	Ⅰ型小城市	Ⅱ型小城市
一区	140~280	130~150	120~220	110~200	100~180	90~170	80~160
二区	100~150	90~140	80~130	70~120	60~110	50~100	40~90
三区	—	—	—	70~110	60~100	50~90	40~80

表6-2　平均日综合生活用水定额　　　　　　　单位：L/（人·d）

分区	超大城市	特大城市	Ⅰ型大城市	Ⅱ型大城市	中等城市	Ⅰ型小城市	Ⅱ型小城市
一区	210~400	180~360	150~330	140~300	130~280	120~260	110~240
二区	150~230	130~210	110~190	90~170	80~160	70~150	60~140
三区	—	—	—	90~160	80~150	70~140	60~130

　　水厂总供水量除以用水人口的水量，也就是包括综合生活用水、工业用水、市政用水及其他用水的城市综合用水量。因其中工业用水占很大比例，而各城市的工业结构和规模以及发展水平差别很大，所以暂无该项定额。城市综合用水量的调查数据见表6-3，供参考。

表6-3　城市综合用水量调查表　　　　　　　单位：L/（人·d）

城市规模	特大城市		大城市		中、小城市	
分区	最高日	平均日	最高日	平均日	最高日	平均日
一	507~682	437~607	568~736	449~597	274~703	225~656
二	316~671	270~540	249~561	214~433	224~668	189~449
三	—	—	229~525	212~397	271~441	238~365

2. 工业企业生产用水和工作人员生活用水标准

　　工业企业生产用水一般是指工业企业在生产过程中，用于冷却、空调、制造、加工、净化和洗涤方面的用水。在城市供水中，工业用水占很大比例。生产用水中，冷却用水量是大量的，特别是火力发电、冶金和化工等工业。空调用水则以纺织、电子仪表和精密机床生产等二业用得较多。

　　工矿企业门类很多，生产工艺多种多样，用水量的增长与国民经济发展计划、工业企业规划、工艺的改革和设备的更新等密切相关，因此通过工业用水调查以获得可靠的资料是非常重要的。

　　设计年限内生产用水量的预测，可以根据工业用水的以往资料，按历年工业用水增长率以推算未来的水量；或根据单位工业产值的用水量、工业用水量增长率与工业产值的关系，或单位产值用水量与用水重复利用率的关系加以预测。

　　工业用水指标一般以万元产值用水量表示。不同类型的工业，万元产值用水量不同。如某城市中用水单耗指标较大的工业多，则万元产值的用水量也高；即使同类工业部门，由于管理水平提高、工艺条件改革和产品结构的变化，尤其是工业产值的增长，单耗指标会逐年降低。提高工业用水重复利用率，重视节约用水等可以降低工业用水单耗。随着工业的发展，工业用水量也随之增长，但用水量增长速度比不上产值的增长速度。工业用水的单耗指标由于水的重复利用率提高而有逐年下降趋势。由于高产值，低单耗的工业发展迅速，因此万元产值的用水量指标在很多城市有较大幅度的下降。

　　有些工业企业的规划，往往不是以产值为指标，而以工业产品的产量为指标，这时，工业企业的生产用水量标准，应根据生产工艺过程的要求确定，或是按单位产品计算用水量，如每生产一吨钢要多少水，或按每台设备每天用水量计算，可参照有关工业用水量定额。生产用水量通常由企业的工艺部门提供。在缺乏资料时，可参考同类型企业用水指标。在估计工业企业生产用水量时，应按当地水源条件、工业发展情况、工业生产水平，预估将来可能达到的重复利用率。

工业企业内工作人员生活用水量和淋浴用水量可按《工业企业设计卫生标准》计算。工作人员生活用水量应根据车间性质决定。一般车间采用每人每班 25 L，高温车间采用每人每班 35 L。淋浴时间在下班后 1 h 内进行。

3. 消防用水标准

消防用水只在火灾时使用，历时短暂，但从数量上说，它在城市用水量中占有一定的比例，尤其是中小城市，所占比例甚大。消防用水量、水压和火灾延续时间等，应按照现行的《建筑设计防火规范》等执行。

城市或居住区的室外消防用水量，应按同时发生的火灾次数和一次灭火的用水量确定，见表 6-4。

表 6-4 城市、居住区同一时间内的火灾次数和一次灭火用水量

人数 N/万人	同一时间内火灾次数/次	一次灭火用水量/$(L \cdot s^{-1})$
$N \leq 1$	1	10
$1 < N \leq 2.5$	1	15
$2.5 < N \leq 5$	2	25
$5 < N \leq 10$	2	35
$10 < N \leq 20$	2	45
$20 < N \leq 30$	2	55
$30 < N \leq 40$	2	65
$40 < N \leq 50$	3	75
$50 < N \leq 60$	3	85
$60 < N \leq 70$	3	90
$70 < N \leq 80$	3	95
$80 < N \leq 100$	3	100

工厂、仓库和民用建筑的室外消防用水量，可按同时发生的火灾次数和一次灭火的用水量确定，见表 6-5 和表 6-6。

表 6-5 工厂、仓库和民用建筑在同一时间内的火灾次数

名称	基地面积/ha	附近居住区人数/万人	同一时间内的火灾次数/次	备注
工厂	≤100	≤1.5	1	按需水量最大的一座建筑物（或堆场、储罐）计算
		>1.5	2	工厂、居住区各一次
	>100	不限	2	按需水量最大的两座建筑物（或堆场、储罐）之和计算
仓库、民用建筑	不限	不限	1	按需水量最大的一座建筑物（或堆场、储罐）计算

表 6-6 工厂、仓库和民用建筑一次灭火的室外消火栓用水量

耐火等级	建筑物类别		用水量/(L·s⁻¹)					
			$V \leqslant 1500$	$1500 < V \leqslant 3000$	$3000 < V \leqslant 5000$	$5000 < V \leqslant 20000$	$20000 < V \leqslant 50000$	$V > 50000$
一、二级	厂房	甲、乙类	10	15	20	25	30	35
		丙类	10	15	20	25	30	40
		丁、戊类	10	10	10	15	15	20
	仓库	甲、乙类	15	15	25	25	—	
		丙类	15	15	25	25	35	45
		丁、戊类	10	10	10	15	15	20
	民用建筑		10	15	15	20	25	30
三级	厂房（仓库）	乙、丙类	15	20	30	40	45	—
		丁、戊类	10	10	15	20	25	35
	民用建筑		10	15	20	25	30	
四级	丁、戊类厂房（仓库）		10	15	20	25	—	—
	民用建筑		10	15	20	25	—	—

注：V 为建筑物体积，m^3。

4. 其他用水

浇洒道路和绿化用水量应根据路面种类、绿化面积、气候和土壤等条件确定。浇洒道路用水量按车行道面积计算确定，一般为 1.0~1.5 L/(m²·次)，按每日浇洒 1 次计算。大面积绿化用水量按绿化面积计算，可采用 1.5~2.0 L/(m²·d)。

城市的未预见水量和管网漏失水量可按最高日用水量的 15%~25% 合并计算；工业企业自备水厂的上述水量可根据工艺和设备情况确定。

6.2.2 用水量变化

无论是生活或生产用水，用水量经常在变化。生活用水量随着生活习惯和气候而变化，如假期比平时高，夏季比冬季用水多；从我国大中城市的用水情况可以看出，在一天内又以早晨起床后和晚饭后用水最多。又如工业企业的冷却用水量，随气温和水温而变化，夏季多于冬季。用水量定额只是一个平均值，在设计时还须考虑每日、每时的用水量变化。在设计规定的年限内，用水最多一日的用水量，叫作最高日用水量。一般用以确定供水系统中各类设施的规模。在一年中，最高日用水量与平均日用水量的比值，叫作日变化系数 K_d。根据供水区的地理位置、气候、生活习惯和室内给排水设施程度，其值为 1.1~1.5。在最高日内，每小时的用水量也是变化的，变化幅度和居民数，房屋设备类型、职工上班时间和班次等有关。最高 1 h 用水量与平均时用水量的比值，叫作时变化系数 K_h，该值在 1.3~1.6。大中城市的用水比较均匀，K_h 值较小，可取下限，小城市可取上限或适当加大。

在设计供水系统时，除了求出设计年限内最高日用水量和最高日的最高 1 h 用水量外，还应知道 24 h 的用水量变化，以确定各种供水构筑物的大小。

图 6-4 为某大城市的用水量变化曲线。图中每小时用水量按最高日用水量的百分数计，图形面积等于 $\sum_{i=1}^{24} Q_i\% = 100\%$，$Q_i$ 是以最高日用水量百分数计的每小时用水量。用水高峰集中在 8—10 时和 16—19 时，因为城市大，用水量也大，各种用户用水时间相互错开，使各小时的用水量比较均匀，时变化系数 K_h 为 1.44，最高时（上午 9 时）用水量为最高日用水量的 6%。

实际上，用水量的 24 h 变化情况天天不同，图 6-4 只是说明大城市的每小时用水量相差较小。中小城市的 24 h 用水量变化较大，人口较少用水标准较低的小城市，24 h 用水量的变化幅度更大。

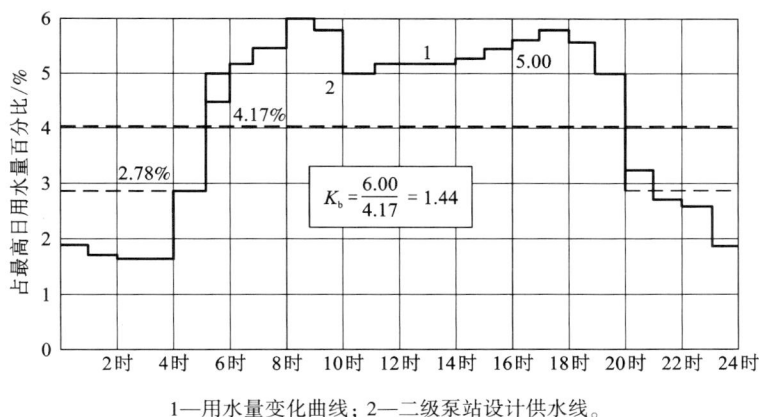

1—用水量变化曲线；2—二级泵站设计供水线。

图 6-4 城市用水量变化曲线

对于新设计的供水工程，用水量变化规律只能依据该工程所在地区的气候、人口，居住条件、工业生产工艺、设备能力、产值等情况，参考附近城市的实际资料确定。对于扩建工程，可进行实地调查，获得用水量及其变化规律的资料。

6.2.3 用水量计算

用水量是设计供水管网的基本数据。设计用水量的确定除参照国家规定的用水量定额，还应根据实际调查资料，结合具体情况以及工程设计期限并留有适当余地。设计期限应根据城市或工业的发展规划，远近期结合，一次规划分期施工建设。

城市总用水量计算时，应包括设计年限内该供水系统所供应的全部用水：居住区综合生活用水，工业企业生产用水和职工生活用水，消防用水，浇洒道路和绿地用水以及未预见水量和管网漏失水量，但不包括工业自备水源所需的水量。

城市或居住区的最高日生活用水量 $Q_1(\mathrm{m^3/d})$：

$$Q_1 = qNf \tag{6-1}$$

式中：q 为最高日生活用水量定额，$\mathrm{m^3/(d \cdot 人)}$；N 为设计年限内计划人口数；f 为自来水普及率，%。

整个城市的最高日生活用水量定额应参照一般居住水平定出，如城市各区的房屋卫生设备类型不同，用水量定额应分别选定。一般城市计划人口数并不等于实际用水人口数，所以应按实际情况考虑用水普及率，以便得出实际用水人数。

城市各区的用水量定额不同时，最高日用水量应等于各区用水量的总和：

$$Q_1 = \sum q_i N_i f_i \tag{6-2}$$

式中：q_i、N_i、f_i 分别表示各区的最高日生活用水量定额、计划人口数和用水普及率。

除居住区生活用水量外，还应考虑工业企业职工的生活用水和淋浴用水量 Q_2，以及居住区生活用水量中未计的浇洒道路和大面积绿化所需的水量 Q_3。

城市管网同时供给工业企业用水时，工业生产用水量 $Q_4(\mathrm{m^3/d})$：

$$Q_4 = qB(1 - n) \tag{6-3}$$

式中：q 为城市工业万元产值用水量，$\mathrm{m^3/万元}$；B 为城市工业总产值，万元；n 为工业用水重复利用率。

除了上述各种用水量外，再增加相当于最高日用水量 15%~25% 的未预见水量和管网漏水量。

因此，设计年限内城市最高日的用水量为：

$$Q_d = (1.15 - 1.25)(Q_1 + Q_2 + Q_3 + Q_4) \tag{6-4}$$

根据最高日用水量可得到最高时设计用水量 $Q_h(\mathrm{m^3/h})$：

$$Q_h = \frac{K_h Q_d}{24} \tag{6-5}$$

式中：K_h 为时变化系数；Q_d 为最高日设计用水量。

如上式中令 $K_h = 1$，即得最高日平均时的设计用水量。

6.3 供水管网管段流量

在供水管网的全部管线中，主要是由干管系统所组成。干管的基本任务是沿着主要的供水方向把水送到整个供水区域内。在干管之间的适当位置以连通管连接起来，就构成干管管网；再将干管管网上连接配水管线，就组成了配水管网。这个管网的基本任务是直接供给城市中生活、生产用水以及消防用水。

供水工程总投资中，管网费用所占的比例很大，一般为 60%～80%，因此必须进行多种方案比较，以得到经济合理的满足近期和远期用水需求的最佳方案。

供水管网的计算是确定管径和供水时的水头损失。为了确定管径，就必须先确定设计流量。新建和扩建的城市管网按最高时用水量计算，据此求出所有管段的直径、水头损失、水泵扬程和水塔高度(当设置水塔时)。并在此管径基础上，按其他用水情况，如消防时、事故时、对置水塔系统在最大传输时各管段的流量和水头损失，从而可以知道按最高用水时确定的管径和水泵扬程能否满足其他用水时的水量和水压要求。

6.3.1 沿线流量计算

供水管网在工作时，水不断地从干管管网流向配水管网，同时沿线向两边供水，因干管和分配管上接出许多用户，水管沿线既有工厂、机关、旅馆等大量用水的单位，也有数量很多但水量较少的居民用水，沿管线配水，情况比较复杂。先取出配水管网上的一段管路，向两旁用户供水，沿线有数量较多的用户用水 q_1、q_2、q_3……，每个配水点的流量 q_i 并不大，同时流量也不固定，在不同时间内水量变化很大，因此，管网真实情况确实很复杂。还有分配管的流量 Q_1、Q_2、Q_3……，供工厂、机关等大用水户的集中流量 Q_i，各用户用水量大小不等，用水高峰不同时出现，各户用水大小随时间变化，所以在干管管网上每一管段的配水情况都是极其复杂的。如果按照实际用水情况来计算管网，非但不可能，并且因用户用水量经常变化也没有必要。因此，计算时往往加以简化，即假定用水量均匀分布在全部干管上，由此算出干管线单位长度的流量，叫作比流量：

$$q_s = \frac{Q - \sum q}{\sum l} \tag{6-6}$$

式中：q_s 为比流量，L/(s·m)；Q 为管网供水的总流量，L/s；$\sum q$ 为管网供应大用户集中流量的总和，L/s；$\sum l$ 为配水的干管有效长度，m，不供应的管段不计算在内，单侧供水的管子只算一半长度，经过无建筑的地区、广场、公园等不予计算管长。

从公式(6-6)看出，干管的总长度一定时，比流量随用水量增减而变化，最高用水量和最大传输时的比流量不同，所以在管网计算时须分别计算。城市内人口密度或房屋卫生设备条件不同的地区，也应该根据各区的用水量和干管线长度，分别计算其比流量，以得出比较接近实际用水的结果。

有了比流量 q，就可以计算某一管段的配水流量，称之为"沿线流量"。根据比流量求出各管段沿线流量的公式如下：

$$q_1 = q_s l \tag{6-7}$$

式中：q_1 为沿线流量，L/s；l 为该管段的长度，m。

整个管网的沿线流量总和 $\sum q_1 = \sum q_s l$。由公式（6-7）可知，$\sum q_s l$ 值等于管网供给的总用水流量减去大用户集中用水总流量，即 $\sum q_s l = Q - \sum q$。

以上方法是以单位管段长度计算的比流量，此计算方法的缺点是干管管段的长度有时不能反映供水范围的大小，因为整个干管管网系统所负担的供水面积是不均匀的，不考虑供水面积的大小，都按单位管段长度计算就会产生较大的误差，所以，为了反映实际的供水范围，供水面积大的干管供水量多，因此，比流量也可按单位供水面积来计算。

以单位面积计的比流量可用下式计算：

$$q_A = \frac{Q - \sum q}{\sum A} \tag{6-8}$$

式中：q_A 为按单位面积计算的比流量，L/（s·m²）；$\sum A$ 为供水面积的总和，m²。

供水面积的计算，可按供水干管经过的街区画对角线的方法计算干管的供水面积，如图 6-5，管段 1—2 负担的面积为 $A_1 + A_2$，此法比较简便，但粗糙；另外供水面积可用等分角线的方法来划分街区，如图 6-6 所示，管段 3—4 负担的面积为 $A_3 + A_4$，此法比较麻烦，但较为精确。

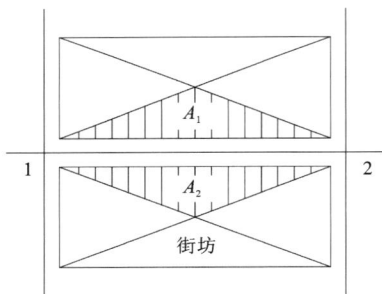

图 6-5　按对角线划分供水面积

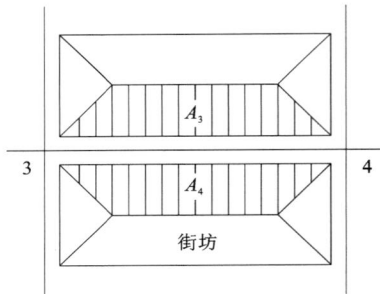

图 6-6　按等分角线划分供水面积

在街区长边上的管段，其两侧供水面积均为梯形。在街区短边上的管段，其两侧供水面积均为三角形。这种方法虽然比较准确，不过计算较为复杂，对于干管分布比较均匀、干管距大致相同的管网，不必采用按供水面积计算比流量的方法。

有了按单位面积计算的比流量 q_A，就可以计算出各管段的沿线流量：

$$q_1 = q_A A \tag{6-9}$$

式中：q_1 为沿线流量，L/s；A 为某一管段的供水面积，m²。

6.3.2　节点流量计算

管网中每一管段的流量包括两部分：一部分是沿管段配水给用户的沿线流量；另一部分是传输到下游管段的传输流量。在一条管段中，传输流量是通过管段的不变流量，但沿线流量从管段始端逐渐减少，至末端为零。管段输配水情况见图 6-7（a）。图中 6-7（a）管段起点

1 处的流量是传输流量 q_t 与沿线流量 q_l 之和，而管段终点 2 的流量仅为传输流量 q_t。按计算比流量的假定，沿线流量呈直线变化。但是这样变化的流量，还难以计算管径和水头损失。为了计算方便，需进一步简化。简化的方法是引用一个不变的流量，称为计算流量 q（或称折算流量），如图 6-7(b) 所示，使它产生的水头损失和图 6-7(a) 的变流量所产生的水头损失完全一样。

管段计算流量 q 可用下式表示：

$$q = q_t + \alpha q_l \tag{6-10}$$

式中：α 为折减系数（折算系数）。

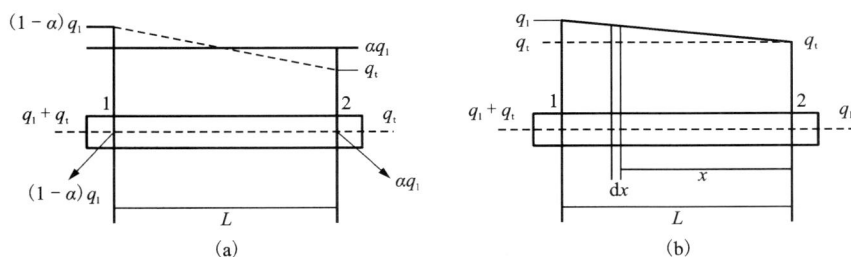

图 6-7　流量折算示意图

由于流量的简化可以将图 6-7(a) 的流量情况转化成图 6-7(b) 的流量情况。在 1、2 两节点之间是不变的流量 q，q 实际上变成了一个新的传输流量 $q_t + \alpha q_l$。因为原来在管段起点 1 的流量是 $q_t + q_l$，但计算时改为 q，所以两者之差为：

$$q_t + q_l - q = (1 - \alpha)q_l \tag{6-11}$$

为了保持原来流量的大小不变，必须在 1—2 管段两端分别有流量流出来，将 $(1-\alpha)q_l$ 当作由 1 节点流出来的流量；αq_l 当作 2 节点流出来的流量，因为 1、2 是管网的节点，所以这两个流量称为节点流量。

为了求出 α 的值，首先列出 α 的表达式。设图 6-7(a) 中距管终点 2 的 x 处，其计算流量为 q_x，则 q_x 值为：

$$q_x = q_t + q_s x \tag{6-12}$$

根据水力学，当 q_x 经过微小长度 $\mathrm{d}x$ 后的水头损失为：

$$\mathrm{d}h = \alpha q_x^2 \mathrm{d}x = \alpha(q_t + q_s x)^2 \mathrm{d}x \tag{6-13}$$

式中：α 为管段的比阻。

流量变化的管段 L 中的水头损失为：

$$h = \int_0^L \mathrm{d}h = \int_0^L \alpha(q_t + q_s x)^2 \mathrm{d}x = \alpha \int_0^L (q_t^2 + 2q_t q_s x + q_s^2 x^2)\mathrm{d}x = \alpha\left(q_t^2 + q_t q_s L + \frac{1}{3}q_s^2 L^2\right)L \tag{6-14}$$

在图 6-7(b) 中，管段 1—2 的流量为折算流量 q 时，其水头损失为：

$$h = \alpha q^2 L \tag{6-15}$$

按照上述这两个流量产生的水头损失相等的条件，令上述两式相等，就可以得出折算系数：

$$\alpha q^2 L = \alpha \left(q_{\text{t}}^2 + q_{\text{t}} q_{\text{s}} L + \frac{1}{3} q_{\text{s}}^2 L^2 \right) L \qquad (6\text{-}16)$$

$$q^2 = q_{\text{t}}^2 + q_{\text{t}} q_{\text{s}} L + \frac{1}{3} q_{\text{s}}^2 L^2 \qquad (6\text{-}17)$$

由 $q = q_{\text{t}} + \alpha q_1$ 得：

$$q_{\text{t}}^2 + q_{\text{t}} q_{\text{s}} L + \frac{1}{3} q_{\text{s}}^2 L^2 = (q_{\text{t}} + \alpha q_1)^2 \qquad (6\text{-}18)$$

$$q_{\text{t}}^2 + q_{\text{t}} q_{\text{s}} L + \frac{1}{3} q_{\text{s}}^2 L^2 = (q_{\text{t}}^2 + 2\alpha q_{\text{t}} q_1 + \alpha^2 q_1^2) \qquad (6\text{-}19)$$

以 q_1 代替 $q_{\text{s}} L$ 得：

$$q_{\text{t}}^2 + q_{\text{t}} q_1 + \frac{1}{3} q_1^2 = (q_{\text{t}}^2 + 2\alpha q_{\text{t}} q_1 + \alpha^2 q_1^2) \qquad (6\text{-}20)$$

化简整理后得：

$$\alpha^2 + 2\alpha \frac{q_{\text{t}}}{q_1} - \left(\frac{q_{\text{t}}}{q_1} + \frac{1}{3} \right) = 0 \qquad (6\text{-}21)$$

令 $q_{\text{t}} / q_1 = \gamma$ 得：

$$\alpha^2 + 2\alpha\gamma - \left(\gamma + \frac{1}{3} \right) = 0 \qquad (6\text{-}22)$$

解得：

$$\alpha = -\gamma \pm \sqrt{\gamma^2 + \gamma + \frac{1}{3}} \qquad (6\text{-}23)$$

γ 应为正值，则得：

$$\alpha = -\gamma + \sqrt{\gamma^2 + \gamma + \frac{1}{3}} \qquad (6\text{-}24)$$

从上式可见，折算系数 α 只和 $q_{\text{t}} / q_1 = \gamma$ 的值相关。

当 γ 趋于 0 时，即为传输流量 q_{t} 趋于 0 时，$\alpha = 0.58$；

当 γ 趋于 ∞ 时，即为传输流量 q_{t} 远大于沿线流量时，可按极限值求解：

$$\alpha = \sqrt{\gamma^2 + \gamma + \frac{1}{3}} - \gamma = \frac{\left(\sqrt{\gamma^2 + \gamma + \frac{1}{3}} - \gamma \right) \left(\sqrt{\gamma^2 + \gamma + \frac{1}{3}} + \gamma \right)}{\sqrt{\gamma^2 + \gamma + \frac{1}{3}} + \gamma} = 0.5 \quad (6\text{-}25)$$

由此可见，因管段在管网中的位置不同，γ 值不同，折算系数 α 值也不等。一般，在靠近管网起端的管段，因传输流量比沿线流量大得多，α 接近于 0.5，相反，靠近管网末端的管段，α 值大于 0.5。为便于管网计算，通常统一采用 $\alpha = 0.5$，即将沿线流量折半作为管段两端的节点流量，在解决工程问题时，已足够精确。

因此管网任一节点的节点流量为：

$$q_i = \alpha \sum q_1 = 0.5 \sum q_1 \qquad (6\text{-}26)$$

即任一节点 i 的节点流量 q_i 等于与该节点相连各管段的沿线流量 q_1 总和的一半。

城市管网中，工业企业等大用户所需流量，可直接作为接入大用户节点的节点流量。工业企业内的生产用水管网,水量大的车间用水量也可直接作为节点流量。

这样,管网图上只有集中在节点的流量,包括由沿线流量折算的节点流量和大用户的集中流量。大用户的集中流量,可以在管网上单独注明,也可和节点流量加起来,在相应节点上注出总流量。一般在管网计算图的节点旁引出箭头,注明该节点的流量,以便于进一步计算。

6.3.3　管段流量计算

任一管段的计算流量实际上包括该管段两侧的沿线流量和通过该管段输送到以后管段的传输流量。为了初步确定管段计算流量,必须按最大时用水量进行流量分配,得出各管段流量后,才能据此流量确定管径和进行水力计算,所以流量分配在管网计算中是一个重要环节。

在分配流量时,必须满足节点流量平衡的水力学条件,即流向任一节点的全部流量等于从该节点流出的流量。

$$\sum q = 0 \qquad\qquad (6-27)$$

该式称为连续性方程,即流离节点的流量假定为正(+),流向节点的流量假定为负(-),其代数和为 0。

单水源的树状管网中,从水源(二级泵站、高地水池等)供水到各节点只有一个流向,如果任一管段发生事故时,该管段以后的地区就会断水,因此每条管道的计算流量等于该管道以后(顺水流方向)各节点流量的总和。

例如图 6-8 为树状管网,水由二级泵站供出后,由管网的一端输入,它的水流方向只有一个,现计算部分管段的计算流量:

管段 3—4 的流量为:

$$q_{3-4} = q_4 + q_5 + q_8 + q_9 + q_{10}$$

管段 4—8 的流量为:

$$q_{4-8} = q_8 + q_9 + q_{10}$$

由图 6-8 可以看出,树状网的流量分配比较简单,各管段的流量易于确定,并且每一管段只有唯一的流量值。

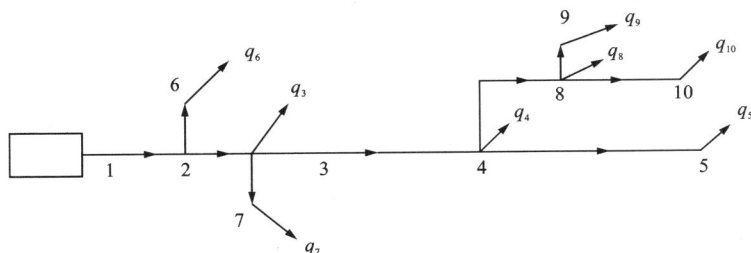

图 6-8　树状网流量分配

在环状管网中流量分配较复杂,因流向任一节点的流量与流离该节点的流量通常均不止一个,且每一管段中的流量与其下端的节点流量没有一定的联系,如满足 $q = 0$ 的条件时,则各管段的流量分配可以有无穷多的解，只有另加水力条件才能有唯一的解，这个问题将在环状网的水力计算中再详述。环状管网分配流量时，除必须保持每一节点的水流连续性，也就是流向任一节点的流量必须等于流离该节点的流量，以满足节点流量平衡的条件外，用式表示为：

$$q_i + \sum q_{ij} = 0 \qquad (6-28)$$

式中：q_i 为节点 i 的节点流量；$\sum q_{ij}$ 为从节点 i 到节点 j 的管段流量，L/s。

还必须符合下述原则：

①管网图上确定主要的水流方向，使水流沿最近路线输送到大用水户和边远地区。

②在平行的干管中所分配的流量应大致相近，以免一条干管损坏时，其余干管承担不了70%以上的输配水任务。

和干管线垂直的连接管，其作用主要是沟通平行干管之间的流量，有时起一些输水作用，有时只是就近供水到用户，平时流量一般不大，只有在干管损坏时才传输较大的流量，因此连接管中可分配较少的流量。

以图 6-9 的节点 5 为例，流离节点的流量为 q_5、q_{5-6}、q_{5-8}，流向节点的流量为 q_{2-5}、q_{4-5}，因此可得：

$$q_5 + q_{5-6} + q_{5-8} - q_{2-5} + q_{4-5} = 0$$

同理，节点 1 为：

$$-Q + q_1 + q_{1-2} + q_{1-4} = 0$$

或

$$Q - q_1 = q_{1-2} + q_{1-4}$$

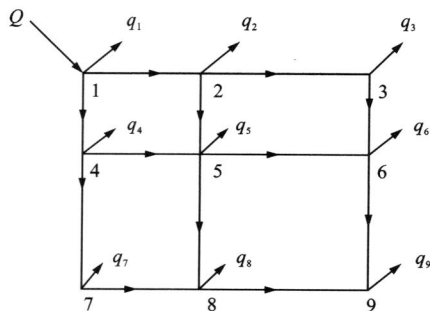

图 6-9 环状网流量分配

由图 6-9 可以看出对节点 1 来说，即使进入管网的总流量 Q 和节点流量 q_1 已知，各管段的流量 q_{1-2} 和 q_{1-4} 等值，还可以有不同的分配，也就是有不同的管段流量。以图 6-9 中的节点 1 为例，如果在分配流量时，对其中的一条，例如管段 1—2 分配很大的流量 q_{1-2}，而另一管段 1—4 分配很小的流量 q_{1-4}，因 $q_{1-2} + q_{1-4}$ 仍等于 $Q - q_1$，即保持水流的连续性，这时敷管费用虽然比较经济，但明显和安全供水产生矛盾。因为当流量很大的管段 1—2 损坏需要检修时，全部流量必须在管段 1—4 中通过，使该管段的水头损失过大，从而影响整个管网的供水量或水压。

环状网可以有许多不同的流量分配方案，但是都应保证供给用户所需的水量，并且满足节点流量平衡的条件。因为流量分配的不同，所以每一方案所得的管径也有差异，管网总造价也不相等，但一般不会有明显的差别。环状网流量分配时，应同时兼顾经济性和可靠性。经济性是指流量分配后得到的管径，应使一定年限内的管网建造费用和管理费用为最小，可靠性是指能向用户不间断地供水，并且保证应有的水量、水压和水质。很明显，经济性和可靠性之间往往难以兼顾，一般只能在满足可靠性的要求下，力求管网最为经济。

多水源的管网，应由每一水源的供水量定出其大致供水范围，初步确定各水源的供水分界线，然后从各水源开始，循供水主流方向按每一节点符合 $q_i + \sum q_{ij} = 0$ 的条件，以及经济和安全供水的要求考虑，进行流量分配。位于分界线上各节点的流量，往往由几个水源同时供给。各水源供水范围内的全部节点流量加上分界线上由该水源供给的节点流量之和，应等于该水源的供水量。

环状网流量分配后即可得出各管段的计算流量，由此流量即可确定管径。

6.4 管径计算

确定管网中各管段的直径是设计管网的主要任务之一，管段的直径应根据流速计算。由水力学公式得知，流量、流速和过水断面之间的关系是：

$$q = Av = \frac{\pi D^2}{4}v \qquad (6-29)$$

式中：q 为管段内通过的流量，m^3/s；A 为水管断面积，m^2；v 为管段内水的流速，m/s。

各管段的管径可按下式计算：

$$D = \sqrt{\frac{4q}{\pi v}} \qquad (6-30)$$

由该式可知，管径的尺寸不仅与通过的流量有关，而且还与所采取的流速有关，在未确定流速之前，只有一个流量是不能确定直径的。因此在管网计算中，流速的选择是个先决条件。

为了防止管网因水锤现象出现事故，限定了流速的极限值，在技术上限制最高流速在 2.5~3.0 m/s；为了避免在管道内沉积杂质，最小流速不得小于 0.6 m/s，从技术观点来说流速的变化范围很大，因此，需在上述流速范围内，根据当地的经济条件，考虑管网的造价和经营管理费用，来选定合适的流速。

从该式还可以看出：在流量不变的情况下，选择的流速愈小，则管径愈大，管网造价也愈高，但水头损失小，送水运转费低。反之，流速选得愈大，管径可以减小，造价也可以降低，但水头损失增加，使日常消耗的输水动力费用增高，从而增加管理费用，主要是电费，所以供水管径的选择就要综合考虑管道的管网造价与年管理费用这两个主要经济因素。一般采用优化方法求得流速或管径的最优解，在数学上表现为求一定年限(称为投资偿还期)内管网造价和管理费用(主要是电费)之和为最小的流速，称为经济流速，以此确定管径。

设 C_0 为一次投资的管网造价，M 为每年管理费用，则在投资偿还期 t 年内的总费用可按下述公式计算得出。管理费用中包括电费 M_1 和折旧费(包括大修费) M_2，因后者和管网造价有关，按管网造价的百分数计，可表示为 $\frac{P}{100}C_0$，由此得出：

$$W_t = C_0 + Mt \qquad (6-31)$$

$$W_t = C_0 + \left(M_1 + \frac{P}{100}C_0\right)t \qquad (6-32)$$

式中：P 为管网的折旧和大修率，以管网造价的百分数计。

如以 1 年为基础求出折算费用，即有条件地将造价费用折算为 1 年的费用，则得年折算费用公式为：

$$W = \frac{W_t}{t} = \frac{C_0}{t} + M = \left(\frac{1}{t} + \frac{P}{100} \right) C_0 + M_1 \qquad (6-33)$$

管网造价和管理费用都和管径有关。当流量已知时则造价和管理费用与流速有关，因此年折算费用既可用流速的函数也可以用管径 D 的函数表示，流量一定时，如管径 D 增大（v 相应减小），则式中右边第 1 项管网造价和折旧费增大，而第 2 项电费减小。这时年折算费用 W 和管径 D，以及年折算费用 W 和流速 v 的关系，分别如图 6-10 和图 6-11 所示。

从图可以看出，年折算费用 W 值随管径和流速的改变而变化，是一条下凹的曲线，相应于曲线最小纵坐标值的管径和流速，就是最经济的，经济管径为 D_e，经济流速为 v_e。

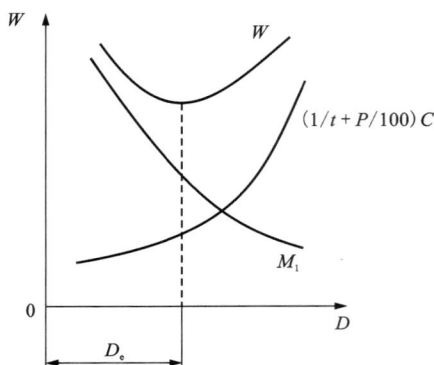

图 6-10　年折算费用和管径的关系

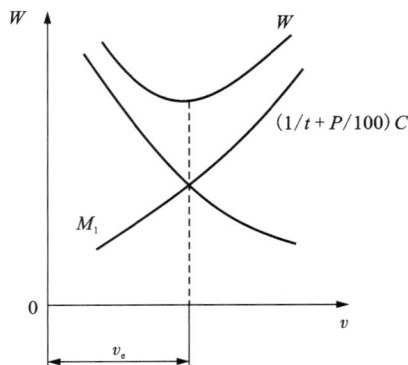

图 6-11　年折算费用和流速的关系

影响经济流速的因素很多，如动力价格、管材价格、施工费用、设计使用期限及设备折旧大修费用的百分数等，最主要的是造价及管理费用（电费）。根据我国的情况，各地区的电价、管材价格及施工费用等各不相同，因此各地区应有各自的经济流速，它是根据各地区的设计资料及经济技术条件计算出来的。表 6-7 为华东地区的经济流速与经济流量。

表 6-7　华东地区经济流速与经济流量表

管径/mm	经济流量/($m^3 \cdot h^{-1}$)		经济流速/($m \cdot s^{-1}$)	
	下限	上限	下限	上限
100	—	9.2	—	1.17
125	9.2	15.4	0.75	1.25
150	15.4	25.6	0.78	1.45
200	25.6	48.6	0.81	1.54
250	48.6	77.0	0.99	1.57
300	77.0	116.0	1.09	1.64
350	116.0	164.0	1.21	1.71
400	164.0	222.0	1.31	1.77

续表6-7

管径/mm	经济流量/(m³·h⁻¹)		经济流速/(m·s⁻¹)	
	下限	上限	下限	上限
450	222.0	287.0	1.40	1.81
500	287.0	405.0	1.44	2.06
600	405.0	605.0	1.46	2.15
700	605.0	835.0	1.57	2.17
800	835.0	1170.0	1.66	2.34
900	1170.0	1500.0	1.84	2.36
1000	1500.0	1910.0	1.91	2.42
1100	1910.0	2380.0	2.02	2.52
1200	2380.0	—	2.10	—

以上的分析是从单一管段着手进行的，即流量没有变化、管长已知、管径在全长上也不变，如输水管的情况；如果要分析在全长上包括许多具有不同流量和管径的管网中，要找出经济上最有利的流速或者同样找出经济上最有利的管径，此工作是非常复杂的。因为管网每个管段的经济流速值是不相同的，这和该管段的流量、进入管网的总流量与管网中其他管段的位置以及管网本身的形状有关，所以环状网技术经济计算方法相当复杂。在实际设计工作中常采用平均经济流速来选择管径，按此流速求出的管径，只是在经济上最有利的近似值。在一般设计时可以采用此法。

一般大管径可取较大的平均流速，小管径可取较小的平均经济流速。

以上是指水泵供水时的经济管径确定方法，所以在求经济管径时，考虑了抽水所需的电费。重力供水时，由于水源水位高于供水区所需水压，两者的标高差 H 可使水在管内重力作用下流动。此时，各管段的经济管径或经济流速，应按输水管渠和管网通过设计流量时的水头损失总和等于或略小于可以利用的标高差来确定。

6.5 管段水头损失计算

确定管网中管段的水头损失是设计管网的主要任务之一，知道了管段的设计流量和经济管径，便可以计算水头损失。在室外的供水管网中其管道大多都是水力长管，一般只计算沿管线长度的沿程水头损失。至于配件和附件如弯管、渐缩管和阀门等的局部水头损失，因和沿程水头损失相比很小，通常忽略不计，由此产生的误差极小，因此，供水管网任一管段两端节点的水压和该管段水头损失之间有下列关系：

$$H_i - H_j = h_{ij} \tag{6-34}$$

式中：H_i、H_j 分别为从某一基准面起的管段起端 i 和终端 j 的水压，m；h_{ij} 为管段 ij 的水头损失，m。

根据水力学中均匀流流速计算公式:

$$v = C\sqrt{Ri} \tag{6-35}$$

$$i = \frac{v^2}{C^2 R} = \frac{2g}{C^2 R}\frac{v^2}{2g} = \frac{8g}{C^2 D}\frac{v^2}{2g} = \frac{\lambda}{D}\frac{v^2}{2g} \tag{6-36}$$

式中:v 为管内的平均流速,m/s;C 为谢才系数 $m^{0.5}$/s;i 为水力坡度(单位管段长度的水力坡度);R 为水管的水力半径(圆管为 $R = D/4$);D 为管段的直径,m;λ 为沿程阻力系数($\lambda = \frac{8g}{C^2}$);g 为重力加速度。

设 q 为管段流量(m^3/s),A 为管段断面面积(m^2),得下列关系:

$$q = Av = \frac{\pi}{4}D^2 v \tag{6-37}$$

$$v = \frac{4q}{\pi D^2} \tag{6-38}$$

将 v 代入均匀流流速计算公式得:

$$i = \frac{\lambda}{D}\frac{q^2}{\left(\frac{\pi}{4}D^2\right)^2 2g} = \frac{8\lambda q^2}{g\pi^2 D^5} = \frac{8g}{C^2}\frac{8q^2}{g\pi^2 D^5} = \frac{64q^2}{\pi^2 C^2 D^5} = \alpha q^2 \tag{6-39}$$

式中:$\alpha = \dfrac{64}{\pi^2 C^2 D^5}$ 为管道的比阻,其值由管道的沿程阻力系数 λ 或谢才系数 C 和管径 D 而定。

水头损失计算公式一般表示为:

$$h = kl\frac{q^n}{D^m} = \alpha l q^n = s q^n \tag{6-40}$$

式中:k 为常数,n、m 为指数;l 为管段长度,m;$s = \alpha l$,为水管的摩阻。

令公式(6-40)中的 $n = 2$,并根据 $h = il$ 即得公式(6-39)。

供水管道内水流的三种流态情况:

①阻力平方区,此时比阻 α 值仅和管径及水管内壁粗糙度有关,而和雷诺数无关,例如旧铸铁管和旧钢管在流速 $v \geq 1.2$ m/s 时或金属管内壁无特殊防腐措施时,就属于这种情况;

②过渡区,此时比阻 α 值和管径、水管内壁粗糙度以及雷诺数有关,例如旧铸铁和旧钢管在流速 $v < 1.2$ m/s 时,以及石棉水泥管在各种流速时的情况;

③水力光滑区,此时比阻 α 值和管径及雷诺数有关,但和水管内壁粗糙度无关,例如应用塑料管和玻璃管时的情况。

目前国内外使用较广泛的一些水头损失计算公式介绍如下,其中,舍维列夫公式和巴甫洛夫斯基公式以及曼宁公式为国内常用,海曾–威廉公式和柯尔勃洛克公式在西方国家应用较多。

①舍维列夫公式。

适于旧铸铁管和旧钢管,水温 10 ℃,

当 $v \geq 1.2$ m/s 时:

$$i = 0.00107\frac{v^2}{D^{1.3}} \tag{6-41}$$

当 $v<1.2$ m/s 时：

$$i = 0.00912 \frac{v^2}{D^{1.3}} \left(1 + \frac{0.867}{v}\right)^{0.3} \tag{6-42}$$

式中：v 为流速，m/s；D 为水管的计算内径，m。

在工程设计中，为减少计算的工作量，可以直接查水力计算表，旧铸铁管和旧钢管的流量 q、管径 D、流速 v 及水力坡度按公式（6-41）和公式（6-42）计算列出成套的数据，不必按上列公式一个一个地计算。

根据公式（6-41）计算旧铸铁管和旧钢管的水力坡度时，如流速 $v \geqslant 1.2$ m/s，则舍维列夫公式的比阻 $\alpha = \dfrac{0.001736}{D^{5.3}}$ 值见表 6-8。

表 6-8　舍维列夫公式比阻 α 值

水管公称直径/mm	计算内径/mm	α 值	水管公称直径/mm	计算内径/mm	α 值
100	99	365.3	450	450	0.1195
150	149	41.85	500	500	0.06839
200	199	9.029	600	600	0.02602
250	249	2.752	700	700	0.0115
300	300	1.025	800	800	0.005665
350	350	0.4529	900	900	0.003034
400	400	0.2232	1000	1000	0.001736

当 $v<1.2$ m/s，水流在过渡区时，此时在表 6-3 上查得的比阻 α 值应乘修正系数 K，其值见表 6-9。

表 6-9　修正系数 K 值

$v/(\text{m} \cdot \text{s}^{-1})$	K	$v/(\text{m} \cdot \text{s}^{-1})$	K	$v/(\text{m} \cdot \text{s}^{-1})$	K
0.20	1.41	0.50	1.15	0.80	1.06
0.25	1.33	0.55	1.13	0.85	1.05
0.30	1.28	0.60	1.12	0.90	1.04
0.35	1.24	0.65	1.10	1.00	1.03
0.40	1.20	0.70	1.09	1.10	1.02
0.45	1.18	0.75	1.07	$\geqslant 1.20$	1.00

②巴甫洛夫斯基公式。

巴甫洛夫斯基公式为：

$$i = \frac{v^2}{C^2 R} \tag{6-43}$$

式中：C 为谢才系数，$C = \frac{1}{n} R^y$。

该公式适用于混凝土管，钢筋混凝土管和渠道的水头损失计算公式如下：

$$y = 2.5\sqrt{n} - 0.13 - 0.7\sqrt{R}(\sqrt{n} - 0.10) \tag{6-44}$$

式中：R 为水力半径，m；n 为管壁的粗糙系数；y 为 n 和 R 的函数。

在供水管网的计算中，可以将公式(6-44)简化为下列近似公式：

$$y = 1.5\sqrt{n} \quad (R \leqslant 1 \text{ m}) \tag{6-45}$$

$$y = 1.3\sqrt{n} \quad (R > 1 \text{ m}) \tag{6-46}$$

③曼宁公式。

曼宁将水力半径 R 的指数 y 定为常数，即 $y = 1/6$，则有：

$$C = \frac{1}{n} R^{\frac{1}{6}} \tag{6-47}$$

对于混凝土管和钢筋混凝土管，当 $n < 0.02$ 时，可得出以下公式：

$$n = 0.013 \text{ 时}, \quad i = 0.001743 \frac{q^2}{D^{5.33}} \tag{6-48}$$

$$n = 0.014 \text{ 时}, \quad i = 0.002021 \frac{q^2}{D^{5.33}} \tag{6-49}$$

式中：q 为流量，m^3/s；D 为管径，m。

比阻 α 值见表 6-10。

表 6-10 曼宁公式比阻 α 值

管径/mm	$n = 0.013$ $\alpha = 0.001743/D^{5.33}$	$n = 0.014$ $\alpha = 0.002021/D^{5.33}$	管径/mm	$n = 0.013$ $\alpha = 0.001743/D^{5.33}$	$n = 0.014$ $\alpha = 0.002021/D^{5.33}$
100	373	432	500	0.0701	0.0813
150	42.9	49.8	600	0.02653	0.03076
200	9.26	10.7	700	0.01167	0.01353
250	2.82	3.27	800	0.00573	0.00664
300	1.07	1.24	900	0.00306	0.00354
400	0.23	0.267	1000	0.00174	0.00202

④海曾-威廉公式。

在美国设计配水管网时，应用最广泛的是海曾-威廉公式，可用此公式确定管道内的水头损失与流速。

$$h = \frac{10.67 q^{1.852} l}{C^{1.852} D^{4.87}} \tag{6-50}$$

式中：l 为管径长度，m；D 为管径，m；q 为流量，m^3/s；C 为系数，其值见表6-11。

表6-11 海曾-威廉公式系数 C 值

水管种类	C 值	水管种类	C 值
塑料管	150	混凝土管、焊接钢管	120
新铸铁管、涂沥青或水泥的铸铁管	130	旧铸铁管和旧钢管	100

⑤柯尔勃洛克公式。

$$\frac{1}{\sqrt{\lambda}} = -2\lg\left(\frac{k/D}{3.71} + \frac{2.51}{R_e\sqrt{\lambda}}\right) \tag{6-51}$$

式中：λ 为沿程阻力系数；k 为绝对粗糙度，其值可参考表6-12；R_e 为雷诺数。

表6-12 绝对粗糙度 k 值

水管种类	k 值/mm	水管种类	k 值/mm
涂沥青铸铁管	0.05~0.125	石棉水泥管	0.03~0.04
涂水泥铸铁管	0.5	离心法钢筋混凝土管	0.04~0.25
涂沥青钢管	0.05	塑料管	0.01~0.03
镀锌钢管	0.125		

公式(6-51)的适用范围广，并且较接近实际情况，但运算较复杂，宜应用于电子计算机求解。应用上述各种水头损失计算公式时，由于公式本身的某些缺陷和系数值（如 n、C、k 值）在选用上的偏差，各式的计算结果有时相差较大。究竟应采用哪种公式，系数如何选择应参照实际的科学测定结果和有关规定。

6.6 树状供水管网水力计算

供水管网水力计算的任务是：在各种最不利的工作条件下，满足最不利点（一般指离二级泵站最远、最高的供水点）的供水水压和水量的要求，管网供水要可靠和不间断，管网本身及与此相联系的二级泵站和调节构筑物建造费与运行管理费之和应为最低。因此，管网水力计算的任务是在各种最不利条件下，求出管网各供水点的水压，由最不利点水压加上该点至二级泵站的水头损失定出二级泵站的最高扬程和相应的流量，这些数据是设计二级泵站的依据。

在管网计算中，最不利的工作情况有4种：

①最高日最高时供水，此时供水量最大，算出来的水压也最大，属于正常供水时中最不利的情况。

②最高日最高时加消防供水时，此种情况供水量是最大的，但是水压不一定比最高日最

高时供水的水压高，这是由于消防时管网的自由水头可以降低到 10 m。所以，最高日最高时加消防供水时的水压是否高于最高日最高时，这就要看具体设计的管网管径产生的水头损失与两种情况自由水头之差而定，属于管网设计计算中的特殊情况。

③最不利管段发生故障，此时供水量可以降低为 70%，属于事故供水，其压力可能最大。

④在设有对置水塔（或高地水池）的供水系统中，管网最大传输时流向水塔的流量比最高时流出的流量还大，此段管道的水头损失增大，可能出现水压最高的情况，属最大传输情况。管网的管径和水泵扬程，按设计年限内最高日最高时的用水量和水压要求决定。但是用水量是发展的也是经常变化的，为了核算所定的管径和水泵能否满足不同工作情况下的要求，就需进行其他 3 种用水量条件下的校核计算，以确保经济合理地供水。通过核算，有时需将管网中个别管段的直径适当放大，也有可能需要另选合适的水泵。

树状管网的计算比较简单，它的水流方向只有一个，流向任何节点的管段流量也只有一个，因此，从树状管网的节点流量计算出各管段的流量，只要在每一节点应用节点流量平衡条件 $q_i + \sum q_{ij} = 0$，无论从二级泵站起顺水流方向推算或从控制点起向二级泵站方向推算，只能得出唯一的管段流量，即树状管网只有唯一的流量分配。知道了流量就可以根据经济流速选出管径，由流量、管径和管长可以计算管段的水头损失。由地形标高和最不利点的自由水头可以求出各点的水压。这里，控制点的选择很重要，在保证该点水压达到最小服务水头时，整个管网不会出现水压不足地区。如果控制点选择不当而出现某些地区水压不足时，应重新选定控制点进行计算。

树状管网的计算是先计算主干线，后计算支线，选定一条干线，例如从二级泵站到控制点的任一条干管线，将此干线上各管段的水头损失相加，求出干线的总水头损失，即可计算二级泵站所需扬程或水塔所需的高度。干线计算后，得出干线上各节点包括接出支线处节点的水压标高（等于节点处地面标高加服务水头），可进行支线的计算，因为起点的水压标高已知，而支线终点的水压标高等于终点的地面标高与最小服务水头之和。从支线起点和终点的水压标高差除以支线长度，即得支线的水力坡度，再从支线每一管段的流量并参照此水力坡度选定相近的标准管径。

例题 6.1 某城市供水区用水人口 5 万人，最高日用水量定额为 150 L/（人·d），要求最小服务水头为 157 kPa（16 m 水柱）。节点 4 接某工厂，工业用水量为 400 m^3/d，两班制，均匀使用。城市地形平坦，地面标高为 5.00 m，管网布置见图 6-12。

解：

①总用水量。

②设计最高日生活用水量：$50000 \times 0.15 = 7500$ m^3/d $= 86.81$ L/s。

工业用水量：$400/16 = 25$ m^3/h $= 6.94$ L/s。

总用水量：$\sum Q = 86.81 + 6.94 = 93.75$ L/s。

③比流量：$q_s = (93.75 - 6.94)/(3025 - 600) = 0.0358$ L/（s·m）。

④沿线流量见表 6-13。

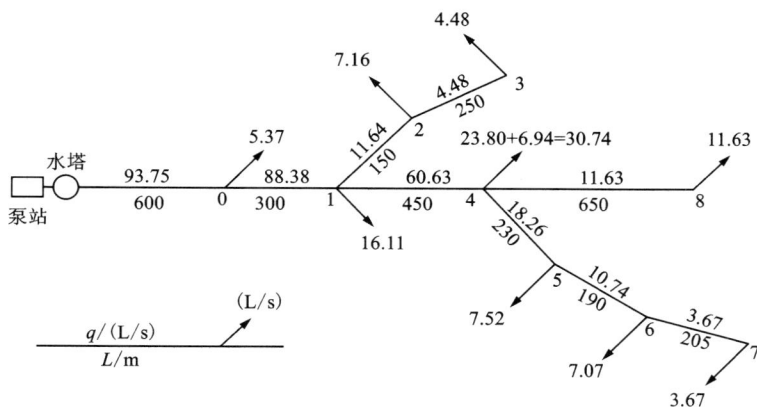

图6-12 某城市供水管网示意图

表6-13 管网沿线流量

管段编号	管段长度/m	沿线流量/(L·s⁻¹)	管段编号	管段长度/m	沿线流量/(L·s⁻¹)
0-1	300	10.74	4-5	230	8.23
1-2	150	5.37	5-6	190	6.8
2-3	250	8.95	6-7	205	7.34
1-4	450	16.11	合计	2425	86.81
4-8	650	23.27			

⑤节点流量见表6-14。

表6-14 管网各节点流量

节点	节点流量/(L·s⁻¹)	节点	节点流量/(L·s⁻¹)
0	5.37	5	7.52
1	16.11	6	7.07
2	7.16	7	3.67
3	4.48	8	11.63
4	23.8	合计	86.81

⑥城市用水区域地形平坦，控制点选在离泵站最远的节点8。干管各管段的水力计算见表6-15，管径按平均经济流速确定。

表 6-15　水力计算表

干管	流量/(L·s⁻¹)	流速/(m·s⁻¹)	管径/mm	管长/m	水力坡度	水头损失/m
水塔-0	93.75	0.75	400	600	0.00212	1.27
0-1	88.38	0.7	400	300	0.00187	0.56
1-4	60.63	0.86	300	450	0.0039	1.75
4-8	11.63	0.66	150	650	0.00617	4.01
合计						7.59

⑦干管上各支管接出处节点的水压标高：

节点 4：$16.00+5.00+4.01 = 25.01$ m

节点 1：$25.01+1.75 = 26.76$ m

节点 0：$26.67+0.56 = 27.32$ m

水塔：$27.32+1.27 = 28.59$ m

各支线的允许水力坡度为：

$$i_{1-3} = (26.67-16-5)/(150+250) = 0.0144$$

$$I_{4-7} = (25.01-16-5)/(230+190+205) = 0.00642$$

表 6-16 为各支线水力计算结果。

表 6-16　支线水力计算

管段	流量/(L·s⁻¹)	流速/(m·s⁻¹)	管径/mm	管长/m	水力坡度	水头损失/m
1-2	11.64	0.66	150	150	0.00617	0.93
2-3	4.48	0.57	100	250	0.00829	2.07
4-5	18.26	0.58	200	230	0.00337	0.78
5-6	10.74	0.61	150	190	0.00537	1.02
6-7	3.67	0.47	100	205	0.00581	1.19

参照水力坡度和流量选定支线各管段的管径时，应注意支线各管段水头损失之和不得大于允许的水头损失，但应充分利用可利用的水头损失，以达到经济的目的。例如支线 4—5—6—7 的总水头损失为 2.99 m，而允许的水头损失按支线起点和终点的水压标高差计算为 4.01 m，符合要求，否则须调整管径重新计算，直到满足要求为止。

⑧求水塔高度和水泵扬程。

按式 $H_t = H_c + Z_c + h_n - Z_t$ 计算水塔水柜底高度：

$$H_t = 16.00 + 5.00 + 4.01 + 1.75 + 0.56 + 1.27 - 5.00 = 23.59 \text{ m}$$

水塔建于水厂内，靠近泵站，因此水泵扬程为：

$H_泵 =$ 地面标高 + 水塔高度 + 水塔深度 - 泵站吸水井最低水位标高 + 泵站内和到水塔的管线总水头损失

$$= 5.00 + 23.59 + 3.00 - 4.70 + 3.00 = 29.89 \text{ m}$$

井下一般采用地表水池的自然压头的自流供水，因而流速并不按经济流速计算，但最大不宜超过 3 m/s。一般对于井筒中的主管取 1.0~2.0 m/s；对于中段干管及支管取 0.5~1.2 m/s。据此，可按照各管段所需通过的流量 Q，预选某一流速 v，即可初步定出各管段的管径 d。然后，根据各管段的流速、管径、管长及所选用的水管品种，进行各管段的水压损失计算。

对于常用的树状管网，应从离主管最远用水点的管段(包括软管在内)算起。

6.7 减压措施

6.7.1 减压阀减压

这是当前矿山最常采用的减压措施，其优点是减压阀规格多，减压范围宽，大口径的可以用作生产中段的主减压设备；小口径的可以随采掘设备及时移动，方便灵活。其缺点是对水质要求比较严格，当水质浑浊时其平衡孔易堵塞，维修工作量大。因此当水质不良时，则需在减压阀前安装相应的过滤器。

6.7.2 减压水箱减压

减压水箱容易制造，维护简单，出水压力不受进水压力影响，已为很多矿山所采用。其缺点是出水压力不可调控，适用范围小，一般只在各中段做主减压设备使用。

6.7.3 普通闸阀减压

在各供水支管上装闸阀，控制其开启程度，可有效降低该支管的水压。其缺点为受上游进水压力的影响，波动范围较大，应随进水压力的升降及时调整，以满足供水压力的要求。

6.7.4 孔板减压

孔板一经选定，即不可再做调整，但因其简单易行，用作中段平巷或其他作业标高基本固定条件下控制水压，还是可取的。孔板应安装在尽量离用水设备邻近的供水管上。

6.8 有色金属矿山供水节能设计

我国有色金属矿山企业大多建设在远离城镇且较偏远的山区，供水系统独立、完善，用水量较少，其水源多为地下水、水库水、浅河水等。随着矿山周边可用水源进一步减少，输水距离不断加长，地形地貌复杂多变，以及生产、生活用水设施需求不断完善等，这便形成了有色金属矿山具有全面、灵活、多变的供水特点。如何节能？在哪些主要环节节能才能取得明显效果？这些是摆在我们面前的重要课题。

所谓节能就是节约能源，减少能耗。对矿山供水系统而言，节能就是减少电能的用量，也就是减少水泵等动力设备输送水的用电量。在一定条件下，减少水量，降低水泵扬程，提高用电效率或利用地形高位的势能，采用节水设备和器具，科学计量、管理等方法都能达到节省用电设备用电量，即达到节能的目的。

有色金属矿山供水节能措施：

①科学统计用水量。

全面、认真、合理地统计采矿、选矿系统的生产及其附属生产设备用水量，尤其是准确统计较大用水设备的水量，就是最科学的节水措施。对开拓采准、破碎、筛分、磨矿、选别、除尘、轴封冷却、冲洒、补加水等工艺及其设备用水的计算，应突出重点，减少遗漏统计的用水量；生活用水，可根据矿山建筑性质、功能、用途及卫生器具的完善程度选择较低的用水额度，对从事轻污染及重污染工作人员的用水量应仔细分别统计。选用优质管材及其附配件，可使得管网漏损率大大减小。在统计未预见用水量与管网漏损率之和占总用水量时，选取 5% ~ 10%，因此按以上方法统计的用水量比传统的统计方法和其他行业统计的方法节水15% 以上。

②选择新型管材。

随着输水管材种类越来越多，选择适合该工程的管材尤为重要。在满足该产品质量、承压、经济、便于施工等指标要求前提下，矿山的采选工程应优先选择管道摩擦阻力小的新型管材，从而降低水泵的扬程，这在长距离输水管道系统中尤为明显。

③减少输水泵站级数。

通过提高输水系统的压力等级以实现减少输水泵站级数。在长距离动力输水沿途无泄流系统中，减少水泵站级数是运行最节能、建设投资最经济的方案之一。但从安全运行角度和我国在这一行业及相关产品设备、材料和施工水平发展现状来看，结合近些年矿山的采矿、选矿工程设计实践与运行经验，在有色金属行业的矿山中，泵站的每一级分界不宜大于2.5 MPa，在该压力范围内运行、管理是安全的。按本选择与按传统选择划分的泵站级数相比，可节省泵站数量在一半以上。这比相关技术规程中要求的——泵站的每一级分界不宜大于 1.0 MPa，有较大提高。

相邻的两个泵站，上一级泵站向下一级泵站输水，每级泵站必须考虑出流水头及泵站内的各项损失，一般取 0.1 MPa 左右，加上计算的扬程与选择水泵设备不能很好吻合，此时选择的水泵设备参数一定偏大，实际参数要比理论数值选择大得多，使得整个供水系统在低效耗能工况下运行。因此，每减少一级泵站其扬程至少能节省 0.2 MPa 及以上，这在长距离、多级泵站输水系统中，节能效果非常明显。

④优化水泵设计。

有色金属矿山的采矿、选矿工程中，供水系统方案多为：将水源的水用泵将其输送到高位水池，再由高位水池将水供给矿区各用户。水泵运行可分为常态供水与矿山刚启动调试时及其他回水系统事故时的最大供水。根据多年设计经验统计，大多有色金属矿山如：铜矿、钼矿、铅锌矿及多金属矿的选矿厂，其常态供水一般是最大供水量的 30% ~ 60%。由于每台水泵均有一定的效率，多台水泵同时工作总效率一定会下降，因此水泵工作台数越少效率越高。水泵总数不宜超过 3 台，并确保性能参数相同，常态供水一台工作，两台备用；最大供水时两台工作，一台备用，以达到最佳工况和较高效率；水泵可在 75% ~ 85% 高效段运行。同时选择高效优质水泵也是节能的重要手段之一。

⑤利用地形采用高位水池。

采用高位水池是有色金属矿山供水系统特色之一。在矿区范围内山上的适当高度设置高位水池,实现重力供水,这样既能保证停电和生产设备事故停车时重要系统的安全供水,又能实现保证用水点的用水量大小变化的要求。这种随用水点的用水量大小变化而变化的节能供水方式与微机变频调速控制水泵节能运行方式有着异曲同工之妙。同时也为上级水源泵站供水平稳节能运行提供了保证。

⑥使用节能型设备及其附属件。

在有色金属矿山工程的设计中,努力将用水设备改选成非用水设备,或将大用水量设备改为小用水量设备。如将空压机房的水冷式空压机改为风冷式空压机,将采矿、选矿的工艺设备换成油冷式设备。将用水型的轴封冷却的水泵、风机改成无水型的;水力除尘、加湿物料采用水雾喷嘴;选厂主厂房,破碎、筛分等车间地面、平台和转运站采用洒水清扫设计,取消水力冲洗等以减少用水量。

选择水力条件好,水头损失小的优质阀门。好的厂家生产的同类产品可减少 2.0 m 左右水头损失。这在有色金属矿山的长输、高压、长期运行的管道供水系统上节能尤为明显。

在采场、选厂各车间的生活卫生间里,办公综合楼、倒班宿舍、招待所及食堂等建筑内,卫生器具的供水水嘴采用陶瓷芯节水水嘴、汽水混合水嘴,采用红外感应控制,采用节水型水箱、延时冲洗阀等。

选用以上的设备、器具,同时控制设备(除对进水压力有特殊要求以外)及卫生器具进水压力 0.15~0.2 MPa 可大大降低用水量。

思考题与习题

1. 供水管网的布置形式有几种?其各自的优缺点是什么?

2. 矿山供水系统确定用水量需要考虑什么因素?

3. 供水管网水力计算的目的是什么?

4. 矿山供水管网的减压措施有哪些?

5. 请用思维导图的方式描述矿山供水系统的设计过程。

6. 矿山供水系统的节能措施可以从哪些方面入手?请举例说明。

7. 请通过互联网,查找一城市、建筑或矿山的供水(给水)系统的设计案例,结合课堂所学知识进行分析并展示。

8. 目前我国大力倡导智能矿山和绿色矿山概念,你认为在矿山供水系统设计的哪些方面可以结合这些概念?

9. 某城市最高时总用水量为 284.7 L/s,其中集中供应工业用水量为 189.2 L/s。干管各管段名称及长度(单位:m)如图 6-13 所示,管段 4—5、1—2 及 2—3 为单侧配水,其余为双侧配水,试求:

(1)干管的比流量;

(2)各段的沿线流量;

(3)各节点流量。

图 6-13　第 9 题用图

第7章 地下矿排水系统设计

7.1 地下矿排水系统的确定

地下矿排水系统应该根据矿井的实际情况，如井深、开拓方式、各可采水平涌水量、矿井服务年限以及设备能力进行综合分析，列出可能实施的排水方案，进行技术经济比较，选择技术上合理、排水费用低的作为优选的排水系统。经比较后各项指标相差不大，应优先选用自流排水和直接排水系统。

7.1.1 自流排水

地下矿排水，在有条件的地方应尽可能采用自流排水。自流排水投资省，经营费用少，管理简单和生产可靠，同时安全性较高，安全性是自流排水最大的优点之一，在突然发生大量涌水时，一般的水沟可以很容易排出大量的水，突然涌出的水在一定时间内即使沿整个平硐底板的宽度流动也不会产生严重后果。因而在地形条件允许的情况下，即使在自流排水的投资明显高于机械排水时，但考虑到常年经营费的节省和生产的方便可靠，也应优先采用自流排水。例如当矿山使用平硐开拓时，可以通过自流排水，将涌水直接排出地表。平硐开拓自流排水示意图如图7-1所示。

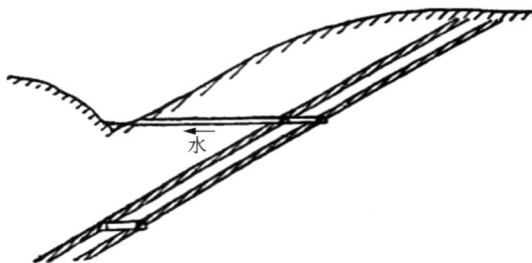

图7-1 平硐开拓自流排水示意图

与此同时，为了在气候严寒的天气避免因冰冻而影响平硐开拓作业，需在距离平硐一定范围内挖掘深水沟并增加保温措施，这会增加一定的矿山成本。

7.1.2 直接排水和分段排水

需要用到扬升式排水时，应该根据实际的工程状况，灵活采用排水方式。

图7-2(a)是在单水平竖井开采的情况下，使用直接排水系统，从井底到井口，直接将涌水排出地表。

图7-2(b)是在竖井多水平同时开采时，各个水平独立将井底的涌水直接排出地表，在使用平硐开拓的矿山也可以采用类似的排水方式。

图7-2(c)是当矿山采用分段竖井进行开采时，如果上部开采中段的涌水量较少，通过

技术经济对比，可以将上一个中段的涌水自流至下中段，在下中段的水仓集中后统一排出地表。采用统一排水时，上阶段的水流至下阶段排出，会增加能耗，但开拓工程量小，系统和管理简单，因此，此类直接排水系统通常用于矿井较浅、开采阶段数不多的矿山。

图 7-2(d)是斜井单水平开采时，如果开采地质条件比较稳定，没有大断层，经过技术经济指标比对后，可以采用钻孔下排水管的方法将水直接排到地面。若地质条件较为复杂或者开采深度较大，可以采用沿着斜井井筒敷设排水管路的方法，将水直排地面。

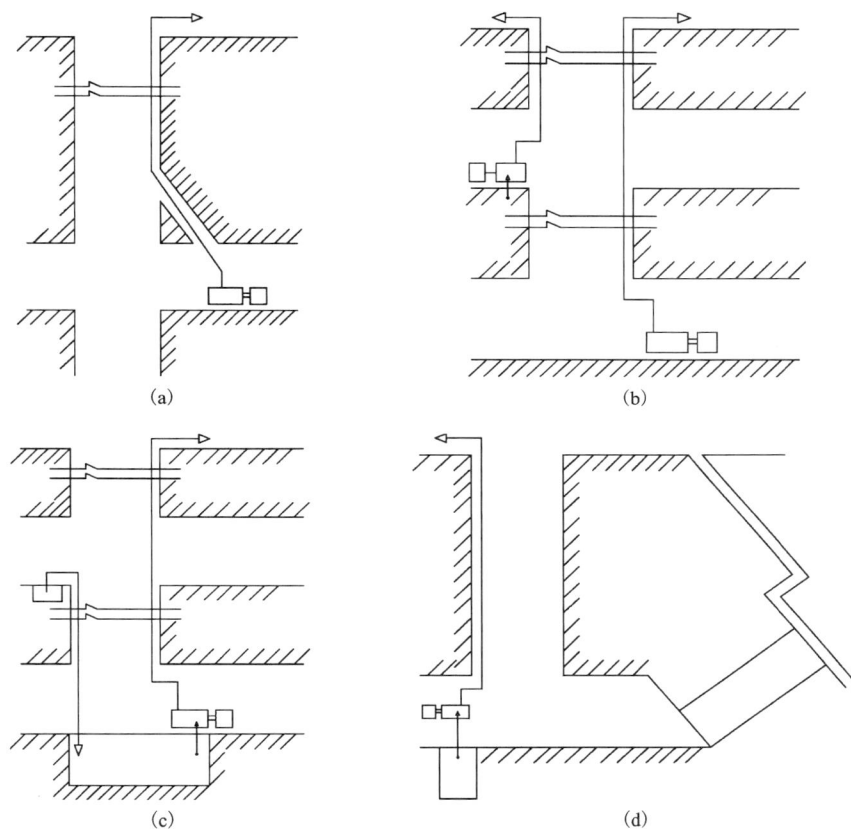

图 7-2　直接排水系统示意图

图 7-3(a)是竖井单水平开采时，由于开采深度较大，超过了水泵可能产生的扬程，直接排水已经不能满足排水需求，可以在井筒附近，两个水平开拓水泵房和水仓，将下水平的涌水排至上一个水平，如同接力一样，再由上一个水平的水泵排出至地面。图 7-3(b)是竖井联合斜井开采时的分段排水系统图。在斜井底部水平开拓独立的排水系统，通过斜井中敷设的管道，连接至上一个水平，涌水在上一个水平的排水系统中聚集后再集中排出。

采用分段排水系统的缺点是：分段排水系统虽然在每一个水平都有"独立"的排水系统，当上水平的排水设备因故障而停止运行，而又急需排水时，水仓中的储水能力达到极限后，两个水平都存在被淹没的风险。

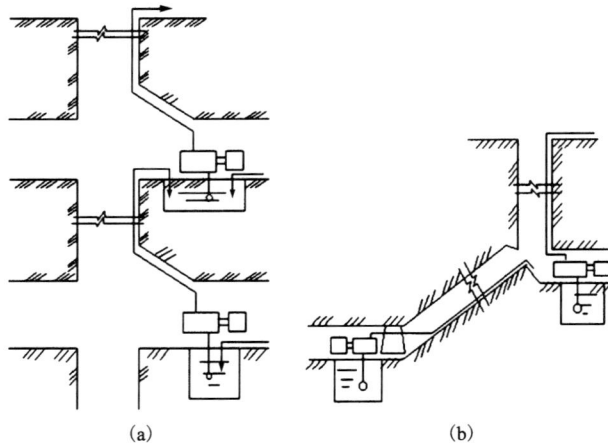

图 7-3　分段排水系统示意图

7.1.3　集中排水和分区排水

采用总的排水设备为数个矿井排水叫作集中排水。例如,1、2、3 号矿井(见图 7-4)之间以联络巷道互相接通,在其中的一个矿井中安设能力足够的水泵和所有排水设施,为三个矿井排水。连接各矿井的巷道应具有适当的坡度,以便使水流能够流向总水仓,在井下开采砂矿时采用集中排水具有重要意义。此种砂矿根据其地质条件经常成为较狭窄的弯曲的带状矿体,并沿着构成矿脉的古时水流的方向构成斜坡。由于岩石松软,矿井沿砂矿脉开凿的距离不会太大。为了排水,将每个矿井都布置在井田下部境界线的附近,使涌水能流至井筒附近的水仓。但是,为了组织集中的排水,各矿井之间可用巷道接通。

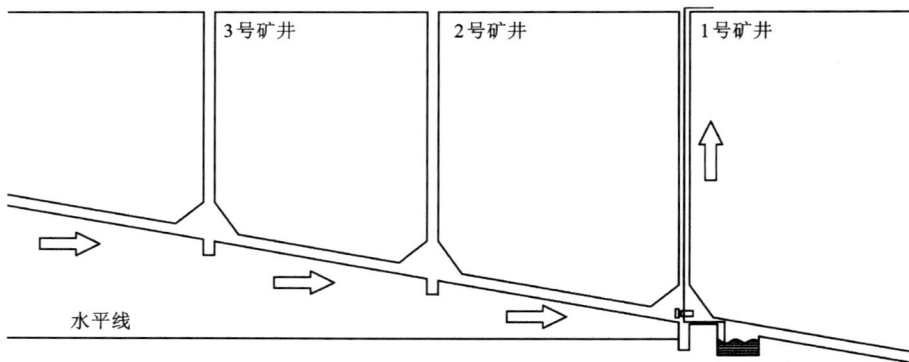

图 7-4　集中排水系统示意图

集中排水所需的巷道坡度往往会给运输工作造成困难。比如说,用 1 号及 2 号矿井开采急倾斜层群采用集中排水时(假设集中于 1 号井筒),为了使矿井水流动,则应向 1 号矿井井筒方向开凿成下坡。但是为了从 1 号及 2 号矿井之间将矿石运至任意一个矿井的提升地点,其间的巷道需尽量开掘成水平的。为了使水能流动，就不得不在石门中挖掘排水沟，同时水沟应向 1 号矿井井筒方向逐渐加深。显然这时石门的水平段不能太长，不然水沟的深度就会过大。

集中排水可以减少基本设备费，在生产过程中可以降低维护费及简化其管理。为在各种具体情况下解决采用集中排水是否合理的问题，应考虑排水及运输所需巷道坡度和不易解决的困难。除此之外，集中排水要求预先开掘较长的巷道。由于上述各种因素可能非常复杂，所以应根据各种不同的具体条件，选定具体方案。

将矿山各区段的积水，利用各个井筒所设的排水设备排出地表叫作分区排水。往往在矿井涌水量比较大的情况下，采用这种排水系统。但是不能集中进行管理。对矿井的浅部水平（距地表 100 m 以内）或者距井底车场较远的采区，采用通过专门的钻孔及小井直接向地表排水的方法，也是分区排水的一种（见图 7-5）。

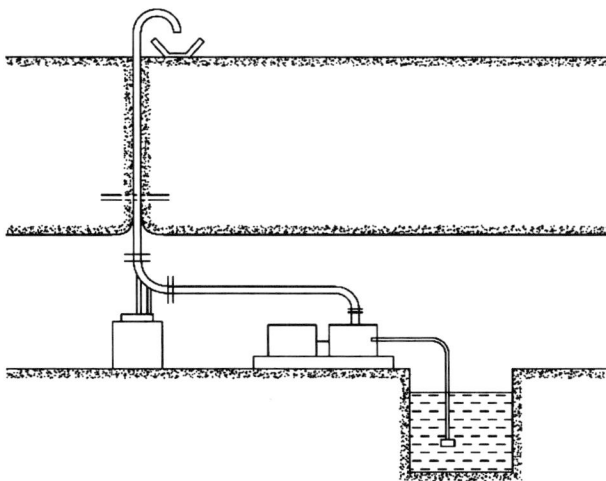

图 7-5　利用钻孔安设排水管道的排水系统

在矿井的排水系统中，往往没有主要的排水设备和辅助的排水设备，主要排水设备用作排出矿井的总涌水量，而辅助排水设备的作用则是从矿井的个别区域向主要设备的水仓排水，如图 7-6 所示。矿井中所有涌水集中于井底车场水仓，从这里用水泵将水排至地表，为了从倾斜巷道中向主要水仓排水就需要辅助排水设备。

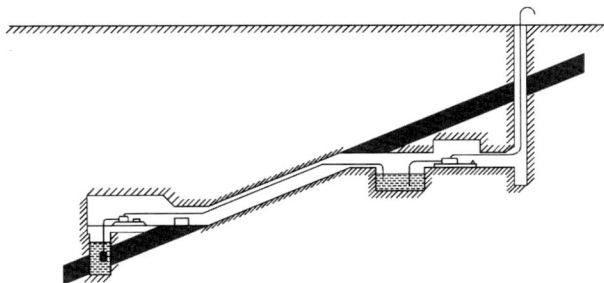

图 7-6　主要的以及辅助的排水设备工作情况

7.1.4 排水方案选择实例

如图 7-7 所示是某铜坑矿井下分级接力式排水示意图,水仓主要设在 505、355、305 中段(长坡 405、505 中段)。

矿山最大涌水量为 27400 m³/d,主水泵站设在 2#竖井 505 中段车场附近,水仓容积为 2400 m³,排水高度为 290.8 m,水质酸性,站内安装 5 台 200DⅡ-43×9 离心式耐酸水泵,流量 $Q=288$ m³/(h·台),扬程 $H=387$ m,每台功率为 440 kW,配备 2 条排水管,排水管管径为 350 mm。将水集中排出 2#竖井地面入 2#坝,2#坝中分沉淀坝和清水坝,以便井下生产循环用水。

355 水平排水站,水仓容积为 2400 m³,站内装有 4 台 200DⅡ-43×5 离心式耐酸水泵,流量 $Q=288$ m³/(h·台),扬程 $H=222$ m,每台功率为 300 kW,配备 2 条排水管,排水管管径为 350 mm,丰水季节排水量为 4882 m³/d,将水排到 505 主泵站。将水集中排出 2#竖井地面入 2#坝,2#坝中分沉淀坝和清水坝,以便井下生产循环用水。

2#竖井 341 水平井底水窝排水站,站内装有 2 台 4pH 砂泵,将水排到 355 泵站。

305 水平排水站,水仓容积为 2400 m³,站内装有 5 台 200DⅡ-43×7 离心式耐酸水泵,流量 $Q=288$ m³/(h·台),扬程 $H=300$ m,每台功率为 350 kW,配备 2 条排水管,排水管管径为 350 mm,将水排到 505 主泵站。

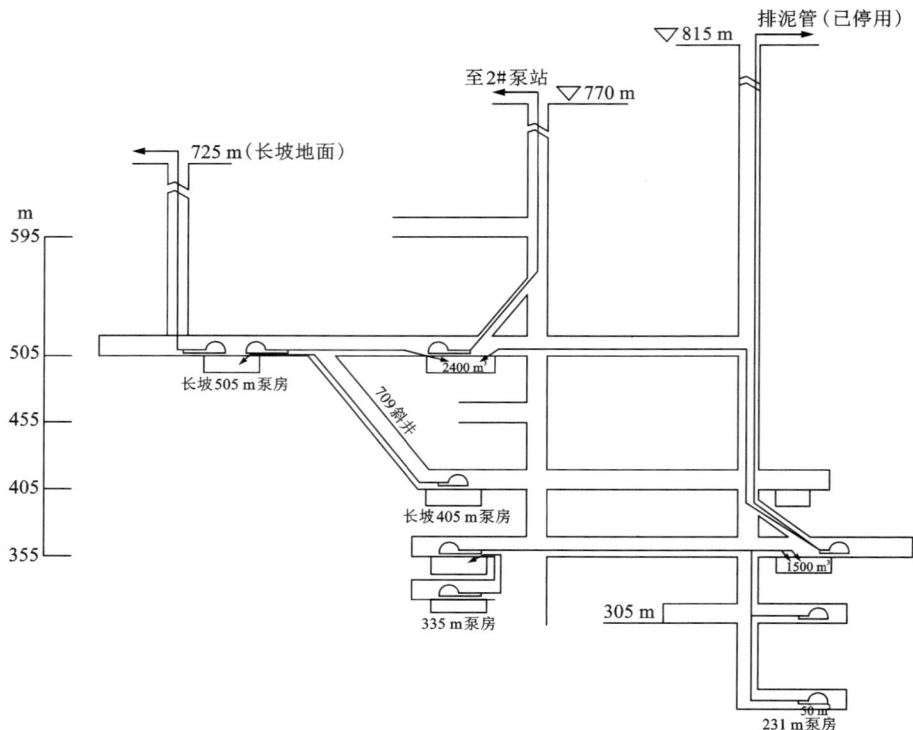

图 7-7　铜坑矿井下排水系统示意图

7.2　地下矿排水设备的选型计算

7.2.1　井下矿排水设备选择的相关规范

根据《采矿设计手册》，井下矿排水设备选择需要遵守以下规范：

①井下的排水设备，应当由至少 3 台同类型的排水泵组成(一台工作排水泵，一台备用排水泵，另外一台排水泵供检修)，工作水泵应能在 20 h 内排出一昼夜的正常涌水量；除检修水泵外，其他水泵应能在 20 h 内排出一昼夜的最大涌水量。

②水文地质条件复杂、有突水危险的矿山，可根据情况增设抗灾水泵或在主排水泵房内预留安装水泵的位置。

③确定水泵扬程时，应计入水管断面淤积后的阻力损失，较混浊的水，应按计算管路损失的 1.7 倍选取，清水可按计算管路损失选取。

④排水泵宜采用无底阀排水，其吸上真空度不应小于 5 m，并应按水泵安装地点的大气压力和温度进行验算。

⑤主排水泵应选择先进节能的排水设备。

⑥pH 小于 5 的酸性水，可采取防酸措施或采用耐酸泵。

⑦主排水泵房内的闸阀宜选用电动闸阀。

7.2.2　排水设备选型

1. 根据矿井的实际情况，确定井下正常需排水量以及最大需排水量

井下排水正常涌水量的计算，应在水文地质提交的正常涌水量的基础上，加上井下生产废水。

井下正常需排水量：

$$Q_n = Q_{z0} + Q_f \tag{7-1}$$

井下最大需排水量：

$$Q_m = Q_{z1} + Q_f \tag{7-2}$$

式中：Q_{z0} 为水文地质提交的正常涌水量；Q_f 为井下生产废水；Q_{z1} 为井下最大涌水量。

确定排水泵的排水能力：工作水泵应能在 20 h 内排出一昼夜的正常涌水量；除检修水泵外，其他水泵应能在 20 h 内排出一昼夜的最大涌水量。

工作水泵最小排水能力：

$$Q_0 = 1.2Q_n \tag{7-3}$$

工作水泵和备用排水泵最小排水能力：

$$Q_1 = 1.2Q_m \tag{7-4}$$

2. 初选水泵

1)估算水泵所需扬程

水泵所需扬程：

$$H_B = H_C / \eta_g \qquad (7-5)$$

式中：H_C 为排水高度；η_g 为管道效率，对于竖井，η_g 取 0.90~0.95，倾角大于 30°的斜井，η_g 取 0.83~0.80，倾角大于 20°小于 30°的斜井，η_g 取 0.77~0.80，倾角小于 20°的斜井，η_g 取 0.77~0.74。

2）水泵选型

根据计算的工作水泵最小排水能力 Q_0 和估算所需要的扬程 H_B，以及所排水的化学性质，在水泵样品中选择能够满足排水需要的水泵型号。若所排水的污染较为严重，应该考虑选择 MD 型耐磨水泵，如果 pH 小于 5，应该选择耐酸水泵，或者水质中性处理后，选择 D 型水泵。水泵的级数为：

$$i = \frac{H_B}{H_i} \qquad (7-6)$$

式中：H_i 为水泵单级扬程。当 $Q_{min} < Q_e \leq Q_C$，取 Q_0 所对应的单级扬程；当 $Q_C < Q_e \leq Q_{max}$，取 Q_e 所对应的单级扬程，其数值可由水泵的标准性能曲线（$H-Q$）查得。Q_{min} 为水泵工业利用区内的最小流量；Q_{max} 为水泵工业利用区内的最大流量；Q_e 为水泵的额定流量。

3）确定水泵台数

井下排水泵应该由 n_1 台工作水泵、n_2 台备用水泵以及 n_3 台检修水泵组成。

其中，工作水泵的台数 n_1 由所选水泵满足正常排水能力的台数确定。备用水泵台数 n_2 应当满足以下条件：$n_2 \geq 0.7n_1$（偏上取整数）和 $n_2 = 1.2Q_m/Q - n_1$（偏上取整数），其中，Q 为一台水泵的流量，两者中取 n_2 较大值。检修水泵的台数 $n_3 = 0.25n_1$（偏上取整数）。

井下排水泵的总台数：$n = n_1 + n_2 + n_3$。

3. 选择管路系统

①管路趟数的选择，水管必须有工作备用的，其中工作水管的能力应能配合工作水泵在 20 h 内排出矿井 24 h 的正常涌水量。工作和备用水管的总能力，应能配合工作备用水泵在 20 h 内排出矿井 24 h 的最大涌水量。涌水量小于 300 m^3/h 的矿井，排水管趟数也不得少于两趟。

根据我国目前矿井的涌水量、主排水泵的能力以及井筒的断面积，管路的趟数一般不宜超过 4 趟。

②泵房内管路布置方式主要取决于泵的台数和管路的趟数以及它们之间的组合方式，煤矿常见的泵和管路的布置方式如图 7-8 所示。

图 7-8（a）是 3 台泵两趟管路的布置方式。1 台泵工作时，可以通过其中任何一趟管路排水，另一趟管路备用；2 台泵同时工作时，可以分别通过一趟管路排水。

图 7-8（b）是 4 台泵三趟管路的布置方式。正常涌水期 2 台泵工作，可通过其中任两趟管路择水，另一趟管路备用；最大涌水期 3 台泵工作，可各用一趟管路排水。

图 7-8（c）是 5 台泵三趟管路的布置方式。正常涌水期 2 台泵工作，可通过其中任两趟管路排水，另一趟管路备用；最大涌水期 4 台泵工作，三趟管路排水，泵在并联管路上工作。

选管径的方法较多，有不少文献介绍了计算管径的方法和公式，但工程上常用的还是按经济流速法计算排水管径。

排水管的管径选择需要考虑在一定的管路流量下，使运转的费用和初期的投资费用之和

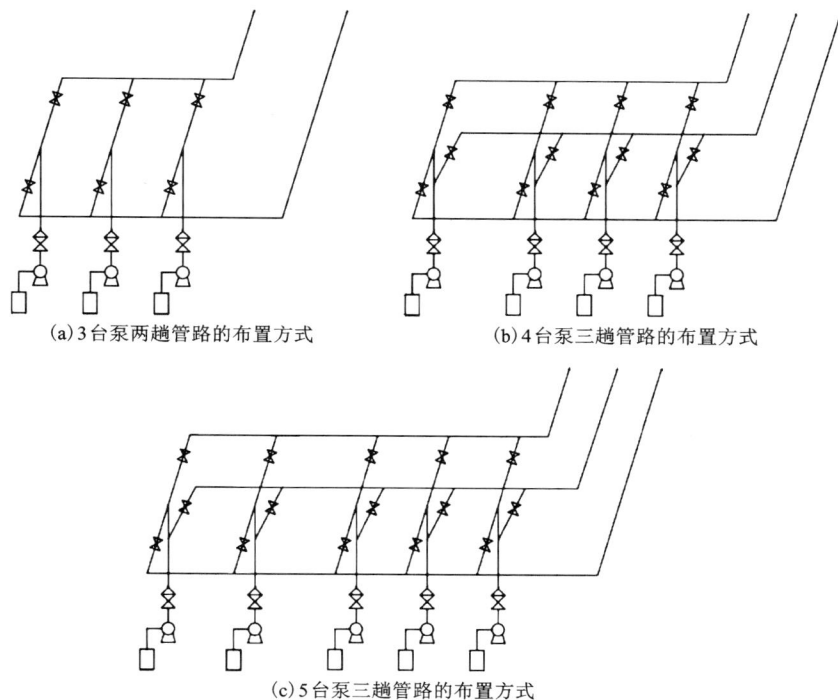

(a)3台泵两趟管路的布置方式 (b)4台泵三趟管路的布置方式

(c)5台泵三趟管路的布置方式

图7-8 管路布置方式

最低。管路初期的投资费用与管径成正比，运转的电耗与管径成反比，因此管径一旦选择偏小，会使水头损失变大，电耗变高，但是初期的投资较少；若管径的选择偏大，会使水头损失变小，电耗变低，但是初期的投资费用变高。因此，管径选择是决定运转费用在总费用中所占比重的重要因素，选择时需要综合考虑找出最合适的管径。

排水管内径计算：

$$d_p = \sqrt{\frac{4Q}{3600\pi V_p}} = 0.0188\sqrt{\frac{Q}{V_p}} \qquad (7-7)$$

式中：d_p 为排水管内径，m；Q 为排水管流量，m³/h；V_p 为排水管流速，一般取经济流速 $V_p = 1.5 \sim 2.2$ m/s。

管壁厚度计算：

$$\delta \geqslant 0.5d_p\left(\sqrt{\frac{\delta_z + 0.4P}{\delta_z - 1.3P}} - 1\right) + C \qquad (7-8)$$

式中：d_p 为标准管的内径，cm；δ_z 为管材的许用应力，无缝钢管取 80 MPa；P 为管内水压，$P = 0.01H_B$；C 为管壁附加厚度，对无缝钢管 $C = 0.1 \sim 0.2$ cm，取 0.15 cm。

吸水管内径计算：

$$d_x = d_p + 0.025 \qquad (7-9)$$

4. 确定工况

1）计算管路特性
排水管路特性方程有：

$$H = H_c + KRQ^2 \qquad (7-10)$$

式中：R 为管路阻力系数，s^2/m^5，可由下式计算得到。

$$R = \frac{8}{\pi^2 g}\left(\lambda_x \frac{L_x}{d_x^5} + \sum \xi_x \frac{1}{d_x^4} + \lambda_p \frac{L_p}{d_p^5} + \frac{\sum \xi_p + 1}{d_p^4}\right) \qquad (7-11)$$

式中：λ_x、λ_p 分别为吸、排水管的沿程阻力系数，其数值可按舍维列夫公式计算，即 $\lambda = \frac{0.021}{d_B^{0.3}}$（流速 $v \geq 1.2 \ m/s$），d_B 为水管内径；L_x、L_p 分别为吸、排水管长度，m，对吸水管取 $L_x = 7 \sim 8 \ m$，对排水管的估算值可取 $L_p = H_c + (40 \sim 50) \ m$；$d_x$、$d_p$ 分别为吸、排水管的内径，m；$\sum \xi_x$、$\sum \xi_p$ 分别为吸、排水管上局部阻力损失系数之和；g 为重力加速度，取 $9.81 \ m/s^2$。

在具体的矿井条件下，测量高度 H_c 是一个常数，若闸阀开度一定，管路阻力系数 R 也是一个定值，则管路特性也就随之而确定。这样根据上述关系式可知，每设定一个 Q 值，对应可计算出一个 H 值，这样可在标准性能曲线图中按相向比例绘制出管路特性曲线。

2）确定工况

在满足排水要求的各标准管中，分别开列各管路特性，并分别绘制在满足排水要求的各型号泵的标准性能曲线图上，其扬程曲线与管路特性曲线的交点，即为工况点，并分别开列各工况参数。

合理的工况应是工况点位于工业利用区内偏大流量区段，且工况点的效率大于70%，当工况点位于工业利用区小流量区段或超出工业利用区，若泵选择合理，均说明管路系统选择不合理，应重新选择管路系统。

3）校验排水时间

若正常涌水期有 n_1 台水泵工作，分别由各自的管路排水；最大涌水期有 n_1 台工作泵和 r_2 台备用泵同时工作，并分别通过各自的管路排水，则它们昼夜的排水时间分别为：

$$T = \frac{24Q_x}{n_1 Q_M}h \qquad (7-12)$$

$$T = \frac{24q_{max}}{(n_1 + n_2)Q_M}h \qquad (7-13)$$

利用以上二式计算的结果应是 $T_3 \leq 20 \ h$，$T_{max} \leq 20 \ h$。

5. 确定水泵的吸水高度（几何安装高度）

由水泵特性曲线查出工况时的允许吸上真空度后，可求出实际条件下预计的允许吸水高度：

$$H_S' = H_S - \left(10 - \frac{P_a}{9.8 \times 10^3}\right) + \left(0.24 - \frac{P_n'}{9.8 \times 10^3}\right) - \frac{8}{\pi^2 g}\left(\lambda_x \frac{L_x}{d_x^5} + \frac{\sum \xi_x + 1}{d_x^4}\right)Q^2 \qquad (7-14)$$

式中：H_S' 为实际条件下预计的允许吸水高度，m；H_S 为预计工况时的允许吸水高度，m；P_a 为水泵房大气压，Pa；P_n' 为矿水湿度下的饱和蒸汽压，Pa；λ_x 为吸水管沿程阻力损失系数；d_x、L_x 分别为吸水管内径和长度，m；$\sum \xi_x$ 为吸水管线上局部阻力损失系数之和；Q 为工况流量，m^3/s。

在设计水仓和吸水井时,为避免发生汽蚀现象,应使吸水高度 H_X 和实际的 H'_S 之间满足以下关系:

$$H_X < H'_S - \frac{v_X^2}{2g} - h_X \qquad (7-15)$$

式中:v_X 为吸水管中水流流速,m/s;h_X 为吸水管线上的总阻力损失,即沿程阻力和局部阻力损失之和,m。

若 $H_X < 3.5$ m,则应该考虑辅助泵注水或其他措施,以确保水泵正常工作。

6. 确定水泵的型号、台数以及管路系统

在合理工况条件下,若两种(含以上)型号的水泵以及管路系统(两种以及以上管径)均满足排水要求时,如何确定水泵的型号和管路系统?这里介绍一种根据装置效率来确定水泵型号和管路系统的方法。

排水装置由水泵、电机、管路等组成。排水时的装置效率可定义为:装置输出的有益能量($E_1 = \gamma Q H_C \times 10^{-3}$)与装置输入的能量($E_2 = \gamma Q H_M / \eta_M \eta_d \eta_c \times 10^{-3}$)之比,若其比值用 η 表示,且 $\eta_g = H_c / H_M$,则装置效率为:

$$\eta = \eta_M \eta_d \eta_g \eta_c \qquad (7-16)$$

式中:η_M 为水泵工况点效率,%;η_d 为电机效率,%;η_g 为管道效率,%;η_c 为传动效率,%。

目前,我国矿山排水设备的装置效率较低,浪费了许多能源,使其运行费用提高,为确保排水设备经济运行,对竖井要求其装置效率 $\eta \geq 0.6$,对斜井要求其装置效率 $\eta \geq 0.5$。

根据公式(7-16),在合理工况中,分别计算出装置效率,选择装置效率较高的泵和管路系统作为优选的排水设备,从而确定水泵的型号、台数、管路系统及其布置方式。

7.3　地下矿排水管路

7.3.1　概述

矿山排水装置的水管网路包括排水管道和吸水管道。

由于矿井深度不同,排水管管壁所受水压的大小也不同,因此应采用不同的管道;同时,由于有些矿坑的水是酸性水,具有腐蚀性,往往还需采用特殊处理过的防腐管道或各种耐酸管子。

一般矿井所用的普通排水管有:铸铁管、钢管、无缝钢管和热轧无缝钢管等。

目前我国矿山广泛采用铸铁管,它的优点是经久耐用,但质量大,在平巷斜井和露天矿中更为适用,当它用作垂直排水管道时,最好用于深度在 100 m 以内的井筒;当井筒深度在 100~250 m 时,采用焊缝钢管,它的优点是强度大,每节长度大,质量小(当耐压力相同时,钢管比铸铁管的质量轻 2/3~4/5;由于无缝钢管较焊缝钢管更轻,可大大简化其安装和减轻支承梁的质量,因此,当井筒大于 250 m 时,采用无缝钢管比较合适。

耐酸管有不锈的热轧钢管、石棉及石棉水泥管、自应力玻璃丝混凝土高压水管、胶管、

木管、竹管、塑料管等。

不锈的热轧钢管是用不锈的镍铬钢铜制造的，它的造价比无缝钢管高 11~17 倍，因此，即使在有侵蚀性的酸性水的矿井中亦不采用。石棉或石棉水泥管，是由纯石棉石纤维和波特兰水泥制成的，它具有高度的防性，质量轻(1.8~2.2 t/m³)，耐寒性强，热传导能力低(不因温变而伸缩)，若在石棉水泥管内表面涂沥青，则可进一步提高其防蚀性。

不久以前，我国已试制成功了一种自应力玻璃丝混凝土高压水管，这种水管的耐压力达 32 个大气压，即比一般铸铁管应有的耐压力(10 个大气压)高两倍多；而且弹性好，耐压冲击性高，抗裂性强，制作简便，能制成任何形状，完全能达到防油、防水、防腐、防触的要求。

橡胶管、木管或竹管都具有不同程度的防蚀性能，但这些管子都还没有广泛应用，此外，性能优越的塑料管在矿坑排水中的应用是值得研究的课题。

7.3.2　井下主排水管选择的相关规定

①井筒内应有工作和备用的排水管。工作水管的能力应能配合工作水泵在 20 h 内排出矿井 24 h 的正常涌水量；工作和备用水管的总能力，应能配合工作和备用水泵在 20 h 内排出矿井 24 h 的最大涌水量。

②排水管宜选用无缝钢管。管径宜按水流速度 1.2~2.2 m/s 选择，最大不应超过 3 m/s；管壁厚度应根据压力大小选择，竖井井筒中的排水管路较长时，宜分段选择管壁厚度。

③排水水质 pH 小于 5 时，排水管道应采取防酸措施。

7.3.3　管道敷设

井下主排水管的敷设应符合下列规定：

①泵房内排水管道最低点至泵房地面净空高度不应小于 1.9 m，并应在管道最低点设放水阀。

②管子斜道与竖井相连的拐弯处，排水管应设弯管支承座。竖井中的排水管每隔 150~200 m 应装设直管支承座，竖井管道间内应留有检修及更换管子的空间。

③管道沿斜井敷设，宜架设在人行道一侧：管径小于 200 mm 时，可固定于巷道壁上；管径大于 200 mm 时，宜安装在巷道底板专用的管墩上。

④经技术经济比较合理时，可通过钻孔下排水管路排水。

敷设管道时必须注意下列几个方面：

①为了保证井筒内排水设备正常不间断地工作，一般敷设两套出水管道，一套工作，另一套备用。当排水设备经常用两台水泵同时工作时，则相应地敷设三套管道，其中一套备用。

②沿井筒敷设管道时，必须考虑到：能迅速修理，易于更换，管子的温变伸缩，防止纵弯由以及受井筒可能变形的影响。

③尽可能减轻其质量。

④设备费与维护费要低。

⑤在敷设之前，管子与配件都要经过耐压试验，尤其是安设在深井中时更为必要，按不同条件将有关排水管道敷设安装问题分述如下。

1.垂直管道敷设

①在浅的及中等深度的矿井中(150 m以下)敷设出水管道(见图7-9)。

在井筒底部水泵硐室与井筒连接的通道中,在专用的梁或地基上安置如图7-10所示的铸铁的或铜的支座曲管3,并按图7-11所示方法加以固定;在该支座曲管上从下向上逐节相接地接成整个出水管道;每根管子上装有图7-12所示的导向托架——托箍用以防止纵弯曲;井外管道有引出管。因为井筒深度较小,可利用此引出管来补偿由温度所引起的管子的伸缩,不再需要专门装置。为了优化管道的修理和更换工作,设有带松紧螺帽或钩环的卡紧箍(见图7-13)固定管道,一般每经一、二节管子安装一套卡紧箍。

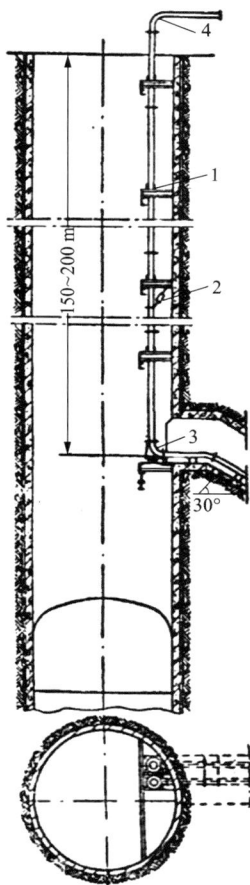

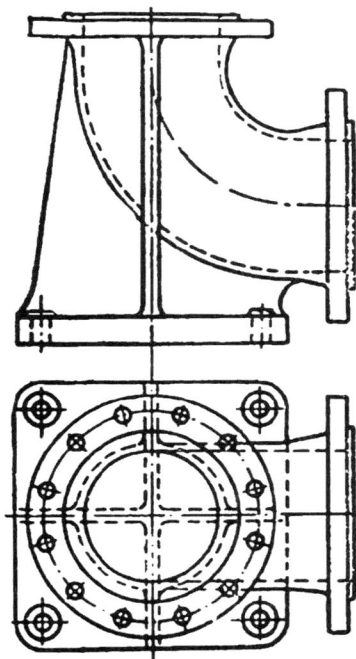

图7-10　支座曲管

1—导向托架;2—卡紧箍;3—支座曲管;4—引出管。

图7-9　小的和中等深度矿井内管道敷设示意图

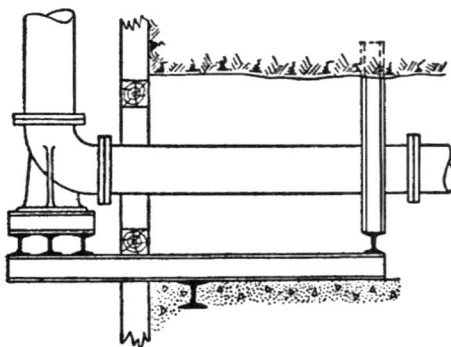

图7-11　支座曲管及其固定方法

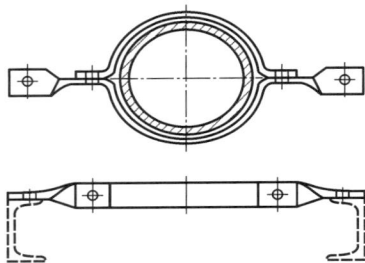

图 7-12　导向托架

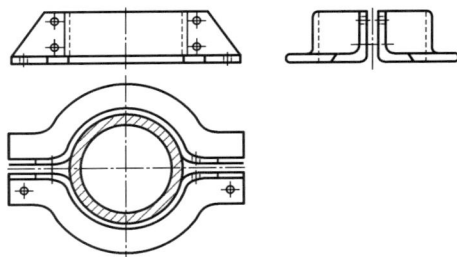

图 7-13　卡紧箍

②在深矿井内(大于 150 m)敷设出水管道(见图 7-14)。

将整个出水管道分成数段,使管道的质量分配在整个支承梁上,各段的长度可根据管子的直径、材料以及井筒的深度决定。

每段管道的质量由支座管承担(最下面一段管道的质量由支座曲管承担),支座管固定在中间承架上,中间支承架一端插入井壁,另一端作用于支承梁上。

计算证明,若管壁为标准厚度,在各固定支架之间铸铁管道长度采用 150 m 以下。只有在采用适当加厚管壁的管道时,由于附增压力也相应增大才可以增大该长度。若用铜管,必要时固定支承架的管道长度可达到 500 m,甚至更长。为便于管道的安装与修理,为了对支座曲管及支座管采用较轻的承梁,在深矿井中管道的中间各段平均长度采用 150 m 左右为宜。根据矿井实际的最终深度、各个水平之间的距离以及从一个水平过渡到另一个水平时的排水工作组械情况,该长度可以适当地增减。

实践证明:矿井主要水仓内水的温度实际上应认为是不变的,而工作管道的温度也是如此。但是,可能由于矿井内涌水量减少或因其他原因需要将水从管道中放出,在此期间管道的温度将与周围空气的温度相同。这时,对管道材料而言,温度变值已相当大,敷设在出风井筒内的管道温度变化约 10 ℃,在入风井筒内为 15~20 ℃。

在温度变化为 10 ℃时,由于铸铁管及铜管膨胀系数分别为 9×10^{-10} 及 11.5×10^{-6},则每 100 m 铸铁管的膨胀量达到 9 mm,而每 100 m 的铜管膨胀量达 11.5 mm;如温度变值为 20 ℃,则其膨胀量增加一倍。这些数字表明:管道很长时,管道的温度膨胀量可能很大,必须设法补偿。

1—导向托架;2—卡紧箍;3—支座曲管;4—引出管;5—支座管;6—密封伸缩节。

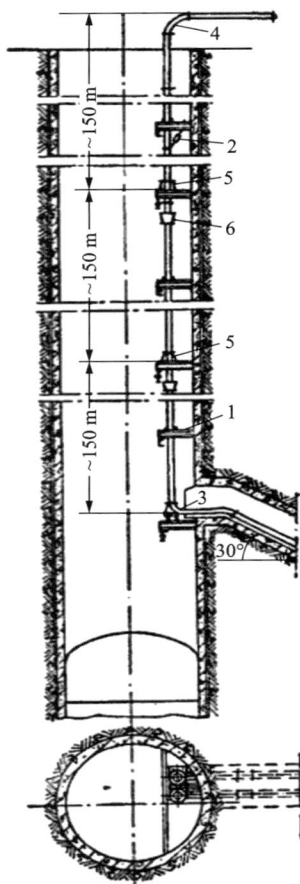

图 7-14　深矿井内管道敷设示意图

对于深矿井的出水管,最上段管道的温变伸缩同样可利用引出管的自由端进行补偿。而其中各段管道的补偿须利用带有填料的密封伸缩节(见图 7-15)。

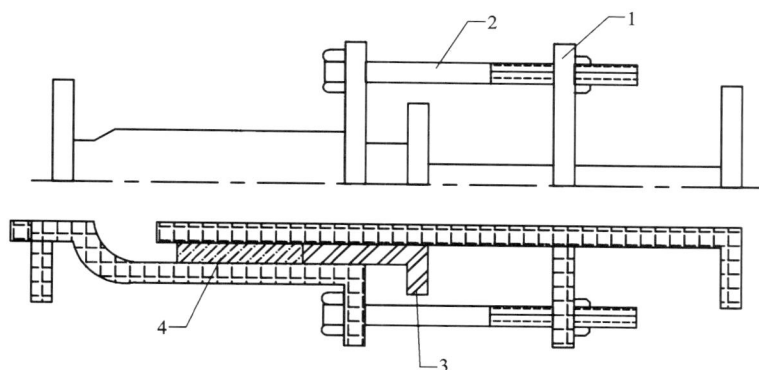

1—支承板；2—张力螺栓；3—压力衬管；4—密封填料。

图 7-15　带压力螺栓的密封伸缩节

在深矿井中，管道的下面最后一段装在支座曲管上，而其他各段安装在支座管(管座)上(见图 7-16)。

导向托架及悬吊装置，和浅井内的敷设方式与安装方法相同，并起同样的作用。在支座管下面的装置就是密封伸缩节。

当支承梁不完全可靠的情况下(在新矿井中应该没有这种情况)，则在支承梁附近的两三个罐道梁上安装卡紧箍(见图 7-13)，将其紧紧地扣在管子上，这样就可以将部分载荷转载到罐道梁上，从而减轻支承梁的负荷。

③在钻孔中敷设排水管道。

有时，根据生产条件，要将局部的(区域的)水泵设备安装在距地表深度不大而离井筒较远的地点，或者在井筒不能保证出水管道正常敷设的情况下，均可利用钻孔敷设管道。敷设此种管道的正规方法是其下部应固定在装于混凝土基座上的支座曲管或三通管上(见图 7-17)。钻孔的直径应比管道外径大 25~30 mm。在钻孔中敷设的管道最好采用钢管，用铜管时，排水钻孔的深度可达 250 m，用铸铁时为 100 m。

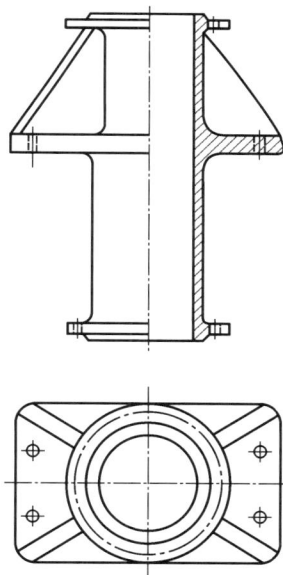

图 7-16　铸造的支座管

2. 倾斜和水平巷道中管道敷设

①在 18°~20° 以下的斜井及水平巷道中敷设管道：最合理、最经济的管道敷设方法，是将其架设在专门的方木支座(枕座)上，而不是直接放置在巷道底板。即不使管道接触到潮湿的岩石，和受到沿底板流动的酸性水的冲洗，以免管道外壁很快地受到腐蚀。同时在方木支座上敷设管道，也便于管道的安装及修理。管道应敷设在人行道一侧的巷道角上，以便于随时检修。

管道下部必须用专门的卡子(套箍)或钩环加以固定。为了加速管道的修理工作，最好每

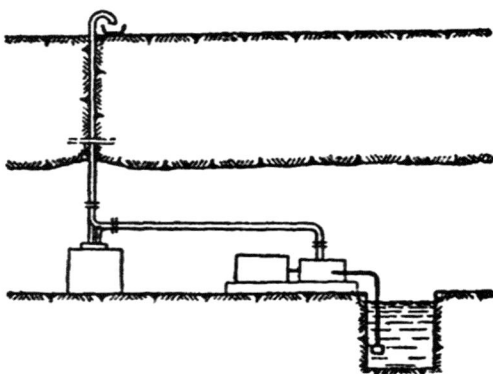

图 7-17 利用钻孔安设排水管道的排水系统

经约 150 m 的距离安装单面的吊挂装置(钩环)。如管道敷设在人行道中,则仅仅在修理工作开始之前才予以安装。

当底板发生剧烈的隆胀现象时,可使用倾斜巷道大于 45° 时的吊挂方法进行敷设。

②在 60° 以下的倾斜巷道中敷设排水管道:同样可沿巷道底板架设在专门的方木支座(枕座)上。在倾斜 45° 以上的斜井中,还可以用图 7-18 所示的吊挂方法,但这种敷设方法还不够完善,有待于在实践中不断改进。

在倾斜和水平巷道中,每年的空气温度变化不大,所以这里管道的温度伸缩也不大,并且在管道通过巷道时往往有弯曲部分,必要时就用它来代替伸缩节。若用吊挂方法敷设管道时,可借助吊挂装置的弹性自动补偿少量的管道温变伸缩。只有对于很长(500~600 m)的管道,或者在斜长虽然不超过 250~300 m 却有较大的温度变化的入风井筒内,并且在管道敷设系统中又没有自动伸缩弯头的话,可能要安装管道的中间支承及密封伸缩节,究竟有无必要,可用计算方法检查。

3. 排水管道安装

①在井筒中,排水管道敷设在梯子间或靠近罐笼的专门管道间内。但从安装修理及当转至深部水平排水时管道继续安装的观点来看,管道不应该设在梯子间内。必须设有专用的管道间,并须具备足够的空间以便于更换破裂的管子或在深部水的管道安装时,可以放下数根管子。最好使井筒的管道只用于管道的敷设(在不得已的情况下兼用于敷设电缆),但不得被提升间或梯子间的罐道梁所遮挡。

井筒中管道的安装需按下列程序进行:首先安装下部的主要支座曲管或支座管,然后直接从井外用绞车将管子送入井筒的管道间内并从下向上逐节地安装。为此可在井架上装上一专门的小导轮,由绞车经过该导轮挂一条相当坚固的钢绳,在井口上用特殊的卡子或带螺栓的套钩将管道固定在绳索的一端,缓慢放入。在深度较小的矿井中可利用手动绞车,在深度很大的矿井中,为了安装安全及迅速,须用电动绞车。

②在斜井及下山中安装管道的方法和上述类似。

③在钻孔中安装管道按下述方法进行:钻孔上面装设专用的架子(井架、钢绳冲击式钻

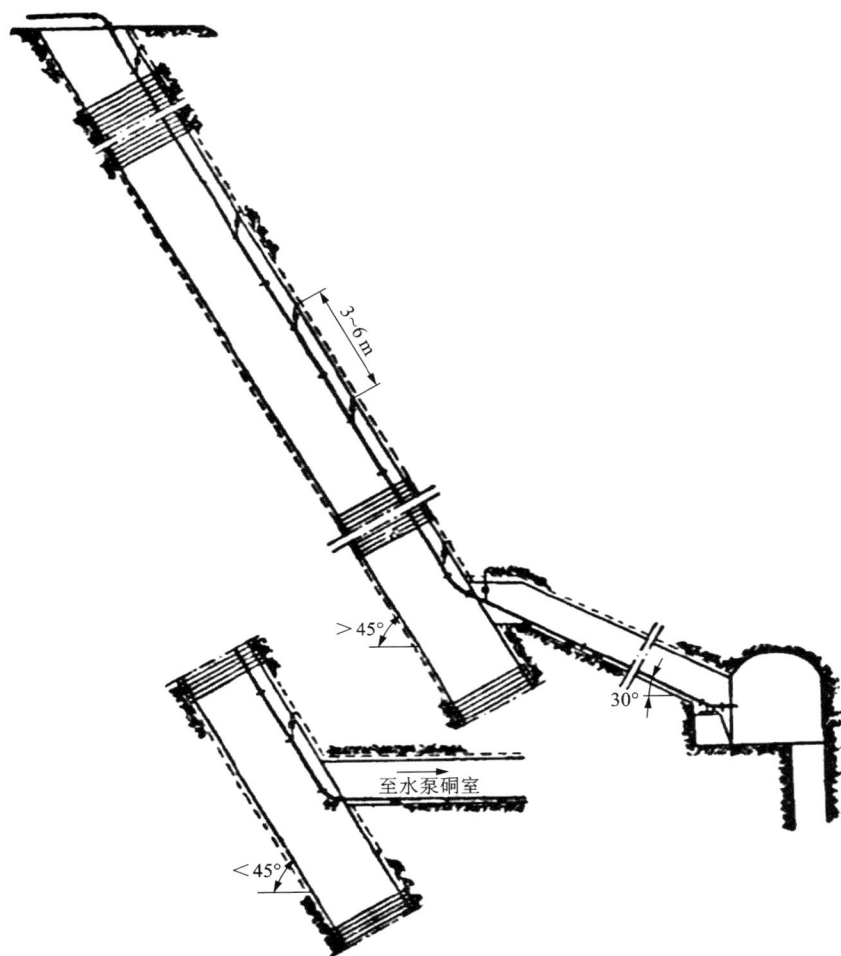

图 7-18　45°以上斜井中管道吊挂示意图

架），在适当的高度（根据安装管道的长度决定）设有平台，在平台以上的地点安装导轮，用手动绞车（或机械绞车）经过导轮引有钢绳，然后把钻孔中安装的一节管道固定在钢绳的自由端，把准备好的管子提至钻孔上方，并垂直地与已下入钻孔中管道上端顶接，然后用带螺栓的夹持方木夹紧[见图 7-19(a)]。管道的连接采用乙炔焰焊接。焊接完毕后，将夹持方木放开（放松），并把焊接好的管节下入钻孔中，此后再重新将夹持方木的螺栓拧紧。为了保证管道在钻孔中的位置正确，在长 10 m 左右的管段内，沿管子圆周相隔 120°焊上 3 个 12 mm 厚的扁铁作为导向板[在管节的两端及中间，见图 7-19(b)]。

　　在钻孔壁与管道表面之间灌注水泥（有时注入石灰浆），凝固后即可撑住管道。如果钻孔开凿在不稳固的岩层中而需要下套管时，则需在钻孔壁与套管表面之间灌注水泥浆或石灰浆，以保证接头处紧密，假设没有酸性的地下水，则套管可作为出水管。

　　在钻孔遇到大量涌水时，必须将水封闭。为达到此目的，通过钻孔向下放入一根软质松木塞（见图 7-20），其下部有钢箍。在木塞的上部圆锥形部分缠绕帆布，当将木塞放入钻孔

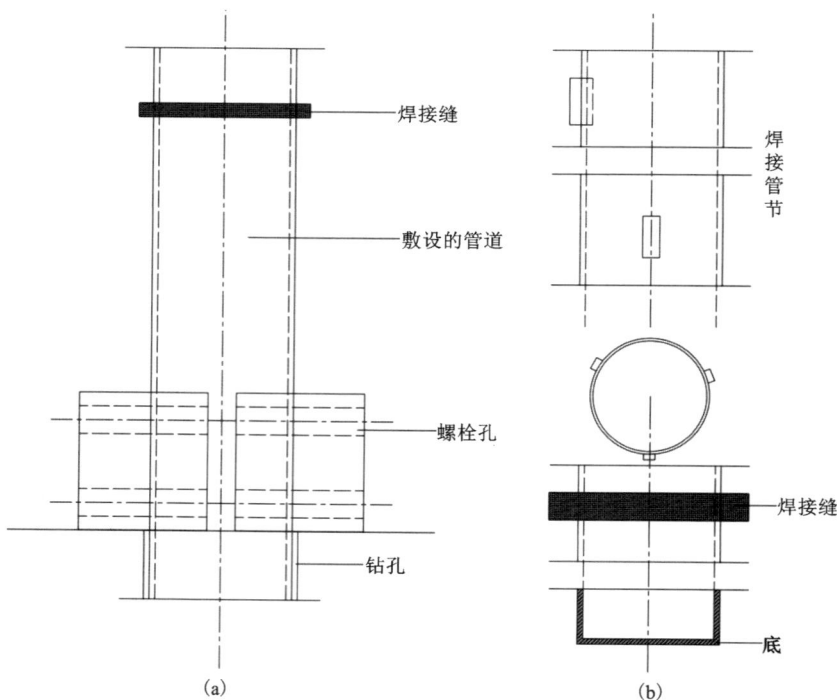

图 7-19 钻孔中管道的敷设

后，帆布便可塞满周围的空间，这样一来，就形成了防水的密封。此后，钻孔中水升至潜水的水位，这时就可以阻止水流入井下巷道。

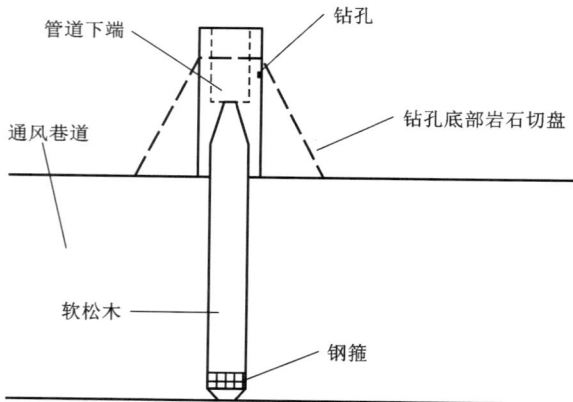

图 7-20 钻孔闭塞用的木塞

钻孔中有水，能使下管道工作比较容易，因为在管道第一节管子的下端焊有管底（钢圆板），这就使管道成为空心体的容器，当将其浸入水中时，可以使本身的质量减轻，减小了钢绳及绞车的荷载。

当管道的下端落至木塞后，用水泥砂浆将钻孔壁与管道表面的空隙加以充塞。经过 10 d 以后，水泥砂浆凝固，然后把木塞拆下，如图 7-20 中所示切凿管道下端的岩石，除去钢圆板（底塞），并利用焊接及法兰盘将管道接在支座曲管或三通管上。

7.4　地下矿排水泵硐室与水仓

7.4.1　概述

水泵硐室是安设矿井排水设备的机器房。其工作的可靠性，不仅关系到矿山的经济，而且也关系到矿山的安全，关系到更好地利用这些设备，做到物尽其用，为采矿工作创造良好的工作条件的问题。水仓是容纳矿水的巷道，其作用是储水，同时还有一定的沉淀矿水中固体颗粒的作用。对于矿质较好的矿山，可不设沉淀池，而对于矿质较差的则需要设置沉淀池。

7.4.2　水泵硐室

1. 水泵硐室设计规范

主要水泵房应当设置在涌水量最大的水平。主要水泵房应设在井筒附近，井下主变电所宜靠近主要水泵房布置；井底主要泵房的通道不应少于两个，其中一个应通往井底车场，通道断面应能满足泵房内最大设备的运搬需求，出口处应装设防水门，另一个应采用斜巷与井筒连通，斜巷上口应高出泵房地面 7 m 以上；泵房地面标高，除潜没式泵房外，应高出其入口处巷道底板标高 0.5 m；水泵宜顺轴向单列布置；水泵台数超过 6 台、泵房围岩条件较好时，可采用从排布置；水泵机组之间的净距离宜为 1.5~2 m；基础边缘距墙壁的净距离，吸水井侧宜为 0.8~1 m，另一侧宜为 1.5~2 m，大型水泵机组之间的净距离可根据设备要求进行调整；泵房地面应像吸水井或水窝有 3% 的排水坡度；泵房高度应满足安装和检修时起吊设备的要求。

水泵硐室还应满足下列要求：坚固、干燥、照明和通风良好；便于设备的运转和修理；无火灾也无爆炸气体侵入其中的危险；必要时，能严密封闭，以防涌水量突然增大时受到水害。

因而，对于人员及生产的安全来说，必须首先考虑到水泵硐室通道的密闭问题。无论水泵硐室的位置如何，它必须有两个通道，一个是水平的，它与井底车场最近的一个巷道连接；另一是倾斜的，位于相对的另一端并与井筒相接。此外，水泵硐室还与吸水井和水仓相通。

水平通道内需设有防火密闭阀门及通风用的格子门。涌水量大的矿井内需设置带门的防水隔墙。水泵硐室通常与该水平的中央变电所连接在一起，它们之间应以耐火材料筑成带有防火门的墙壁隔开。为了防火，硐室的墙壁及地板必须抹灰、喷浆或有防火的涂料层。

倾斜通道，在与井筒连接地点应设有平台，并高于水泵硐室底板 7 m 以上。倾斜通道的角度以 25°~30° 为宜，在通道内应铺设轨道和阶梯。倾斜通道的尺寸，应根据敷设排水管道、电缆以及运送水泵、电动机等设备的实际需要决定。

当水平通道内设有防水隔墙时，则在吸水井中安设放水阀或者闸门。

因此，必要时，水泵硐室就能够与水隔绝(因为倾斜通道比底板高 7 m 以上，其他通道都能密闭)，甚至水泵硐室周围的巷道被水淹没时，人员仍可由井筒经过倾斜通道进入硐室。当然，如果井下水位高涨至该倾斜通道与井筒连接的地点以上，水泵硐室是会被水淹的，但是在这以前，水要先淹没这个高度以下的巷道的极大容积后才有可能。然而这种情形只有遇到极特殊的灾害时，才会发生。

同时，水泵硐室必须具备良好的通风和照明条件。在水泵硐室内经常有功率很大的电动机工作，可能引起温度的升高，从而恶化工人的劳动条件，所以硐室的通风工作很重要。构筑正规的水泵硐室时，经过由硐室至井底车场的通道及连接井筒的倾斜通道可以完全保证硐室的通风。对于有瓦斯或煤尘危险的矿井以及井底车场一带有喷出瓦斯可能的场合，更应特别注意水泵硐室的通风。为了向电动机引入新鲜的空气及排出废气需敷设专门的通风管道。

水泵硐室内还需要良好的照明，以保证各项工作顺利进行。

2. 水泵硐室内设备的配置

水泵硐室内设备的配置应考虑：合理地利用硐室容积以及硐室所处的岩石性质和状况。

1) 水泵的配置

目前矿井常用排水设备为多段离心式水泵，此种排水设备一般由 3 台相同的水泵组成——工作的、备用的及修理的。如果增大的涌水量可能大于正常涌水量一倍以上时，应该在硐室内预先准备好安装第 4 台水泵的位置，为了减小硐室的宽度，水泵在硐室内一般是顺着安放的。

2) 管道及起重工具的配置

井筒内一般安装两套排水管道，而在用两台水泵同时排出正常涌水量时，则安装三套。因而水泵硐室内往往也相应地配置两套管道，尤其在有酸性水的矿井中更有必要。在每台水泵出水管接口上方安装一个单向活门，然后在其上方再安装一个三通管，在其左右方再安装水阀。借助于水阀的开关，每台水泵均能向两条管道中任何一条送水[见图 7-21(a)]。在实际工作中，如排出一般的矿坑水，在水泵硐室内就可以只设一套混用的管道[见图 7-21(b)]，在通至井筒的通道中及沿井筒内分成两套水管。这样能够简化水泵硐室内设备的安装，改善其维护条件，而且并不削弱排水工作的可靠性。

采用大的水泵设备时，机器及管道相当沉重，所以在每台水泵及电动机的上方备有适当载重的滑车吊梁，供水泵装置在安装及修理时起重用。若采用大型(沉重的)水泵及电动机并且硐室的服务年限较长时，水泵硐室内适宜安装可沿硐室全长移动的梁式卷绳起重机。

3) 水泵硐室内设备的典型布置

当水泵的吸水高度在 6.5 m 以下时，每台扬水量在 100 m^3/h 以上的水泵，其吸水管应浸入自用的单独集水井中。

当水泵的吸水高度同样在 6.5 m 以下，而每台水泵扬水量小于 100 m^3/h 时，则设一个吸水管共用的总集水井。考虑到水泵硐室所处的岩石的性质和岩层压力的方向，集水井可以布置在硐室的侧面，也可以布置在硐室的一端。

如果水泵的吸水高度为 0.5~1.0 m，则水泵硐室的底板必然低于井底车场标高。图 7-22 是适用于这种水泵的一种布置方式，这种硐室的布置可以改善水泵的工作条件，因为省略了吸水过程；易实现排水设备工作的自动化，即水泵可自动灌水。

水泵硐室内装有两排混用的出水管道
(a)

水泵硐室内装有一排混用的出水管道
(b)

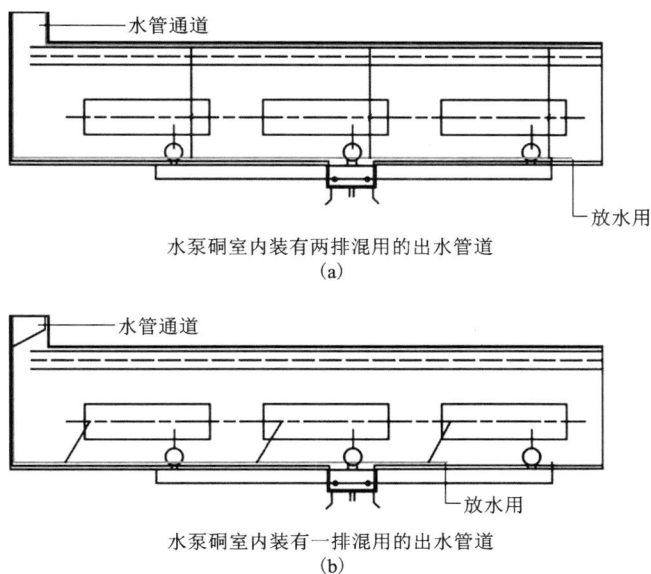

图 7-21　水泵硐室内管道的配置

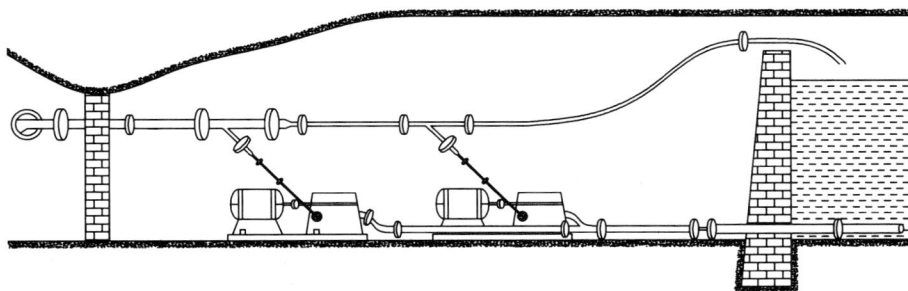

图 7-22　水仓与水泵硐室在同一水平上以及有单套混用的出水管道的水泵硐室断面图

水泵硐室除了上述主要形式以外，由于具体条件不同，排水设备的要求不同，还有安装立式水泵的水泵硐室以及位于水仓水面之下的水泵硐室等，不一一列举。

7.4.3　水仓

1. 主要水泵房的水仓设计

水仓在排水系统中起着储存、沉淀矿水的作用，其大致构造见图 7-23。

①水仓应由两个独立的巷道系统组成。水仓起储水和沉淀作用，必须定期轮流清理，当一条水仓清理时，另一条应能正常工作。当岩层条件好、施工方便时，水仓可设计成一条巷道、中间用钢筋混凝土墙隔开，分成两个独立的水仓。

②水仓进水口应该有箅子。

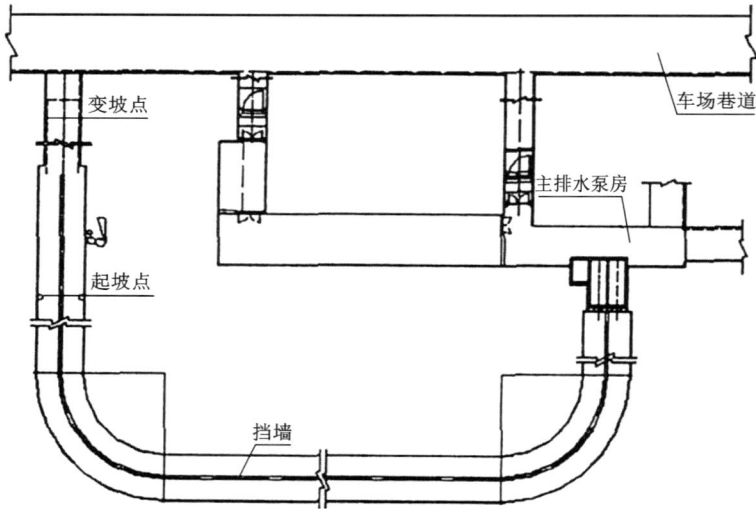

图 7-23　水仓构造示意图

③水仓顶板标高。不应高于水仓入口处水沟底板标高,水仓高度不应小于 2 m。

④水仓的总容积。水仓的总容积根据水泵停止工作时按涌水量正常情况下流满水仓所需要的时间确定。水仓的容积越大,则矿坑水充满水仓或者水泵可以不开动的延续时间越长,这将有利于矿坑水的排水工作。首先,即使遇到水泵损坏或停电情况,在该时间内往往足以修好机器或消除电网故障,保证安全生产;其次,容易平衡矿井变电所的负荷;再次,在正常条件下,可使排水工作集中在一个班内进行,从而减少排水的工资支出(但只有在涌水量相当小时实施这种工作制度才有可能);最后,易于矿坑水的沉淀及净化。但是,建筑宽大的水仓需要巨额的基本建设费。

综合考虑到这些不同的因素,以及在修理线路及变电所时可能停止供电的时间,在主要水平以上的水仓应有能容 8 h 正常涌水量的容积,最小也应容 4 h 正常涌水量(开采年限较短的工作水平)。

水仓的开凿断面一般与运输平巷相同,大矿井的水仓高度及宽度为 2~3 m。

⑤水仓的底板标高及坡度。水仓的底板标高应由水泵的工作情况和安全规程的某些要求确定,一般水泵的吸水高度均不超过 6.5 m。水泵的轴约高于水泵硐室底板 0.5~1 m,而水泵硐室底板本身标高比运输平巷与井底车场连接点最低标高高 0.5 m。根据现行的设计规程,水泵硐室底板与集水井底板的标高差不得超过 4.5 m,集水井应比水仓内的轨面水平低 1.5 m,因此,水仓的底板应比水泵硐室底板低 2.5~3 m,并且比附近的运输巷道低 2~2.5 m。为便于开展清理工作,水仓的底板须有不大的坡度,坡向水泵或坡向与水泵相反的方向。在第一种情况下,当水仓内暂时水量很小时,污水可能流进水泵。但是在水仓清理以前,能用水泵从池中吸出最大量的水。如果由水仓向水泵是上坡,就可以保证最好的澄清水流向水泵,尤其是大量沉淀物将沉落在水仓的入口地段。在利用矿车清除水仓时,则可以减轻其运输工作。但是,在这种情况下,由于水泵不能将全部水都排干,不得不清除液体的泥浆。在实际工作中,可根据具体情况进行选择。

⑥水仓的澄清池、过滤井及过滤池。很好地澄清矿坑水,是保证排水工作正常进行的重要条件之一,若矿坑水内含有坚硬的矿物颗粒,水泵很快就会被磨损,从而降低水的效率和排水能力;未经很好澄清过的酸性水,对排水设备产生的危害更大,侵蚀作用将更强。

为了提高矿井水的澄清质量,可考虑在水仓中构筑澄清用的水池。澄清水池的位置应设在水仓进水的一方,有时为了把矿坑水所带的一部分较轻的杂物和泥砂阻住,在水流入澄清池之前经过过滤井。所有粒度在 0.25 mm 以上的矿渣从水中落入池底,而泥质的及无侵蚀性的部分则带入水仓、沉落于仓或由水泵同水一起排出。

澄清水池的容积大约等于矿井 2 h 的正常涌水量。澄清水池的适宜尺寸必须根据实际工作的排水设备凭经验确定,图 7-24 为附设有澄清水池的水仓与井底车场巷道连接的略图。

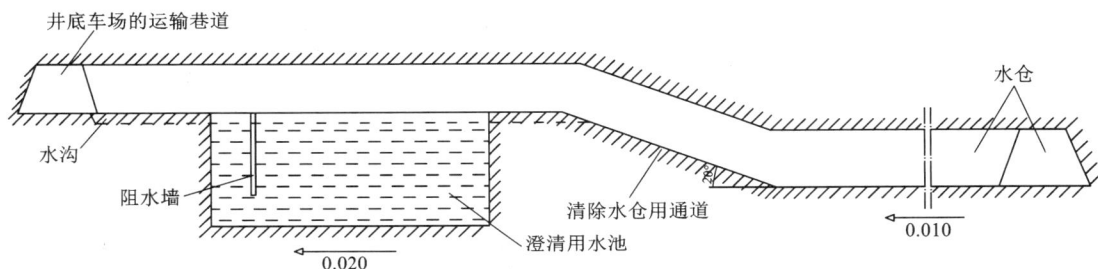

图 7-24　附设有澄清水池的水仓布置图(单位:m/s)

过滤井的深度一般为 1~1.5 m,位于运输平巷的一旁。在过滤井内沿对角线设置过滤网或者带孔的板,流过的水经过过滤井时,失去一部分所夹带的泥砂,此外,过滤网把一些稍大较轻的如木片等杂物阻留住。由于过滤井的容积很小,所以需要经常地清除杂物。其清除工作很简单,可以将泥砂直接掏出运走。

为了提高矿井水的澄清质量,有时会筑设真正的过滤设备,如图 7-25 所示,沿排水沟 1 流出来的水首先流入过滤池 2,从这里上升渗过铺在格筛上的焦炭层,然后流入过滤池 3,再继续流到以堰板隔开的澄清池 4、5、6,水经过多次溢流后方流入水仓 7。

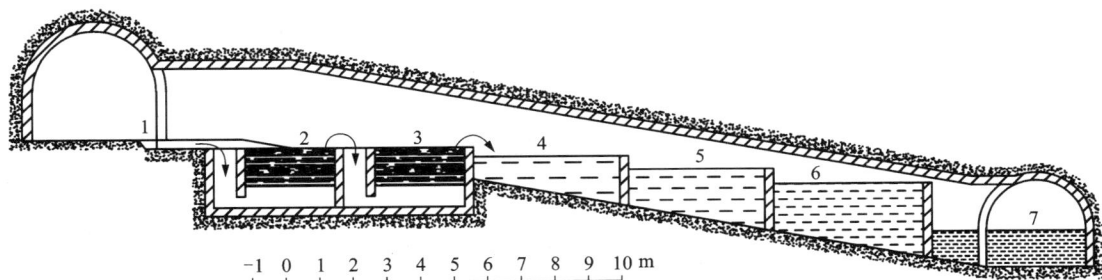

1—排水沟;2、3—过滤池;4、5、6—澄清池;7—水仓。

图 7-25　井下水仓的过滤池以及澄清池

2. 水仓的清理

根据流入水仓内矿坑水的浑浊程度及其容积大小，需要定期对水仓进行清理。我国采矿规程中规定：水仓必须在每年雨季前清理一次。清理水仓有各种不同的方法，为了减轻劳动强度、节约时间及降低费用，应实现水仓清理工作机械化，几种机械化、半机械化水仓清理方法简述如下。

1）用螺旋泵（见图7-26）

这种机械的组成部分有：外壳1，其内部装有带螺旋2的轴，前面装有四片叶子的翼；卸载机构4可把卷入管内的泥砂转给一个单级离心泵3，然后由水泵引一弯曲软管导向矿车；螺旋泵的运转是用近5 kW的电动机5带动的，全部机械安装在双轮小车6上，在清洗时由一个工人推动即可，因而比较方便。

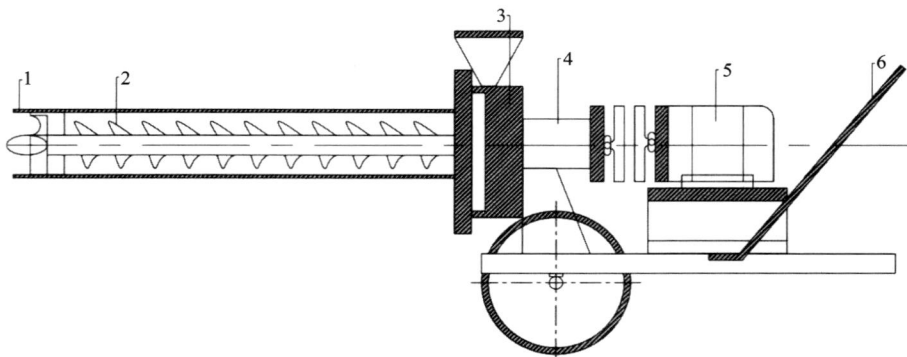

1—外壳；2—螺旋；3—单级离心泵；4—卸载机构；5—电动机；6—双轮小车。

图7-26　清理水仓用螺旋泵

苏联曾采用直接往矿车内装泥浆用的HIT-1型螺旋式装车机（见图7-27），它的特点是利用活动收集槽及旋转螺旋进行工作。用装车机清除滤浆生产效率比人力要提高9～11倍。

2）用压缩空气设备（见图7-28）

当水仓附近有压气站时，可以采用压缩空气设备排泥，这种设备的组成有一个直立的圆筒1，其容积为1/3 m³，借助筒内的真空作用，将泥砂吸入筒中。以安装在点2的射水器（见图7-29）抽出筒内的空气，射水器是利用矿井出水管流出的高压水的作用，将吸出的空气与水一同顺管3排出，而泥砂经过软管4吸入。当筒内泥砂装满时（可由上部的检查窗看到），通过管5将压缩空气送入筒内，利用压缩空气的压力，过管6将泥砂排入矿车。

使用结果证明：用人力清理水仓要用9个工人工作四班的时间，而用此压缩空气排泥设备只用2名工人4 h内就能完成。

3）用砂泵

砂泵的工作是自动注水（从水面至入水口的高度应为1.0～1.5 m，最小为0.5 m），故为了安装这种砂泵，必须有水井硐室，砂泵的吸水处必须装有为防止木屑等物进入水泵的过滤网。排泥浆时，利用压缩空气搅浑水仓的水（表压力为4～4.5个大气压），压缩空气用直径为

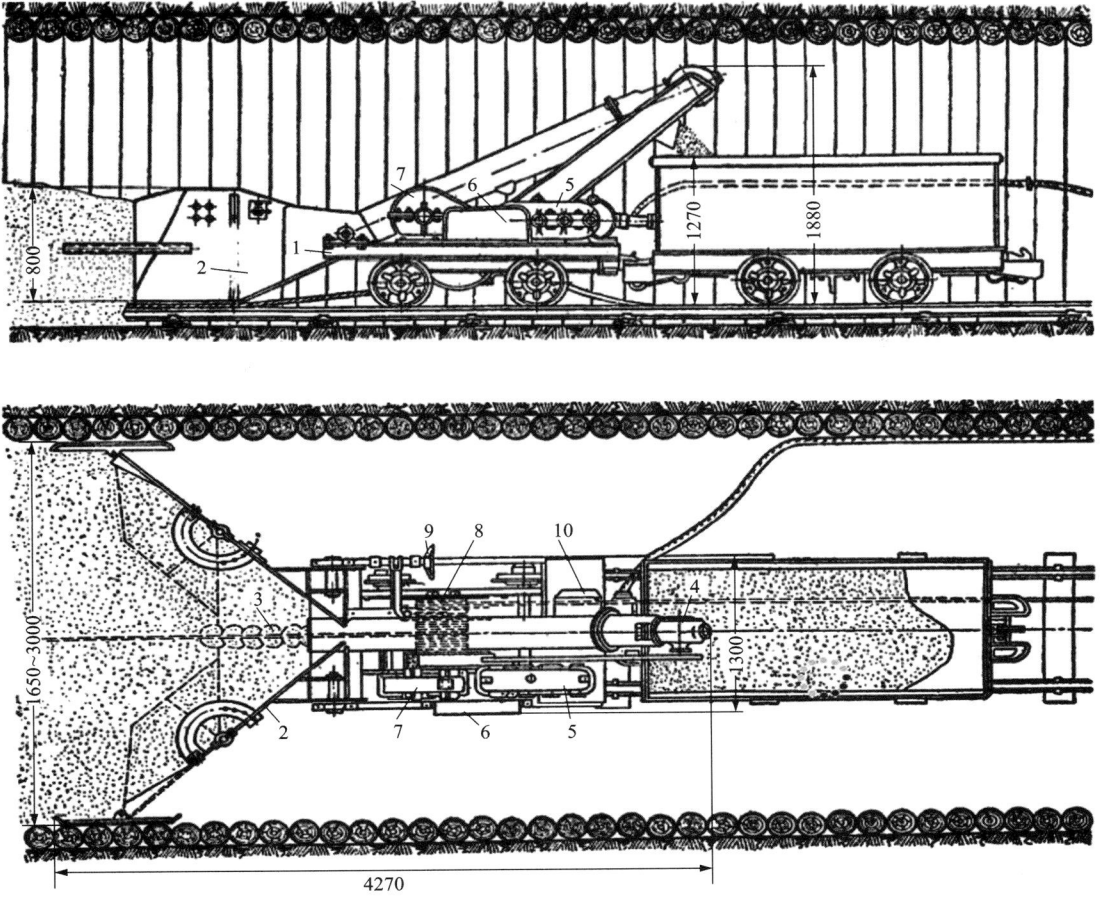

1—车架；2—收集槽；3—螺旋；4—螺旋端部传动的锥形减速器；5—减速器；6—曲柄连杆机构；
7—棘轮机构；8—双卷筒绞车；9—操纵绞车机构；10—电动机。

图 7-27 HIT-1 型螺旋式装车机示意图(单位：mm)

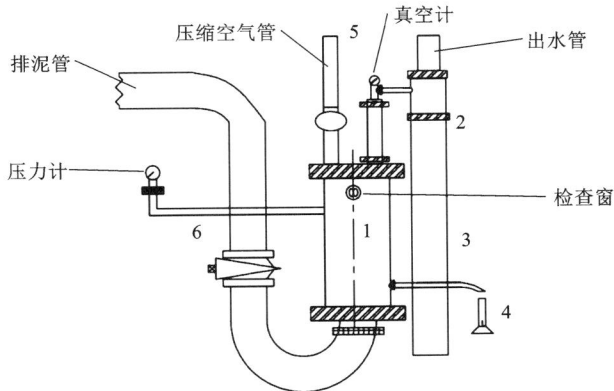

图 7-28 水仓排泥用压缩空气设备

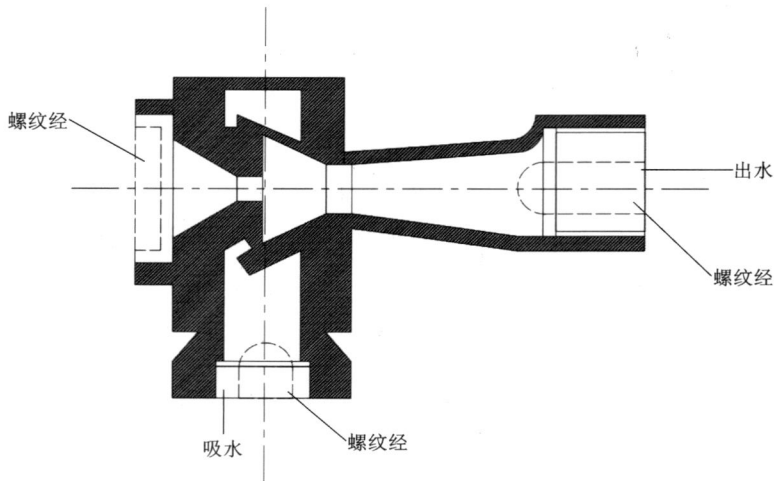

图 7-29 射水器

15~20 mm 的管子输送。这种清理方法能加快水仓的清理工作。

还有利用把普通水泵吸水阀孔眼加大的办法进行排泥工作的，其效果也很好。

4）用射水泵清除水仓澄清池中的泥砂

沿澄清水池的中心线装设射水泵，用安设在水泵硐室内的专用离心式水泵为它供水。用射水泵可直接将吸出的泥浆排至出水管中，在此情况下，用安设在水池内的喷水嘴（环形布列）搅浑泥浆，喷水嘴由出水管供水。

为了防止泥砂硬结，应使经常运输泥砂的间隔时间不超过 5 d。射水泵的吸入口应高于澄清水池底 0.15~0.20 m，以免吸水口的过滤网处于泥砂中。过滤网的孔径为 30 mm。射水泵的台数根据水池长度以及实际工作经验确定（一般为两台以上）。沿水池的中心设置平台，以便看管射水泵及喷水嘴，并作为水池上的通道；在该平台上亦可铺设矿车用的轨路。

水仓清理后，必须立刻以清水冲洗排水管道和水泵。

总之，人工清除水仓时，需要很多的时间，劳动强度大，并影响矿石质量的提升。机械化给清理水仓工作创造了良好的条件，亦能提高排水设备的效率，减少水泵的磨损，同时还能使排水管道壁更慢地积垢，因此水头损失也就相应减少，故应尽量采用机械化或半机械化方法清理水仓。

7.4.4 水泵房和水仓的布置

水仓和水泵房是用于升压排水时的两个主要构筑物，通常布置在提升井筒的井底车场区域内，因为：

①一般运输大巷具有朝向井底车场的坡度，便于引导矿坑水流入水仓。

②大多数情况下，排水管道是敷设在矿井提升井筒中，这样可保证排水管道具有最小的长度，并能减小管道阻力，增加工作的可靠性。

③靠近井下变电所，可减少输电损耗，设备的运检也较方便。

由于具体条件不同，水仓和水泵房的布置方式也会不一样，可参考图 7-30 和图 7-31 两种水仓布置方式。

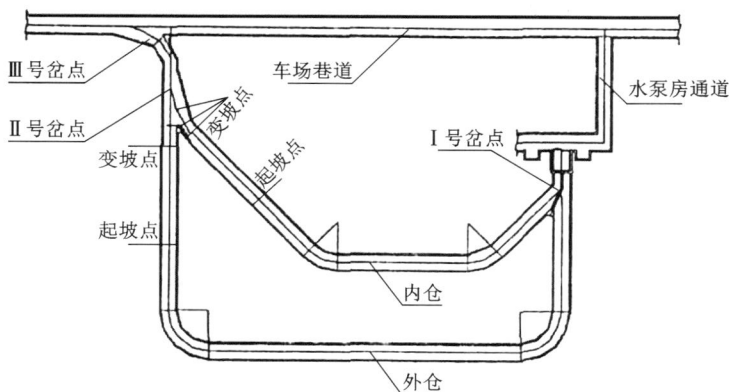

图 7-30 传统水仓布置

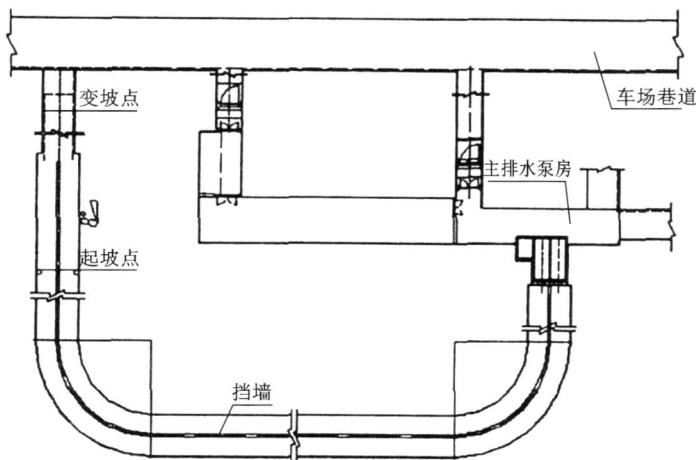

图 7-31 优化后的水仓布置

7.5 水泵及管道的防腐蚀措施

《有色金属采矿设计规范》规定：当矿井水的 pH 小于 5 时，对水泵和管道腐蚀严重。可在矿井水未进入水泵及管道前进行中和处理，但要增加一套酸性水的处理设施，生产管理较复杂；也可采用耐酸泵，排水管道也要采用防酸措施，因此酸性水的排水方案应通过技术经济比较确定。

7.5.1　水泵及管道磨损、腐蚀的原因

化学腐蚀：浆液有腐蚀性，容易和叶轮上的金属材料发生化学反应，形成化学腐蚀。叶轮表面形成的电位差会导致电子转移，发生氧化反应，直接破坏金属。物理磨损：浆液中带有大量的石灰石和石膏等颗粒物质，在泵的吸入口、排出口会直接对泵的叶轮、护板等形成冲击和破坏。

汽蚀：由于泵的设计或管道等现场工况问题（如泵选型过小、叶轮转速过快、管道堵塞等）导致泵吸力不足，在入口处形成气泡，生成的气泡将随液体从低压区进入高压区，在高压区气泡会急剧收缩、凝结，其周围的液体以极高的速度冲向原气泡所占空间，产生高强度的冲击波，冲击叶轮和泵壳等过流部件，产生噪声引起震动。由于长期受到冲击力反复作用以及液体中微量溶解氧的化学腐蚀作用，叶轮局部表面出现斑痕和裂纹甚至呈海绵状损坏。

7.5.2　水泵防腐蚀

不管是什么离心水泵，在使用过程中都会产生腐蚀现象。如不锈钢泵、氟塑料泵、普通铸铁泵，不能百分百保证水泵不被腐蚀，只能做到降低其腐蚀程度。那么水泵有哪些腐蚀类型呢？又如何防止？

①磨损腐蚀：指高速流体对金属表面的一种冲刷腐蚀。流体冲刷磨损腐蚀不同于介质中含有固体颗粒时引起的腐蚀。水泵在运行中都会产生磨损，因此要尽量采用耐磨性好的材质，以降低其磨损腐蚀。当然，不同材料抗磨损腐蚀性能也不同。

②电化学腐蚀：电化学腐蚀是指金属间电极电位的差异，使得异类金属的接触表面形成电池，从而使阳极金属产生腐蚀的电化学过程。防止电化学腐蚀的措施，一是采用牺牲阳极，对阴极金属进行保护；二是泵的流道最好采用相同的金属材料。

③晶间腐蚀：晶间腐蚀是一种局部腐蚀，主要是指不锈钢晶粒之间析出碳化铬的现象。晶间腐蚀对不锈钢材料的腐蚀性极大。防止晶间腐蚀的措施是：对不锈钢进行退火处理，或采用超低碳不锈钢 $[w(\mathrm{C}) < 0.03\%]$ 。

④均匀腐蚀：均匀腐蚀指腐蚀性液体接触金属表面时，整个金属表面发生均匀的化学腐蚀。这是腐蚀形式中最常见的形式，同时也是危害性最小的一种腐蚀形式。防止均匀腐蚀的措施是：采取合适的材料（包括非金属），在水泵设计时考虑足够的腐蚀裕量。

⑤缝隙腐蚀：缝隙腐蚀是一种局部腐蚀，指缝隙中充满腐蚀性液体后，由于缝隙中含氧量下降和（或）pH降低导致金属钝态膜的局部破坏而引起的腐蚀。采用 Cr、Mo 含量高的金属可防止或减少缝隙腐蚀发生。

⑥点腐蚀：点腐蚀是一种局部腐蚀。由于金属钝态膜的局部破坏引起金属表面某局部区域迅速形成半球形的凹坑，这一现象称为点腐蚀。点腐蚀主要由氯离子引起。防止点腐蚀可采用含 Mo 钢 $[$通常 $w(\mathrm{Mo}) = 2.5\%]$，并且随着氯离子含量和温度的上升，Mo 含量也应相应增加。

⑦应力腐蚀：应力腐蚀是指应力和腐蚀环境共同作用下引起的一种局部腐蚀。防止应力腐蚀的措施是采用高 Ni 含量 $[w(\mathrm{Ni}) > 25\%]$ 的奥氏体 Cr-Ni 钢。

⑧汽蚀腐蚀：泵发生汽蚀时引起的腐蚀称汽蚀腐蚀。防止汽蚀腐蚀的最实用、简便的方法是防止发生汽蚀。但是水泵汽蚀是阻止不了的，水泵运行中或多或少会产生汽蚀，针对那

些经常产生汽蚀腐蚀的水泵,可以采用抗耐汽蚀的材料,以增加其耐汽蚀性。

7.5.3 管道防腐蚀

酸性水能够腐蚀铸铁的及钢的管道,强酸性水在数日内能使无防腐层的普通管子腐蚀,使其无法工作。所以对用于酸性水的铸铁管及钢管,需要从其内部及外表面加以防护。

1)管道内壁的防腐

对于排水管,主要在其内壁衬上加下述各种防腐衬里(见图7-32)。

①用木料做防腐衬里。以前苏联一般用木材制成专门的桶板做管子的衬里,桶板长度约3 m,即等于储缺管的长度,箱板的外表面的加工应精确地吻合管子的内径。直径为200 mm管子的衬里,一般由6块桶板拼成,桶板厚为20 mm,对于直径较小的管子,所需桶板的数量相应地减少,加衬之后的管子里面应非常平滑并涂以沥青。为保证接缝处的严密,桶板不宜过长。

对扬程在200 m左右的管道,用带木衬里的铸铁管,可以承受水压30 kg/cm²,完全可以满足管道工作的要求。

从现有实际资料来看:未镶衬里的

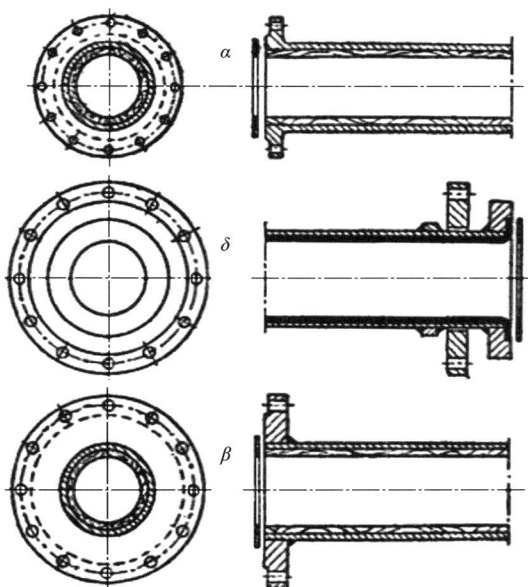

图7-32 管子衬里

铸铁管,在弱酸性的矿坑水中(7>pH>5),只能工作2~6年。使用带木衬里的钢管,在排除5>pH>3的中等酸性水时,在8年的生产期间内,5500 m的管子中损坏了800 m,即占15%,主要是法兰盘滴水腐蚀(60%)及管子外壁腐蚀(25%)。

使用上述管道的经验表明,用于排酸性水的带有精细加衬木衬里的管道,在其正确的安装情况下,可使用很长的时间。这种管子只有在衬料及安装的质量很低时,才会经常发生破坏。

②用水泥砂浆做防腐衬里。管子的衬料采用400~500号的波特兰水泥。水泥砂浆衬料的成分是:水泥和纯石英河砂的配合比为1∶2,水占水泥与砂混合物的20%,砂应经过具有12 mm²孔的筛子过筛。

管子加衬水泥砂浆的工作可以使用专门的加衬台,使之机械化(见图7-33),加衬台转动管子的速度为200 r/min以上。由于离心力的作用,水泥砂浆将均匀地分布在管壁上,在其内部成衬里,厚度为15~20 mm。

经验证明,用水泥砂浆做衬里的管子,由于其接头处被腐蚀的缘故而时常被损坏。用水泥砂浆做衬里并带有铅缘的管子(见图7-34),管子接头处的腐蚀现象能够消除或减至最低程度。

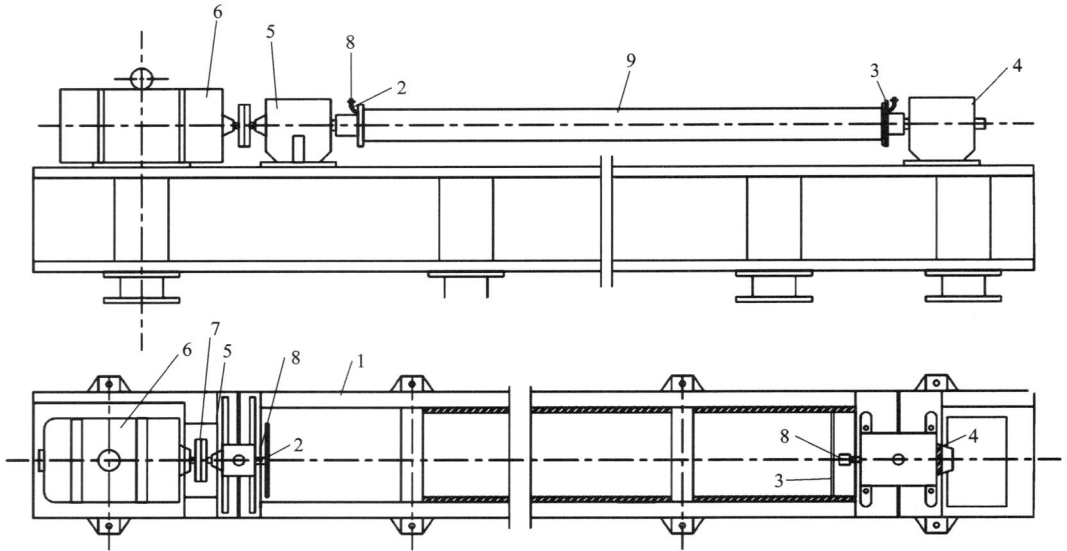

1—台架；2、3—前后两圆盘；4—尾架；5—减速器；6—电动机；
7—联轴器；8—浇筑水泥砂浆用的小管；9—被加衬里的管子。

图 7-33 水泥砂浆做管衬用的加衬台

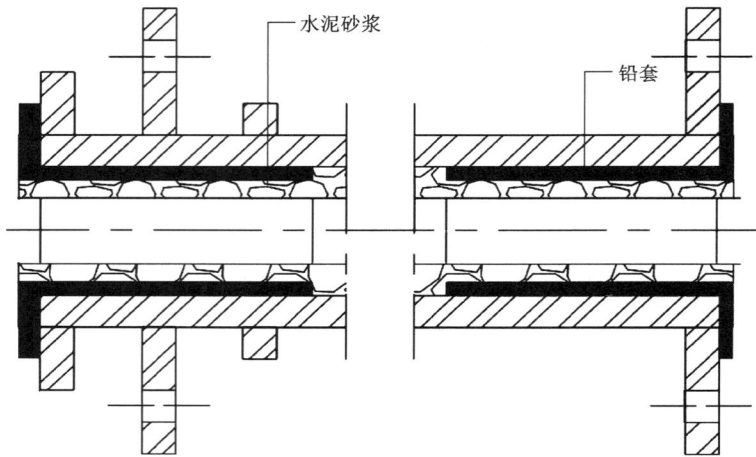

水泥砂浆

铅套

图 7-34 带水泥砂浆衬里的以及铅缘的钢管

我国某矿矿坑水均 pH 为 1.8，过去一直沿用壁厚 17~18 mm、耐压 20 个大气压左右的铸铁管，耐用年限一般在 2.5~3 年。1955 年矿井改建后，由于排水系统变更，排水管道延长，垂直高度增加，原有铸铁管强度已不适用，而采用了一部分无缝钢管；由于酸性水的侵蚀，仅能使用一年左右，经济损失严重。后来在钢管内壁衬以 10~20 mm 厚的水泥砂浆，因而大大延长了管的寿命，节约了投资，又降低了钢材的消耗。这种管的内壁表面光滑，厚度均匀，排水阻力与铸铁管道相似。苏联某矿山,在工作压力为 25~40 个大气压及排强酸性水(pH<3)的条件下,使用衬以水泥砂浆的钢管,经过两年的生产期,没有一节管子被酸性水腐蚀。因此,这种防腐方法是比较可靠的。

③用铅做防腐衬里:用 3~4 mm 或 8~10 mm 厚的铅板做成管子,外径微微大于管道的内径,使之能嵌入钢管中;利用水的压力,可以把稍微变形的铅管压平,并且使之紧密地贴在钢管的内壁上。

苏联某矿山在排强酸性水(pH<3)的情况下,表压力为 45 个大气压,采用两组铅衬里的钢管排水。在 10 年工作期间内,950 节管道中仅有 3 节因法兰盘的腐蚀而更换。

但是,用铅做衬里的管子成本非常高,所以没有得到广泛的应用。

对于吸水管的防腐,一般不采用铅做衬里;同时也不适宜用木材做衬里,因为可能有碎屑被吸进水泵。所以往往就用水泥砂浆作为衬里。

2)道管外表面的防腐

排水管道的外表面受大气和酸性水的侵蚀,会很快地损坏,故需要加以防护。为了防止管道外表面受大气的侵蚀,可以镀锌或涂以沥青。有酸性水的矿井中,可用浸油的粗麻布缠绕管子;当直径不大的管道在有大量滴落酸性水的条件下,用生橡胶带紧密地从外面缠绕管子,能有效地防止腐蚀。在沿倾斜及水平巷道中,敷设的管道上,可以整个遮盖上防水遮板(见图 7-35)。对于已安装好的垂直管道,可涂以油涂料(煤焦油)防护。

总之,内部带有衬里及外部有防护层的、安装较好的排水管道,即使在酸性水的条件下,亦能长期且可靠地工作。

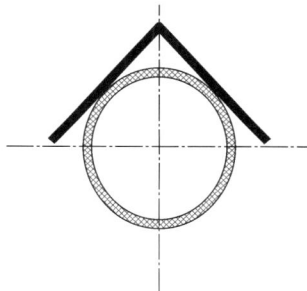

图 7-35 防水遮板

7.5.4 管道清洗

管道在原材料钢管、钢板、不锈钢等在轧制时会形成轧皮;管道在制造、储运及安装过程中会形成铁锈、焊渣和为防腐涂覆在管道上的油质防锈剂,并带有尘土、砂子、水泥、保温材料等杂质。上述的轧皮、铁锈、焊渣、防锈剂和泥沙等各种杂质会严重影响管道的正常使用,因此需对管道进行清洗,使管道内恢复材质本身表面。清洗后,在干净的金属表面形成一层致密的化学钝化膜,可以有效防止污垢的再次产生,并且能有效保护设备,使设备不受腐蚀或者其他化学破坏作用,有效保证设备的安全和延长设备的使用寿命。

管道清洗方法可分为以下三种:

①化学清洗:化学清洗管道是采用化学药剂,对管道进行临时的改造,用临时管道和循环泵站从管道的两头进行循环化学清洗。该技术具有灵活性强,对管道形状无要求,速度快,清洗彻底等特点。

②高压水清洗:采用 50 MPa 以上的高压水射流,对管道内表面污垢进行高压水射流剥离清洗。该技术主要用于短距离管道,并且管道直径必须大于 50 cm。该技术具有速度快、成本低等特点。

③PIG 清管:PIG 工业清管技术是依靠泵推动流体产生的推动力驱动 PIG(清管器)在管

内向前推动，将堆积在管线内的污垢排出管外，从而达到清洗的目的。该技术被广泛用于各类工艺管道、油田输油输气管道等清洗工程，特别是对于长距离输送流体的管道清洗，具有其他技术无法替代的优势。

7.6　电耗计算、基建投资和排水费用

排水费用主要包括电费、折旧费、工资费、维修费及其他费用，若这五项费用之和以年计算，称年排水费。此费用与年排水量之比，称排水费用指标。下面分别介绍这五项费用的计算方法。

7.6.1　电费

1.年电耗

若正常和最大涌水期有 n 台相同型号的水泵工作，且工况点相同时，则其年电耗为：

$$E = 1.05 \times \frac{\gamma Q_M H_M}{1000 \times 3600 \eta_M \eta_c \eta_d \eta_w}(n_2 \gamma_2 T_2 + n_{max} \gamma_{max} T_{max}) \qquad (7-17)$$

式中：1.05 为辅助用电系数；γ 为矿水重度，N/m^3；Q_M 为工况流量，m^3/h；H_M 为工况扬程，m；η_M 为水泵工况效率；η_c 为传动效率；η_d 为电机效率；η_w 为电网效率，一般可选取 $\eta_w = 0.95 \sim 0.97$；n_2、n_{max} 分别为正常和最大涌水期水泵工作台数；γ_2、γ_{max} 分别为正常和最大涌水期水泵工作时间，d；T_2、T_{max} 分别为正常和最大涌水期水泵每日工作时间。

若正常涌水期和最大涌水期工况不同，其年电耗为正常涌水期电耗与最大涌水期电耗之和。

2. 1 m^3 水电耗

$$e_1^5 m = \frac{E}{q_v}, \quad kW \cdot h/m^3 \qquad (7-18)$$

式中：q_v 为年排水量，m^3/a。

3.年电费

$$S_1 = C_d E \qquad (7-19)$$

式中：C_d 为当地工业电价，元/（$kW \cdot h$）；E 为年耗电量。

7.6.2　年折旧费

年折旧费应该包括设备以及建筑折旧费：

$$S_2 = S_a + S_b \qquad (7-20)$$

1.设备折旧费

$$S_a = （设备费 + 安装费）\times 折旧率 \qquad (7-21)$$

2. 建筑折旧费

$$S_b = 建筑费 \times 折旧率 \tag{7-22}$$

7.6.3　年工资费

年工资费应包括基本工资、辅助工资和附加工资。一般可按下式概算：

$$S_3 = knC_2 \tag{7-23}$$

式中：n 为每日应出勤的人数；k 为在册系数，$k=1.3$；C_2 为工资单价，元/（工·年）。

7.6.4　维修费

维修费是指设备大、中、小修及日常维修所需的工人工资及材料费：

$$S_4 = FC_F \tag{7-24}$$

式中：F 为设备费；C_F 为维修费占设备费的比例。

7.6.5　其他费用

其他费用即工程中不可预测部分的费用：

$$S_5 = C_A S_3 \tag{7-25}$$

式中：C_A 为其他费用占工人工资的比例，一般取 15%。

7.6.6　年排水费

$$S = S_1 + S_2 + S_3 + S_4 + S_5 \tag{7-26}$$

$$B = \frac{S}{q_y} \tag{7-27}$$

式中：S 为年排水费用，此处以元计；q_y 为年排水量，m^3。

例题 7.1　如图 7-36 所示，某千米矿井在前期开拓时，为满足开拓需要，曾在 36 中段修建一临时水泵站以满足开拓排水需求，现井下 33~38 中段开拓巷道工程已基本完成，进入大量开采阶段，原有的 36 中段临时水泵房基本不具备开采要求的排水能力，故欲废弃原有临时水泵房，在井下 38 中段设计一常驻水泵房。该矿山年产量 100×10^4 t，32~38 中段排水深度 $H_m = 150$ m，采用倾斜角度为 26° 的斜井作为开拓井筒，矿坑中水中性，密度 $\rho = 1020$ kg/m³，最大涌水量 $q_{max} = 5280$ m³/d，一年最大涌水量持续时间 $B_m = 65$ d；正常涌水量 $q_n = 2900$ m³/d，一年正常涌水量持续时间 $B_n = 300$ d，该排水系统的简化示意图如图 7-37 所示，试对其排水设备进行选型设计。

解：

1）排水系统设计思考

根据矿井开拓系统及井底车场布置，可知该排水系统采用的是分段接力式排水系统，由图 7-36 可知，34 中段处已经构建一水泵房，但考虑 34 段水泵房故障及意外情况带来的水泵房停运的风险，38 中段水泵房设计仍然考虑能够满足 33~38 中段排水能力的全部需求。

根据题意是一个斜井开采的分段水泵房设计，将 33~38 中段涌水集中排至 32 中段水泵房中。

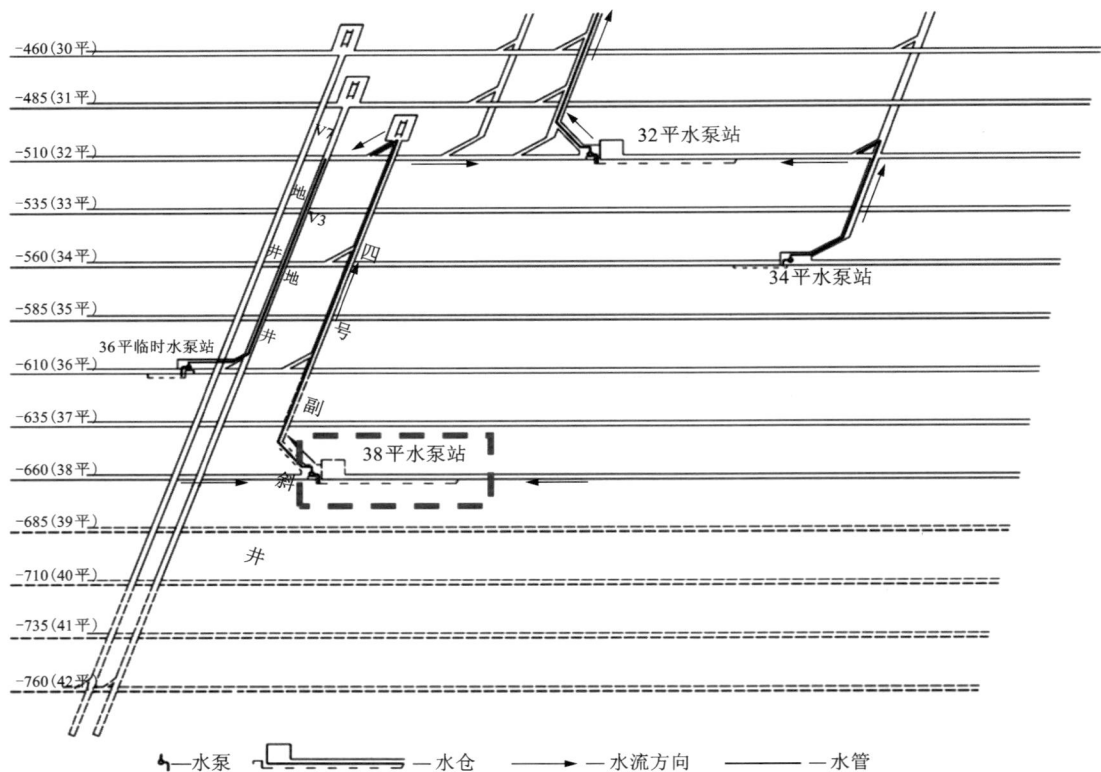

图 7-36 某矿山 33~38 中段排水系统规划示意图

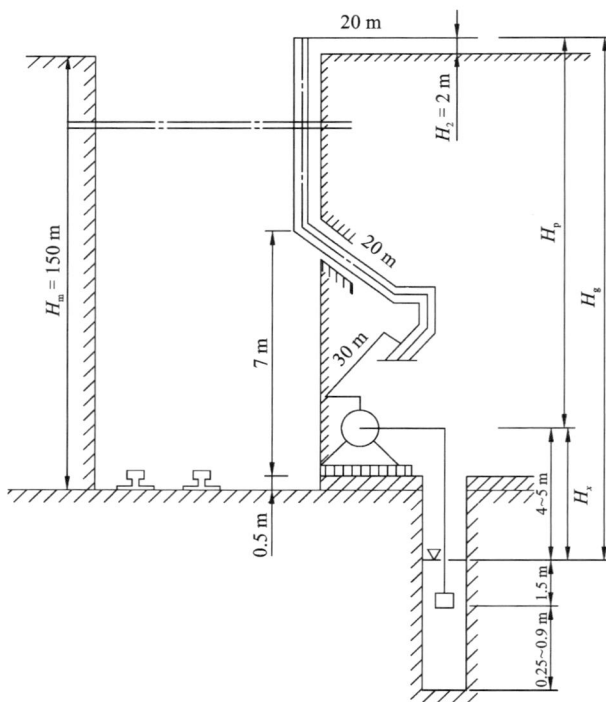

图 7-37 简化后排水系统示意图

2）初选水泵及台数

（1）水泵所需的排水能力。

①工作水泵的排水能力 Q_n。

根据有关规定，能在 20 h 内排完 24 h 的正常涌水量 q_n，即

$$Q_n = \frac{24q_n}{20} = 1.2q_n = 1.2 \times 2900/24 = 145 \text{ m}^3/\text{h}$$

②工作水泵和备用水泵的排水总能力 Q_m。

根据有关规定，能在 20 h 内排完 24 h 的最大涌水量 q_{max}，即

$$Q_m = \frac{24q_{max}}{20} = 1.2q_{max} = 1.2 \times 5280/24 = 264 \text{ m}^3/\text{h}$$

式中：q_n 为矿井正常涌水量；q_{max} 为矿井最大涌水量；1.2 为《金属非金属矿山安全规程》规定的排水能力系数。

（2）估算水泵所需的扬程 H_1。

$$H_1 = KH_g = K(H_p + H_x) = K(H_m + H_2 + H_x)$$
$$= 1.2 \times (150 + 2 + 5) = 1.2 \times 157 = 188.4 \text{ m}$$

式中：K 为扬程损失系数，对竖井 $K=1.1$，对斜井 $K=1.2\sim1.35$（倾角大时取小值）；H_g 为测定高度，即从吸水井水面到上阶段排水管道最高水位的垂直距离，$H_g = H_p + H_x$；H_p 为排水高度，$H_p = H_m + H_2$，泵轴到上阶段排水管道最高点垂直距离；H_m 为 32～38 中段深度，取 150 m；H_2 为排水管出口高出井巷地面高度，一般取 2 m；H_x 为吸水高度（集合安装高度），即通过水泵轴线的平面与吸水井水平面标高之差，即二者距离，一般取 4～5 m。

（3）初选所需水泵类型。

根据 Q_n、H_1，即可查水泵产品目录或性能表，可选用 150D30 卧式多级离心泵，其额定流量 $Q = 155$ m³/h，扬程 $H_i = 30$ m（单个叶轮的流量为 0 时），其余具体性能参数可见表 7-1。

表 7-1　150D30 卧式多级离心泵性能参数表

| 级数 | 流量 Q | | 扬程 H /m | 转速 n /(r·min⁻¹) | 轴功率 P/kW | 配套电机 | | 效率 η /% | 必需汽蚀余量 /m | 叶轮名义直径 /mm | 泵口径 | | 泵重 /kg |
	m³·h⁻¹	L·s⁻¹				功率 /kW	型号				进口 /mm	出口 /mm	
3	119	33	98.1		43			74	2.8				
	155	43	92.1		50.5	75	Y280S-4	77	3.5	305	150	150	540
	190	52.7	84.0		58			75	4.7				
4	119	33	130.8		57.1			74	2.8				
	155	43	122.8	1480	67.3	90	Y280M-4	77	3.5	305	150	150	620
	190	52.7	112.0		77.3			75	4.7				
5	119	33	163.5		71.6			74	2.8				
	155	43	152.5		83.6	110	Y315S-4	77	3.5	305	150	150	690
	190	52.7	140.0		96.6			75	4.7				

续表7-1

级数	流量 Q		扬程 H /m	转速 n /(r·min⁻¹)	轴功率 P/kW	配套电机		效率 η /%	必需汽蚀余量 /m	叶轮名义直径 /mm	泵口径		泵重 /kg
	m³·h⁻¹	L·s⁻¹				功率 /kW	型号				进口 /mm	出口 /mm	
6	119	33	196.2		85.9	132	Y315M₁-4	74	2.8	305	150	150	770
	155	43	184.2		101			77	3.5				
	190	52.7	168.0		116			75	4.7				
7	119	33	228.9		100.3	160	Y315M₂-4	74	2.8	305	150	150	850
	155	43	214.9		118			77	3.5				
	190	52.7	196.0		135.2			75	4.7				
8	119	33	261.6		114.6	200	Y315L₂-4	74	2.8	305	150	150	930
	155	43	245.6	1480	134.7			77	3.5				
	190	52.7	224.0		154.6			75	4.7				
9	119	33	294.3		128.9	200	Y315L₂-4	74	2.8	305	150	150	1010
	155	43	276.3		151.5			77	3.5				
	190	52.7	252.0		173.9			75	4.7				
10	119	33	327.0		143.2	220	Y355-4	74	2.8	305	150	150	1090
	155	43	207.0		168.3			77	3.5				
	190	52.7	280.0		193.2			75	4.7				

（4）水泵叶轮级数 i 确定。

$$i = \frac{H_1}{H_i} = \frac{188.4}{30} = 6.28 \approx 7 \text{ 级}$$

依据计算值取叶轮级数 $i = 7$，因此，可选 150D30×7 型水泵 3 台（一台工作，一台备用，一台检修）。

（5）水泵工作稳定性的校核。

$$H_g < (0.9 \sim 0.95)H_0$$

式中：H_g 为测定高度，取 157 m；H_0 为该水泵的多级扬程，$H_0 = iH_i = 210$ m。

则 157<（0.9~0.95）×210＝（189~199.5），故该水泵可稳定工作。

3）水管直径（内径）

（1）排水管直径 d_p。

①计算管径。

$$d'_p = \sqrt{\frac{4Q}{\pi 3600 V_p}} = 0.0188\sqrt{\frac{Q}{V_p}} = 0.0188 \times \sqrt{\frac{155}{2}} = 0.166 \text{ m} = 166 \text{ mm}$$

式中：Q 为水泵额定流量，取 155 m³/h；V_p 为排水管中经济流速，一般取 1.5~2.2 m/s。

根据 d_p 值查水管产品目标中热轧无缝钢管规格表，选用标准管径 $d_p = 170$ mm 的无缝钢管，其壁厚 $\delta = 5$ mm。

标准管 $d_外 = d_p + 2\delta = 170 + 10 = 180$ mm。

②计算管壁厚度。

$$\delta = 0.5 d_p \left(\sqrt{\frac{[\sigma] + 0.4P}{[\sigma] - 1.3P}} - 1 \right) + C$$

式中：d_p 为标准管内径，取 17 cm；$[\sigma]$ 为许用应力，一般取钢材抗拉强度 σ_b 的 40%，钢号不清时，铸铁管 $[\sigma] = 20$ MPa，焊接管 $[\sigma] = 60$ MPa，无缝钢管 $[\sigma] = 80$ MPa；P 为管内流体的压强，MPa，竖井 $P = 0.11 H_g$，斜井 $P = (0.12 \sim 0.13) H_g$，倾角大时取小值；C 为附加安全厚度，cm，铸铁管 $C = (0.7 \sim 0.9)$ cm，焊接管 $C = 0.2$ cm，无缝钢管 $C = (0.1 \sim 0.2)$ cm。

则

$$\delta = 0.5 \times 17 \times \left(\sqrt{\frac{800 + 0.4 \times 0.12 \times 157}{800 - 1.3 \times 0.12 \times 157}} - 1 \right) + 0.1 = 0.273 \text{ cm} \approx 3 \text{ mm} < 5 \text{ mm}$$

从标准管规格表中可以得知，对于外径为 180 mm 的标准无缝钢管，没有壁厚为 3 mm 的规格，同时考虑管子在使用过程中的腐蚀，选用壁厚为 5 mm 的无缝钢管是符合要求的。

（2）排水管中的实际流速。

$$V_p = \frac{4Q}{3600 \pi d_p^2} = \frac{4 \times 155}{3600 \times \pi \times 0.17^2} = 1.90 \text{ m/s}$$

故符合要求。

此外，关于排水管条数（趟数）的确定有如下规定：

①小型或涌水量较小，服务年限短的矿井，竖井设两条，斜井设一条。

②大中型或涌水量较大，服务年限长的矿井，主排水管路至少应设两条，一条检修；一条管路能在 20 h 内排出一昼夜正常涌水量；全部管路能在 20 h 内排出一昼夜的最大涌水量。

（3）吸水管直径。

为降低流速，减少阻力损失，提高水泵的吸水性能，通常吸水管径比排水管径大 25 mm，因此，吸水管内径为：

$$d'_x = d_p + 25 = 170 + 25 = 195 \text{ mm}$$

根据 d'_x 值查无缝钢管规格表，选标准管的内径 $d_x = 207$ mm，壁厚为 6 mm，则吸水管的外径为：

$$d_{x外} = d_x + 2\delta = 207 + 2 \times 6 = 219 \text{ mm}$$

亦可以选用铸铁管。

（4）吸水管中实际流速。

$$V_x = \frac{4Q}{3600 \pi d_x^2} = \frac{4 \times 155}{3600 \times \pi \times 0.207^2} = 1.28 \text{ m/s}$$

故符合要求。

4）管道阻力损失

（1）排水管的阻力损失 Δh_p。

$$\Delta h_p = \lambda \frac{L_p}{d_p} \frac{V_p^2}{2g} + \left(\sum \xi_p \right) \frac{V_p^2}{2g}, \text{ m}$$

式中：λ 为管道摩擦阻力系数，其取值见表 7-2；d_p 为排水管直径，取 0.170 m；V_p 为排水管中实际流速，取 1.90 m/s；ξ_p 为局部阻力系数之和，其取值见表 7-3；L_p 为排水管总长度；H_m 为排水中段深度，m；L_1 为泵房内管道长，从最远一台水泵到管子斜道的长度，一般取 20~30 m；L_2 为管子斜道中水管长，一般取 15~20 m；L_3 为上阶段到水仓管子长度，一般取 15~20 m；h_1 为从井底车场到支承弯管间的高度，取 7 m；h_2 为水管高出井口的高度，取 2 m。

$$L_p = \frac{H_m}{\sin \alpha} - h_1 + L_1 + L_2 + L_3 + h_2, \text{ m}$$

则 $L_p = 150/0.44 - 7 + 30 + 20 + 20 + 2 = 405.9$ m。

表 7-2 管道摩擦阻力系数 λ 取值

d/mm	75	100	125	150	200	250	300
λ	0.0418	0.038	0.0352	0.0332	0.0304	0.0284	0.027

表 7-3 管道局部阻力系数取值

局部阻力类型	局部阻力系数 ξ					
弯管	0.76~1.0					
弯头	0.88~1.22					
突然扩大	0~0.81					
突然缩小	0~0.5					
逆止阀	1.3~1.7					
滤水阀	5~10					
闸阀	d	50	75	100	150	175	250
	ξ	0.47	0.27	0.18	0.08	0.06	0.04

设闸阀 1 个，逆止阀 1 个，弯头 5 个，并将上述数值代入上式，得：

$$\Delta h_p = 0.0321 \times \frac{405.9 \times 1.90^2}{0.170 \times 2 \times 9.81} + (1.5 + 0.04 + 5 \times 0.9) \times \frac{1.90^2}{2 \times 9.81} = 15.21 \text{ m}$$

（2）吸水管阻力损失 Δh_x。

$$\Delta h_x = \lambda \frac{L_x}{d_x} \frac{V_x^2}{2g} + (\sum \xi_x) \frac{V_x^2}{2g} = 0.0329 \times \frac{7 \times 1.28^2}{0.207 \times 2 \times 9.81} + (5 + 0.88) \times \frac{1.28^2}{2 \times 9.81} = 0.58 \text{ m}$$

式中：吸水管直径 $d_x = 0.207$ m，吸水管中实际流速 $V_x = 1.28$ m/s；吸水管长度 $L_x =$ 吸水高度为 4~5 m 加潜入水面下 1.5 m，向上取整，故 $L_x = 6~7$ m。

（3）管道中的总损失 ΔH。

$$\Delta H = \Delta h_p + \Delta h_x + (0.05 \sim 0.08) H_g + \frac{V_p^2}{2g} = 15.21 + 0.58 + 0.05 \times 157 + \frac{1.90^2}{2 \times 9.81}$$

$$= 15.21 + 0.58 + 7.85 + 0.18 = 23.82 \text{ m}$$

式中：$(0.05 \sim 0.08)H_g$ 为考虑管子使用后在管内壁积有沉积物而增加的损失。

（4）水泵扬程 H。

$$H = H_g + \Delta H = 157 + 23.81 = 180.82 \text{ m}$$

（5）验算水泵级数 i。

$$i = \frac{H}{H_i} = \frac{180.82}{30} = 6.03 < 7$$

故符合要求。

5）管道特性曲线

（1）管道常数 R_T。

$$R_T = \frac{H - H_g}{Q^2} = \frac{180.82 - 157}{155^2} = 9.91 \times 10^{-4} \text{ h/m}^2$$

式中：Q 为水泵额定流量，取 155 m^3/h。

（2）管道特性曲线方程。

扬程：

$$H = H_g + R_T Q^2 = 157 + 9.91 \times 10^{-4} Q^2$$

根据此式，给定不同的流量 Q，可求得相应的扬程 H 值，列入表 7-4 中。

表 7-4　管道特性曲线方程 Q-H 值

Q	0	24	48	72	96	120	144	168	192	216	240
$R_T Q^2$	0	0.57	2.28	5.14	9.13	14.27	20.55	27.97	36.53	46.24	57.08
H	157	157.57	159.28	162.14	166.13	171.27	177.55	184.97	193.53	203.24	214.08

在 Q-H 坐标图上定出上述的若干点，即可得管道特性曲线。

6）确定水泵的工况

在选定的 150D30 型单级水泵特性曲线图上，用相同的比例根据管道特性曲线方程的若干点描绘出管道特性曲线，如图 7-38 所示，即可确定其工况点 M，并可求得对应性能参数：

扬程：$H_M = 215$ m；

流量：$Q_M = 186$ m^3/h；

效率：$\eta_M = 77\%$；

吸上真空高度：$H_{SM} = 6.1$ m。

此时：流量 $Q_M = 186$ $\text{m}^3/\text{h} > Q_n = 145$ m^3/h；

效率 $\eta_M = 77\% > 0.85\eta_{max} = 0.65$，均符合要求。

7）校核吸上真空高度 H_S

$$
\begin{aligned}
H_S &= H_X + \left(\lambda \frac{L_x}{d_x} + \sum \xi_x + 1 \right) \frac{V_x^2}{2g} \\
&= 5 + \left[0.0329 \times \frac{7}{0.207} + (5 + 0.88) + 1 \right] \times \frac{1.54^2}{2 \times 9.81} = 5.97 \text{ m}
\end{aligned}
$$

式中：H_X 为吸水高度，$H_X = 5$ m；L_x 为吸水管长度，$L_x = 7$ m；d_x 为吸水管直径，$d_x = 0.207$ m；

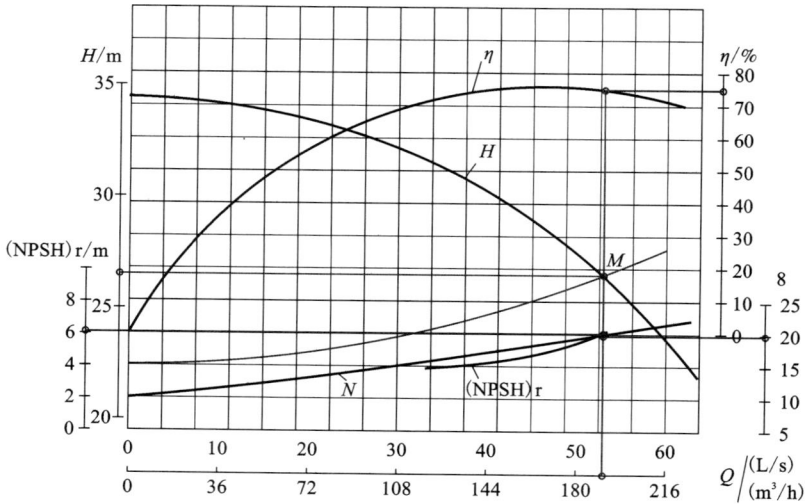

图 7-38　水泵特性曲线图

λ 为管道摩擦阻力系数，$\lambda = 0.0329$；$\sum \xi_x$ 为局部阻力系数之和，$\sum \xi_x = 5 + 0.88 = 5.88$；$V_x$ 为吸水管中实际流速，$V_x = \dfrac{4Q}{3600\pi d_x^2} = \dfrac{4 \times 186}{3600 \times \pi \times 0.207^2} = 1.54$ m/s；g 为重力加速度，$g = 9.81$ m/s^2。

故 $H_{SM}(= 6.1 \text{ m}) > H_S(= 5.97 \text{ m})$，说明所选水泵运行时不产生汽蚀现象。

8）电动机功率计算

$$N = K\frac{\gamma Q_M H_M}{3600 \times 102\eta_M} = 1.1 \times \frac{1020 \times 186 \times 215}{3600 \times 102 \times 0.77} = 158.7 \text{ kW}$$

式中：K 为功率备用系数，一般取 $1.1 \sim 1.15$。

根据电动机功率 $N = 158.7$ kW 及水泵转速 $n = 1480$ r/min 查电动机产品目录选择电动机为 160 kW，符合要求。

9）水泵每昼夜工作时间 T

（1）正常涌水量时：

$$T_n = \frac{24q_n}{n_n Q_M} = \frac{24 \times 2900}{1 \times 186 \times 24} = 15.6 < 20 \text{ h}$$

（2）最大涌水量时：

$$T_{max} = \frac{24q_{max}}{n_n' Q_M} = \frac{24 \times 5280}{2 \times 186 \times 24} = 14.2 < 20 \text{ h}$$

式中：n_n、n_n' 分别为正常涌水量和最大涌水量时，水泵同时工作的台数。

10）计算电能耗量

（1）每年排水所消耗的电量：

$$E = 1.05 \frac{\gamma Q_M H_M}{3600 \times 102 \eta_M \eta_g \eta_c}(B_n T_n + B_m T_{max})$$

$$= 1.05 \times \frac{1020 \times 186 \times 215}{3600 \times 102 \times 0.77 \times 0.92 \times 0.95} \times (300 \times 15.6 + 65 \times 14.2 \times 2)$$

$$= 1131053 \text{ kW} \cdot \text{h/a}$$

(2)采 1 t 矿石消耗的排水电耗:

$$e_x = \frac{E}{A} = \frac{1131053}{1000000} = 1.13 \text{ kW} \cdot \text{h/t}$$

(3)每排 1 m³ 水的电耗:

$$e_{m^3} = \frac{E}{B_n q_n + B_m q_{max}}$$

$$= \frac{1131053}{300 \times 2900 + 65 \times 5280}$$

$$= 0.93 \text{ kW} \cdot \text{h/m}^3$$

式中: γ 为水的密度, 取 1020 kg/m³; η_g 为电动机效率, 最大容量电机取 0.9~0.94, 小容量电机取 0.82~0.9; η_c 为电网效率, 取 0.95~0.98; η_M 为水泵效率, 工况效率为 0.77; 1.05 为考虑泵房照明、电动机烘干等用电的系数; A 为年产量; B_n 为一年正常涌水量持续时间; B_m 为一年最大涌水量持续时间。

11) 每吨矿石的排水费用 S

$$S = \frac{S_1 + S_2 + S_3 + S_4 + S_5}{A}$$

式中: S_1 为排水设备年折旧费; S_2 为年排水电费; S_3 为年工资费; S_4 为材料及消耗品费用; S_5 为其他费用; A 为年产量。

思考题与习题

1. 地下矿山排水系统有哪些类型? 每种类型的特点是什么? 分别在什么情况下应用?

2. 矿井排水系统设计的主要内容有哪些?

3. 排水设备的选型需要考虑哪些因素?

4. 为什么要将中央水泵房设在井底车场附近?

5. 设计水泵房时需要考虑哪些因素?

6. 吸水管的内径为何比排水管内径大? 吸水管的壁厚为何不需验算?

7. 管路特性曲线与哪些因素有关?

8. 水仓的清理措施有哪些?

9. 若某矿山井下现有的排水系统排水能力因为开采进行和地质条件改变而不能满足要求, 为避免井下水害, 需要对现有排水系统做出优化, 你作为一名采矿设计师, 可以考虑从哪些方面入手?

10. 某磷矿采用竖井开拓，有 3 个中段，一、二中段涌水量为 60 m³/h，三中段涌水量为 520 m³/h。拟采用分段排水系统，如图 7-39 所示，通过查阅资料，进行以下工作：

(1) 水泵的选型计算；

(2) 排水管路的选择计算；

(3) 在水泵特性曲线图上绘制管路特性曲线并确定工况点。

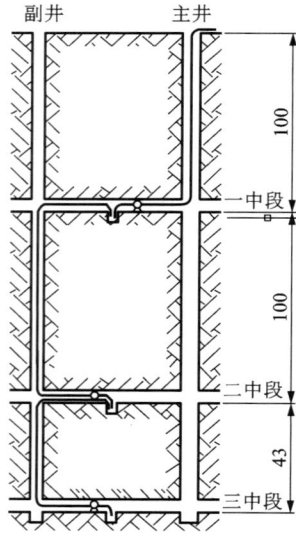

图 7-39 第 10 题用图 (单位: m)

参考文献

[1] 《采矿手册》编辑委员会.采矿手册[M].北京：冶金工业出版社，1990.

[2] 《采矿设计手册》编辑委员会.采矿设计手册[M].北京：中国建筑工业出版社，1987.

[3] 王运敏.现代采矿手册[M].北京：冶金工业出版社，2011.

[4] 王运敏.中国采矿设备手册[M].北京：科学出版社，2007.

[5] 于润沧.采矿工程师手册[M].北京：冶金工业出版社，2009.

[6] 李炳文，万丽荣，柴光远.矿山机械[M].徐州：中国矿业大学出版社，2010.

[7] 李启月.工程机械[M].长沙：中南大学出版社，2009.

[8] 朱成忠.矿山压气、供水、排水[M].长沙：中南大学出版社，2000.

[9] 王振平.矿井通风、排水及压风设备[M].徐州：中国矿业大学出版社，2008.

[10] 严煦世，范瑾初.给水工程[M].3版.北京：中国建筑工业出版社，1995.

[11] 任伯帜.城市给水排水规划[M].北京：高等教育出版社，2011.

[12] 李良训.给水排水管道工程[M].北京：中国建筑工业出版社，2005.

[13] 高光智.城市给水排水工程概论[M].北京：科学出版社，2010.

[14] 田本昭.选煤厂流体机械[M].徐州：中国矿业大学出版社，1991.

[15] 胡亚非，陈更林.矿山压气设备[M].徐州：中国矿业大学出版社，1994.

[16] 王增长.建筑给水排水工程[M].5版.北京：中国建筑工业出版社，2005.

[17] 谭翠萍.建筑暖通、给排水工程施工造价管理[M].北京：机械工业出版社，2011.

[18] 东兆星，吴士良.井巷工程[M].徐州：中国矿业大学出版社，2004.

[19] 刘念苏.井巷工程[M].徐州：中国矿业大学出版社，2011.

[20] 赵兴东.井巷工程[M].2版.北京：冶金工业出版社，2014.

[21] 张志荣，叶会华.矿用空气压缩机安全监测—延时断电保护装置设计[J].流体工程，1992(7)：33-36+66.

[22] ZHAO J Q . Model Selection and Calculation of Mine Drainage Equipment[J]. Shanxi Coal, 2011, 31(3)：45-47.

[23] 中国机械工业联合会.空压机、凿岩机械与气动工具　优先压力：GB/T 4974—2018[S].

[24] 中华人民共和国应急管理部.金属非金属矿山安全规程：GB 16423—2020[S].

[25] 中国恩菲工程技术有限公司.有色金属矿山井巷工程设计规范：GB 50915—2013[S].

[26] 上海市政工程设计研究总院(集团)有限公司.室外给水设计标准：GB 50013—2018[S].

[27] 上海市政工程设计研究总院(集团)有限公司.室外排水设计标准：GB 50014—2021[S].

[28] 中国煤炭建设协会.煤炭工业给水排水设计规范：GB 50810—2012[S].

[29] 上海现代建筑设计(集团)有限公司.建筑给水排水设计规范：GB 50015—2009[S].